中等职业教育课程改革国家规划新教材
配套教学用书

电工技能与实训

（第 2 版）

主　编　陈雅萍

DIANGONG JINENG YU SHIXUN

高等教育出版社·北京

内容提要

本书是中等职业教育课程改革国家规划新教材配套教学用书《电工技能与实训》的第 2 版，依据相关教学大纲，并参照有关的国家职业技能标准和行业职业技能鉴定规范，结合近几年中等职业教育的教学实际情况修订而成。

本书主要内容包括安全用电基本常识，室内照明线路的安装与排故，电动机的拆装、维护和运行，基本电气控制线路，常见动力设备电气故障的分析与检修。

本书配套有辅教辅学资源，请登录高等教育出版社 Abook 网站 http://abook.hep.com.cn/sve 获取相关资源。详细使用方法见本书“郑重声明”页。

本书适合作为中等职业学校电工类相关专业的基础教材，也特别适合作为从事电工生产和维修工作人员的培训和自学用书。

图书在版编目(CIP)数据

电工技能与实训/陈雅萍主编.--2 版.--北京：高等教育出版社，2021.9(2023.12重印)

ISBN 978-7-04-056290-3

Ⅰ. ①电… Ⅱ. ①陈… Ⅲ. ①电工技术-教材 Ⅳ. ①TM

中国版本图书馆 CIP 数据核字(2021)第 120235 号

策划编辑 李 刚　　责任编辑 李 刚　　封面设计 姜 磊　　版式设计 王艳红
插图绘制 邓 超　　责任校对 刁丽丽　　责任印制 朱 琦

出版发行 高等教育出版社
社 址 北京市西城区德外大街 4 号
邮政编码 100120
印 刷 北京宏伟双华印刷有限公司
开 本 889mm×1194mm 1/16
印 张 19.25
字 数 400 千字
购书热线 010-58581118
咨询电话 400-810-0598

网 址 http://www.hep.edu.cn
http://www.hep.com.cn
网上订购 http://www.hepmall.com.cn
http://www.hepmall.com
http://www.hepmall.cn
版 次 2009 年 1 月第 1 版
2021 年 9 月第 2 版
印 次 2023 年12月第 5 次印刷
定 价 46.00 元

物 料 号 56290-00

前　言

本书是中等职业教育课程改革国家规划新教材配套教学用书《电工技能与实训》的第2版,依据相关教学大纲,并参照有关的国家职业技能标准和行业职业技能鉴定规范,结合近几年中等职业教育的教学实际情况修订而成。

书中内容通俗易懂,图文并茂,起点低,可操作性强,并有很强的实用性,特别适合初学者,可作为电工技能与实训的基础教程。

本书编排的最大特点是采用**“项目式教学”**,即以项目为核心重构理论知识和实践知识,以典型任务(或案例)为切入点,让学生“做中学,学中做”,在真实的情境中,通过动手做的过程中感知、体验和领悟相关知识,养成职业素养,掌握相关的操作技能和专业知识,充分体现“以学生为主体、以职业为导向”教学思想。本书在编写过程中还力求突出以下特点:

1. 实用性和操作性强。每一个项目的选择不仅考虑知识结构,还充分考虑项目实用性、可行性和可操作性。如第二单元室内照明线路的安装与排故既考虑项目内容的实用性,为便于实践,又采用在网孔板上进行模拟安装的方式。

2. 采用大量实物图。为降低学生理解难度,方便阅读,激发兴趣,本书采用了大量直观形象的实物图。

3. 项目的组织体现较强的层次性。本书共分5个单元、23个项目,单元之间、项目之间既相对独立又有一定的梯度,编排的顺序从基础到一般,从简单到复杂,从基本项目到综合项目,层次分明。

4. 凸现常用电工仪表和工具的使用。万用表、兆欧表和钳形电流表及电工常用工具的使用贯穿始终,每个项目中都有技能的操作与训练,让学生在完成一个个训练任务的同时,熟练掌握基本电工仪表和常用工具的正确使用方法。

本次修订删除陈旧内容,增加了新技术、新工艺、新规范。例如,增加了数显型低压验电器,用电子式电能表替代了机械式电能表,用LED灯替代了白炽灯。另外,还选取了一些生产生活中的典型案例,使教学内容更加对接岗位任务。例如,选取了家庭配电柜的设计与装接。

教学建议学时如下,任课教师可根据具体的情况进行适当调整。

单元	课程内容	学时	
第一单元 安全用电基本常识	项目一　跨步电压触电案例分析	2	8
	项目二　碰壳故障触电案例分析	2	
	项目三　高压触电事故案例分析	2	
	项目四　触电急救方法	2	
第二单元 室内照明线路的安装与排故	项目五　万用表及常用电工工具的操作	4	18
	项目六　一控一照明线路的安装与排故	3	
	项目七　二控一综合照明线路的安装与排故	3	
	项目八　荧光灯照明线路的安装与排故	4	
	项目九　电能表及照明配电装置线路的安装	4	
第三单元 电动机的拆装、维护和运行	项目十　三相笼型异步电动机的认识	3	12
	项目十一　三相笼型异步电动机的运行	3	
	项目十二　三相笼型异步电动机的拆装	3	
	项目十三　三相笼型异步电动机的检修	3	
第四单元 基本电气控制线路的安装与调试	项目十四　三相异步电动机点动正转控制线路的安装与调试	6	26
	项目十五　三相异步电动机自锁控制线路的安装与调试	4	
	项目十六　三相异步电动机正反转控制线路的安装与调试	4	
	项目十七　三相异步电动机限位置控制线路的安装与调试	4	
	项目十八　两台电动机顺序起动逆序停止控制线路的安装与调试	4	
	项目十九　三相异步电动机星-三角降压起动控制线路的安装与调试	4	
第五单元 常见动力设备电气故障的分析与检修	项目二十　故障分析与检修的一般步骤和方法	2	14
	项目二十一　CA6140 型卧式车床电气线路常见故障的分析与检修	4	
	项目二十二　Z37 型摇臂钻床电气线路常见故障的分析与检修	4	
	项目二十三　M7120 型平面磨床电气线路常见故障的分析与检修	4	
总学时		78	

本书配套有辅教辅学资源，请登录高等教育出版社 Abook 网站 http://abook.hep.com.cn/sve 获取相关资源。详细使用方法见本书“郑重声明”页。

本书由浙江省余姚市职成教中心学校陈雅萍编写，余姚市博阳电器有限公司、余姚市启步电子有限公司为本书的修订提供了典型案例和素材，第二单元照明线路实物由吴彭春老师装接提供，书中的部分实物图由吴彭春和蔡碧健老师共同拍摄提供。

由于编者水平有限，书中错误和不妥之处在所难免，恳请读者批评指正，读者意见反馈邮箱：zz_dzyj@pub.hep.cn。

编　者

2021年4月

目　录

第一单元　安全用电基本常识

第二单元　室内照明线路的安装与排故

第三单元　电动机的拆装、维护和运行

第四单元　基本电气控制线路的安装与调试

第五单元　常见动力设备电气故障的分析与检修

第一单元
安全用电基本常识

职业综合素养提升目标

知道触电的种类、方式以及决定触电伤害程度的因素、安全电压等级。能解释跨步电压与跨步电压触电、碰壳故障与碰壳故障触电及高压触电与防护。会描述保护接地和保护接零的使用场合及作用，能解释工作接地和重复接地。了解常用的屏护装置及技术要求。能列举脱离低压电源和高压电源的方法及现场急救的方法与注意事项。

会对典型触电案例进行事故原因的分析。会使用胸外心脏按压法和口对口人工呼吸法进行抢救。

项目一

跨步电压触电案例分析

项目目标　学习本项目后，应能：

- 描述跨步电压及跨步电压触电。
- 叙述触电的种类与方式。
- 列出决定触电伤害程度的因素。
- 知道我国规定的安全电压等级。
- 明确电工安全操作规程。

电在造福人类的同时，对人及物也构成很大的潜在危险。如果对安全用电认识不足，对电气设备的安装、维修、使用不当，或操作错误，均可能造成触电事故、线路设备事故，或遭受雷击、静电、电磁场危害及引发电气火灾和爆炸事故。因此，必须认真学习电气安全知识，减少和避免电气事故的发生。

本项目以跨步电压触电案例分析为切入点，学习常见触电的种类与方式、电流对人体的伤害程度及安全电压常识等相关知识。

任务一　阅读事故经过

请仔细阅读以下案例，说一说事故经过，想一想为什么会发生这一现象。

【事故经过】 某市郊电杆上的电线被风刮断，掉在水田中，一小学生把一群鸭子赶进水田，当鸭子游到落地的断线附近时，一只只死去，小学生便下田去拾死鸭子，未跨几步便被电击倒。爷爷赶到田边急忙跳入水田中拉孙子，也被击倒。小学生的父亲闻讯赶到，见鸭死人亡，又下田抢救也被电击倒，一家三代均死在水田中。

任务二　分析事故原因

这是一起连续触电的案例，后果极其严重。

【事故分析】 电杆上的电线是低压线(380 V/220 V 系统)，其中带电的一相断落在地上时，电流就会经落地点流入大地，并向周围扩散。导线的落地点电位很高，距离落地点越远，电位越低，距离落地点 20 m 以外，地面的电位近似等于零。但在落地点及周围形成了强电场，其电位分布以落地点为圆心向周围扩散、逐步降低，而在不同位置形成电位差(电压)，当人、畜走近落地点附近时，两脚踩在不同的电位上，两脚之间就会有电位差(电压)，此电压称为跨步电压。在这种电压作用下，电流从接触高电位的脚流进，从接触低电位的脚流出，造成跨步电压触电。

跨步电压触电可用图 1-1-1 加以说明，图中坐标原点表示带电体接地点或载流导线落地点，横坐标表示位置，纵坐标负方向表示电位分布。其中，U_{K1} 为人两脚间的跨步电压，U_{K2} 为马两蹄之间的跨步电压。

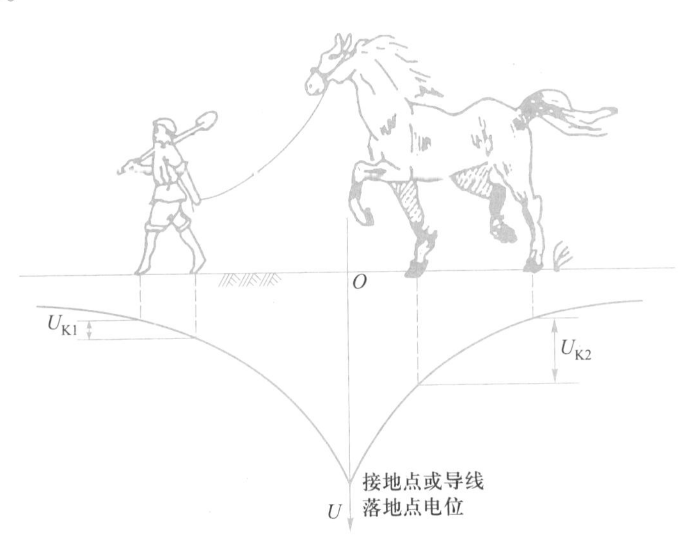

图 1-1-1　跨步电压触电

另外，电气设备发生碰壳故障时，电流便经接地体向大地流散，在距离接地点(电流入地点)20 m以内的地面，也会存在跨步电压。如图 1-1-2(a)所示。

由于接近电流入地点的土层具有最小的流散截面，呈现出较大的流散电阻值，于是接地电流将在流散途径的单位长度上产生较大的电压降，而远离电流入地点土层处电流流散的半球形截面随该处与电流入地点的距离增大而增大，相应的流散电阻也随之逐渐减小，致使接地电流在流散电阻上的电压降也随之逐渐降低。于是，在电流入地点周围的土壤中和地表面各点便具有不同的电位分布，如图 1-1-2(b)所示。

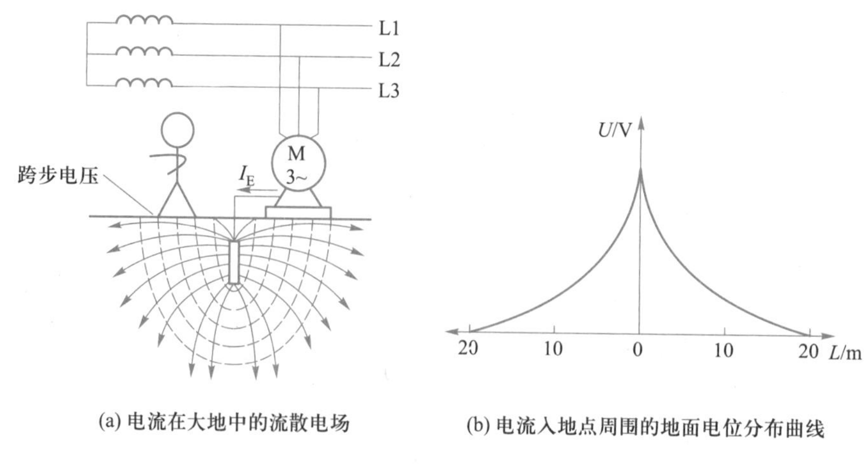

(a) 电流在大地中的流散电场

(b) 电流入地点周围的地面电位分布曲线

图 1-1-2　电气设备碰壳故障时的跨步电压

电位分布曲线表明，在电流入地点处电位最高，随着与此点的距离增大，地面电位呈先急后缓的下降趋势，在离电流入地点 10 m 处，电位已降至电流入地点电位的 8%。在离电流入地点 20 m 以外的地面，流散半球的截面已经相当大，相应的流散电阻可忽略不计，或者说地中电流不再在此处产生电压降，可以认为该处地面电位为零。

任务三　反思事故教训

在本次事故中，如涉事人了解电气安全知识，采用立即切断电源的措施，可以避免发生多人死亡的恶性事故。

【事故教训】　通过事故可以看到缺乏电气安全用电知识可能造成严重后果。要重视安全用电知识教育，避免类似触电恶性事故的重演。跨步电压触电还可能发生在其他一些场合，如电气设备发生碰壳故障、架空导线接地故障点附近、防雷接地装置附近等。因此，雷雨时，不要走近高电压电杆、铁塔和避雷针的接地导线周围，以防雷电入地造成跨步电压触电；切勿走近断落在地面上的高压电线，万一高压电线断落在身边或已进入跨步电压区域时，要立即用单脚或双脚并拢迅速跳到 10 m 以外的地区，千万不可奔跑，以防跨步电压触电。

知识链接一　触 电 种 类

所谓触电是指电流流过人体时对人体产生的生理和病理伤害。这种伤害是多方面的，可分为电击和电伤两种类型。

1. 电击

电击是指电流通过人体时所造成的内伤。它可造成发热、发麻、神经麻痹等,使肌肉抽搐、内部组织损伤,严重时引起昏迷、窒息,甚至心脏停止跳动、血液循环终止而死亡。电击是触电事故中最危险的一种。通常说的触电,多是指电击。绝大部分触电死亡事故都是电击造成的。

2. 电伤

电伤是指由于电流的热效应、化学效应、机械效应对人体外部造成的局部伤害,常常与电击同时发生。最常见的有以下三种情况。

(1) 电弧烧伤

由电弧的高温或电流产生的热量所引起,皮肉深度烧伤可造成残疾或死亡。严重的电弧烧伤大多发生在高压设备上,如带负荷拉合隔离开关、线路短路而产生的强烈电弧。据统计,多数人在高压触电时,因肌肉强烈收缩与电弧的气浪作用而弹开。电弧烧伤也发生在低压设备短路或断开较大的电流时。

(2) 电烙印(电斑痕)

电烙印发生在人体与带电体有良好接触的情况下。此时在皮肤表面将留下与被接触带电体形状相似的肿块痕迹。电烙印有时在触电后并不立即出现,而是隔一段时间后才出现。电烙印一般不发炎或化脓,但往往造成局部麻木和失去知觉。电烙印在低压触电时常见。

(3) 金属溅伤

由于电弧的温度极高(中心温度可达 6 000~10 000 ℃),可使周围的金属熔化、蒸发并飞溅到皮肤表层,令皮肤表面变得粗糙坚硬,其色泽与金属种类有关,如灰黄色(铅)、绿色(紫铜)、蓝绿色(黄铜)等。金属溅伤后的皮肤经过一段时间后会自行脱落,一般不会留下不良后果。

应该指出,人身触电事故往往伴随着高空坠落或摔跌等机械性创伤。这类创伤不属于电流对人体的直接伤害,而属于触电引起的二次事故,亦应列入电气事故的范畴。

知识链接二　触电方式

人体触电的方式多种多样,主要可分为直接接触触电和间接接触触电。此外,还有高压电场、高频电磁场、静电感应、雷击等对人体造成的伤害。

1. 直接接触触电

人体直接触及或过分靠近电气设备及线路的带电导体而发生的触电现象称为直接接触触电。单相触电、两相触电、电弧烧伤都属于直接接触触电。

(1) 单相触电

当人体的某一部位碰到相线或绝缘性能不好的电气设备外壳时,电流由相线经人体流入大地导致的触电现象称为单相触电，如图 1-1-3 所示。

（2）两相触电

当人体的不同部位分别接触到同一电源的两根不同电位的相线，电流由一根相线经人体流到另一根相线导致的触电现象称为两相触电，亦称为双相触电，如图 1-1-4 所示。

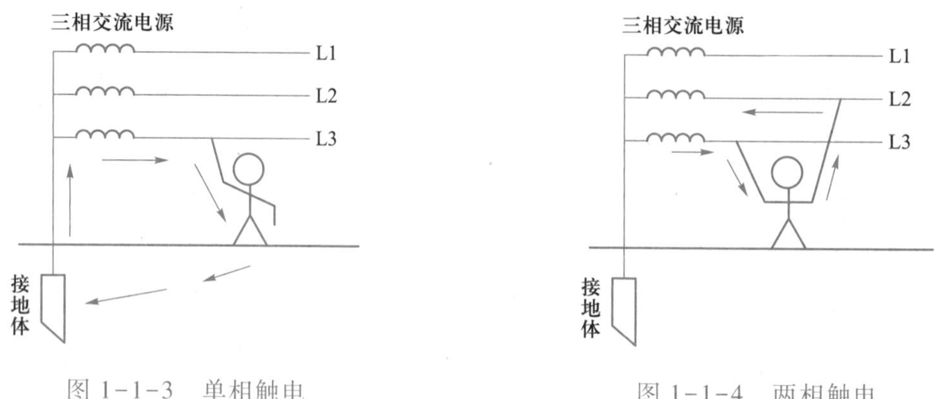

图 1-1-3　单相触电　　图 1-1-4　两相触电

两相触电时，作用于人体上的电压为线电压，电流将从一相导线经人体流入另一相导线，这是很危险的。设线电压为 380 V，人体电阻按 1 700 Ω 考虑，则流过人体内部的电流将达 224 mA，足以致人死亡。所以两相触电要比单相触电严重得多。

（3）电弧伤害

电弧是气体间隙被强电场击穿时的一种现象。人体过分接近高压带电体会引起电弧放电，带负荷拉、合刀闸会造成弧光短路。电弧不仅使人受电击，而且使人受电伤，对人体的危害往往是致命的。

总之，直接接触触电时，通过人体的电流较大，危险性也较大，往往导致死亡事故。因此要想方设法防止直接接触触电。

2. 间接接触触电

电气设备在正常运行时，其金属外壳或结构是不带电的。但当电气设备绝缘损坏而发生接地短路故障时（俗称“碰壳”或“漏电”），其金属外壳结构便带有电压，此时人体触及就会发生触电，这称为间接接触触电。跨步电压触电、接触电压触电都属于间接接触触电。

（1）跨步电压触电

当带电体接地有电流流入大地时，电流在接地点周围土壤中产生电压降。人在接地点周围，两脚之间出现的电位差即为跨步电压。由此造成的触电称为跨步电压触电。

在低电压 380 V 的供电网中如一根电线掉在水中或潮湿的地面，在此水中或潮湿的地面上就会产生跨步电压。

在高压故障接地处同样会产生更加危险的跨步电压，所以在检查高压设备接地故障时，室内不得接近故障点 4 m 以内，室外（土地干燥的情况下）不得接近故障点 8 m 以内。

(2) 接触电压触电

电气设备由于绝缘损坏或其他原因造成接地故障时，如人体两个部分（手和脚）同时接触设备外壳和地面时，人体两部分会处于不同的电位，其电位差即为接触电压。由接触电压造成的触电事故称为接触电压触电。接触电压值的大小取决于人体站立点与接地点的距离。距离越远，则接触电压越大。当距离超过 20 m 时，接触电压值最大，即等于漏电设备上的电压 U_{Tm}；当人体站在接地点与漏电设备接触时，接触电压为零。

3. 高压电场对人体的伤害

在超高压输电线路和配电装置周围，存在着强大的电场。处在电场内的物体会因静电感应作用而带有电压。当人触及这些带有感应电压的物体时，就会有感应电流通过人体入地而可能受伤害。研究表明，人体对高压电场下静电感应电流的反应更加灵敏，0.1～0.2 mA 的感应电流通过人体时，人便会有明显的刺痛感。在超高压线路下或设备附近站立或行走的人，往往会感到不舒服，精神紧张，毛发耸立，皮肤有刺痛的感觉，甚至还会在头与帽子之间、脚与鞋之间产生火花。例如，曾经有过人触及 500 kV 输电线路下方的铁栅栏而发生触电事故的报道，也有过某地在 330 kV 线路跨越汽车站处发生乘客上下车时感到麻电的事例。有些地方的居民在高压线路附近用铁丝晾衣服，也发生过触电的现象。

避免高压静电场对人体伤害的措施是降低人体高度范围内的电场强度。如提高线路或电气设备安装高度；尽量不要在电气设备上方设置软导线，以利于人员在设备上检修；把控制箱、端子箱、放油阀等装设在低处或布置在场强较低处，以便于运行和检修人员的接近；在电场强度大于 10 kV/m 且有人员经常活动的地方增设屏蔽线或屏蔽环；在设备周围装设接地围栏，围栏应比人的平均高度高，以便将高电场区域限制在人体高度以上；尽量减少同相母线交叉跨越等。

4. 高频电磁场的危害

频率超过 0.1 MHz 的电磁场称为高频电磁场。人体吸收高频电磁场辐射的能量后，器官组织及其功能将受到损伤，主要表现为神经系统功能失调，其次是出现较明显的心血管症状。电磁场对人体的伤害是逐渐积累的，脱离接触后，症状会逐渐消失，但在高强度电磁场作用下长期工作，一些症状可能持续成痼疾，甚至遗传给后代。

5. 静电对人体的伤害

金属物体受到静电感应及绝缘体间的摩擦起电是产生静电的主要原因。例如输油管道中油与金属管壁摩擦、传动带与带轮间的摩擦会产生静电；运行过的电缆或电容器绝缘物中会积聚静电。静电的特点是电压高，有时可高达数万伏，但能量不大。发生静电电击时，触电电流往往瞬间即逝，一般不至于有生命危险。但受静电瞬间电击会使触电者从高处坠落或摔倒，造成二次伤害。静电的主要危害是其放电火花或电弧引燃或引爆周围物质，引起火灾和爆炸事故。

6. 雷击的危害

雷击是一种自然灾害，其特点是电压高、电流大，但作用时间短。雷击除了毁坏建筑设施及引起人畜伤亡外，在易产生火灾和爆炸的场所，还可能引起火灾和爆炸事故。

知识链接三　决定触电伤害程度的因素

通过对触电事故的分析和实验资料表明，触电对人体伤害程度与以下几个因素有关。

1. 通过人体电流的大小

触电时，通过人体电流的大小是决定人体伤害程度的主要因素之一。通过人体的电流越大，人体的生理反应越强烈，对人体的伤害就越大。按照人体对电流的生理反应强弱和电流对人体的伤害程度，可将电流分为感知电流、摆脱电流和致命电流三种。

（1）感知电流

感知电流是指引起人体感觉但无有害生理反应的最小电流值。当通过人体的交流电流达到 0.6~1.5 mA 时，触电者便感到微麻和刺痛，这一电流值称为人对电流有感觉的临界值，即感知电流。感知电流的大小因人而异，成年男性的平均感知电流约为 1.1 mA，成年女性约为0.7 mA。

（2）摆脱电流

人触电后能自主摆脱电源的最大电流，称为摆脱电流。成年男性平均摆脱电流约为 16 mA，成年女性约为 10 mA。

（3）致命电流

致命电流是指在较短时间内引起触电者心室颤动而危及生命的最小电流值。正常情况下心脏有节奏地收缩与扩张。当电流通过心脏时，原有正常节律受到破坏，可能引起每分钟数百次的“颤动”，此时便易引起心力衰竭、血液循环终止、大脑缺氧而导致死亡。

致命电流值与通电时间长短有关，一般认为是 50 mA，通电时间 1 s 以上。

2. 电流通过人体的持续时间

在其他条件都相同的情况下，电流通过人体的持续时间越长，对人体伤害的程度越高。这是因为：

（1）通电时间越长，电流在心脏间歇期内通过心脏的可能性越大，因而引起心室颤动的可能性也越大。

（2）通电时间越长，对人体组织的破坏越严重，电流的热效应和化学效应将会使人体出汗和组织炭化，从而使人体电阻逐渐降低，流过人体的电流逐渐增大。

（3）通电时间越长，引起心室颤动所需的电流也越小。

3. 电流通过人体的路径

电流通过人体的任一部位，都可能致人死亡。电流通过心脏、中枢神经（脑部和脊髓）、呼吸系统是最危险的。因此，从左手到前胸是最危险的电流路径，心脏、肺部、脊髓等重要器官都处于这条路径内，很容易引起心室颤动和中枢神经失调而死亡；从右手到脚的路径危险性小些，但会因痉挛而摔伤；从右手到左手的危险性又小些；危险性最小的电流路径是从一只脚到另一只脚，但触电者可能因痉挛而摔倒，导致电流通过全身或二次伤害。

4. 电压高低

触电电压越高，对人体的危害越大。触电致死的主要因素是通过人体的电流，根据欧姆定律，电阻不变时电压越高，流过人体的电流就越大，受到的危害就越严重。这就是高压触电比低压触电更危险的原因。此外，高压触电往往产生极大的弧光放电，强烈的电弧可以造成严重的烧伤或致残，实践证明电压超过 36 V 对人体有触电的危险，36 V 以下的电压才是安全的。

5. 电流频率

通常，电流的频率不同，触电的伤害程度也不一样。直流电对人体的伤害较轻；30~300 Hz 的交流电危害最大；超过 1 000 Hz，其危险性会显著减小。频率在 20 kHz 以上的交流电对人体已无危害，所以在医疗临床上利用高频电流作理疗，但电压过高的高频电流仍会使人触电致死。

6. 人体状况

人体的身体状况不同，触电时受到的伤害程度也不同。例如，患有心脏病以及神经系统和呼吸系统疾病的人，在触电时受到的伤害程度要比正常人更严重。一般来说，女性较男性对电流的刺激更为敏感，感知电流和摆脱电流要低于男性。儿童触电伤害程度比成人更严重。此外，人体的干燥或潮湿程度等都是影响触电时受到伤害程度的因素。

知识链接四　安 全 电 压

我国规定安全电压的额定值为 42 V、36 V、24 V、12 V、6 V。如手提照明灯、危险环境的携带式电动工具，应采用 36 V 安全电压；金属容器内、隧道内、矿井内等工作场合，狭窄、行动不便及周围有大面积接地导体的环境，应采用 24 V 或 12 V 安全电压，以防止因触电造成人身伤害。

知识链接五　电工安全操作规程

熟练掌握电工安全操作的各项规定，了解电工生产岗位责任制，学会文明生产。

1. **电工安全操作技术方面的有关规定**

（1）工作前必须检查工具、测量仪表和防护用具是否完好。

（2）任何电气设备内部未经验明无电时，一律视为有电，不准用手触及。

（3）不准在运行中拆卸修理电气设备。检修时必须停车，切断电源，并验明无电后，方可取下熔体（丝），挂上“禁止合闸，有人工作”的警示牌。

（4）在总配电盘及母线上进行工作时，在验明无电后应接临时接地线，装拆接地线都必须由值班电工进行。

（5）临时工作中断后或每班开始工作时，都必须重新检查电源确已断开，并验明无电。

（6）如果必须在低压配电设备上进行带电工作，要经领导批准，并要有专人监护。

（7）工作时要戴安全帽，穿长袖衣服，戴绝缘手套，使用绝缘的工具，并站在绝缘物上进行操作。邻相带电部分和接地金属部分应用纸张板隔开。带电工作时，严禁使用锉刀、钢尺等金属工具进行工作。

（8）禁止带负载操作动力配电箱中的刀开关。

（9）电气设备的金属外壳必须接地（接零），接地线要符合标准，不准断开带电设备的外壳接地线。

（10）拆除电气设备或线路后，对可能继续供电的线头必须立即用绝缘布包好。

（11）安装灯头时，开关必须接在相线上，灯头（座）螺纹端必须接在中性线上。

（12）对临时装设的电气设备，必须将金属外壳接地。严禁将电动工具的外壳接地线和工作零线（中性线）接在一起插入插座。必须使用两线带地或三线插座时，可以将外壳接地线单独接到干线的中性线上，以防接触不良引起外壳带电。

（13）动力配电盘、配电箱、开关、变压器等各种电气设备附近，不准堆放各种易燃、易爆、潮湿和其他影响操作的物件。

（14）熔断器的容量要与设备和线路安装容量相适应。

（15）使用一类电动工具时，要戴绝缘手套，并站在绝缘垫上。

（16）当电气设备发生火灾时，要立刻切断电源，然后使用“1211”灭火器或二氧化碳灭火器灭火，严禁用水或泡沫灭火器灭火。

2. **安全检查的有关规定**

（1）为了防止触电事故的发生，应定期检查电工工具及防护用品，如：绝缘鞋、绝缘手套等的绝缘性能是否良好，是否在有效期内，如有问题，应立即更换。

（2）在安装或维修电气设备前，要清扫工作场地和工作台，防止灰尘等杂物侵入而造成故障。

（3）在维修操作时，应及时悬挂安全牌，应严格遵守停电操作的规定，做好防止突然送电的各项安全措施。检查维修线路时，首先应拉下刀开关，然后再用验电笔测量刀开关下端头，确认无电后，应立即悬挂“禁止合闸，有人工作”的警示牌，然后才能进行操作检查。

（4）在高压电气设备或线路上工作时，必须要有保证电工安全工作的制度，如：工作台票制度、操作票制度、工作许可制度、工作监护制度以及工作间断、转移和终结制度等。

3. 文明生产方面的有关规定

文明生产对保障电气设备及人身的安全至关重要，因而每一位电工都应学会文明生产。文明生产主要包括以下内容：

（1）对工作要认真负责，对机器设备、工具、原材料等要极为珍惜，具有较高的道德风尚和高度的主人翁责任感。

（2）要熟练掌握电工基本操作技能，熟悉本岗位工作的规章制度和安全技术知识。

（3）具有较强的组织纪律观念，服从领导的统一指挥。

（4）工作现场应经常保持整齐清洁，环境布置合乎要求，工具摆放合理整齐。

（5）电工工具、电工仪表及电工器材的使用应符合规程的要求。

（6）工作要有计划、有节奏地进行，在对重要的电气设备进行维修工作或登高作业时，施工前后均应清点工具及零件，以免遗漏在设备内。

事故案例分析

请仔细阅读以下案例，想一想事故原因，说一说事故教训。

案例 1.1

【事故经过】 某村有一位老人在街上行走时，看到路边有一根断落的电线，一头落在地上，另一头挂在电线杆上，便好奇地上前捡电线，老人当即触电，经抢救无效死亡。

【事故分析】

【事故教训】

案例 1.2

【事故经过】 村民甲准备把已拉回麦场的小麦进行脱粒，就去找村民乙借用脱粒机。在取得村民乙同意后，他没有先拉开刀开关切断电源，就去移动脱粒机。当他手抓拉把时，突然大叫一声："有电！"便倒在地上。村民乙急忙将刀开关拉开，但村民甲经抢救无效死亡。

【事故分析】

【事故教训】

复习与思考题

1. 人体触电有哪几种类型？哪几种方式？请举例说明什么是跨步电压触电。
2. 决定触电伤害程度的因素有哪些？人体的致命电流为多少？
3. 什么是安全电压？常用安全电压分为几个等级？
4. 电工安全操作规程主要有哪些？

项目二

碰壳故障触电案例分析

项目目标　学习本项目后，应能：

- 描述碰壳故障及碰壳故障触电。
- 讲述保护接地和保护接零的使用场合及作用。
- 说明接地装置的技术要求。
- 解释工作接地与重复接地。
- 区分中性线（零线）、相线和地线。

当电气设备因绝缘损坏而发生漏电或击穿时，平时不带电的金属外壳及与之相连的其他金属部分便带有电压。人体触及这些意外带电的部分时，就可能发生触电事故。减少或避免这类触电事故的技术措施有保护接地、保护接零、装设漏电断路器等。

本项目以碰壳故障触电案例分析为切入点，学习保护接地、保护接零、重复接地、接地装置等相关知识。

任务一　阅读事故经过

请仔细阅读以下案例，说一说事故经过，想一想为什么会发生这一现象。

【事故经过】　某建筑工地，工人们正在进行水泥圈梁的浇筑。突然，搅拌机附近有人大喊："有人触电了"。只见在搅拌机进料斗旁边的一辆铁制手推车上趴着一个人，地上还躺着一个人，当人们把搅拌机附近的电源开关断开后，看到趴在手推车上的那个人的手心和脚心穿孔出血，并已经死亡。与此同时，人们对躺在地上的那个人进行人工呼吸，他的神志才慢慢恢复。

任务二　分析事故原因

这是一起外壳带电，酿成悲剧的案例。

【事故分析】 事故发生后，有关人员马上对事故进行了检查，从事故现象看，显然是搅拌机带电引起的。当合上搅拌机的电源开关时，用验电笔测试搅拌机外壳不带电；当按下搅拌机的起动按钮时，再用验电笔测试设备外壳，氖管发亮，表明设备外壳带电，用万用表交流挡测得设备外壳对地电压为 195 V（实测相电压为 225 V）。经仔细检查，发现电磁起动器出线孔的橡胶圈变形移位，一根绝缘导线的橡胶磨损，露出铜线，铜线与铁板相碰。检查中，又发现搅拌机没有接地保护线，其 4 个橡胶轮离地约 300 mm，4 个调整支承脚下的铁盘在橡胶垫和方木上边，进料斗落地处有一些竹制脚手板，整个搅拌机对地几乎是绝缘的。死者穿布底鞋，双手未戴手套，两手各握两个铁把；因夏季天热，又是重体力劳动，死者双手有汗，人体电阻大大降低，为 500~700 Ω，流经人体的电流大于 2 500 mA。如此大的电流通过人体，死者无法摆脱带电体，在很短的时间内死亡。另一触电者因单手推车，脚穿的是半新胶鞋，所以尚能摆脱电源，经及时的人工呼吸，从而得救。

任务三　反思事故教训

缺乏电气安全知识，是造成触电事故的主要原因。

【事故教训】 这起事故充分说明，临时用电绝不能马虎，一定要遵守电气设备安装、检修、运行规程和安全操作规程，杜绝违章作业。为安全起见，电气设备的金属外壳都应接接地保护线。

知识链接一　保 护 接 地

1. 保护接地

保护接地是指为了保障人身安全，避免发生触电事故，将电气设备在正常情况下不带电的金属部分与大地进行电气连接。采用保护接地后，可使人体触及漏电设备外壳时的接触电压明显降低，从而大大地减小了触电的危险。

保护接地主要应用在中性点不接地的电力系统中。

在变压器中性点不直接接地的供电系统中，电气设备发生一相碰壳时的危险性如图1-2-1所示。

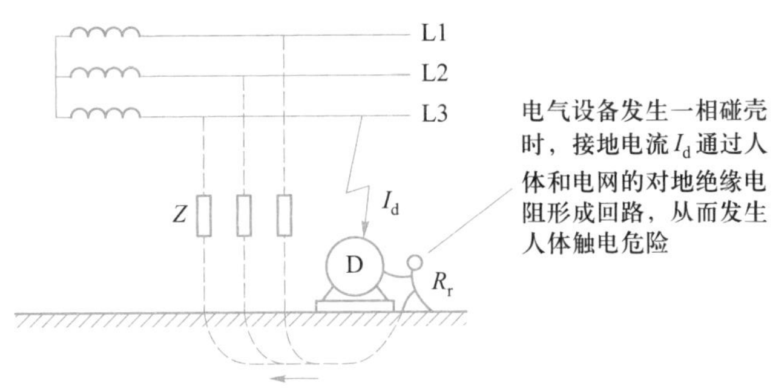

图 1-2-1　中性点不直接接地的供电系统危险性

当电气设备的某一相发生碰壳时，接地电流 I_d 通过人体和电网的对地绝缘阻抗形成回路，如果各相对地绝缘阻抗相等，则漏电流 I_d 和设备对地电压 U_d（即人体触及电压）为 $U_d = I_d R_r$（R_r 指人体电阻），从而发生人体触电事故。

为消除上述可能出现的危险，可采取图 1-2-2 所示的保护接地措施。

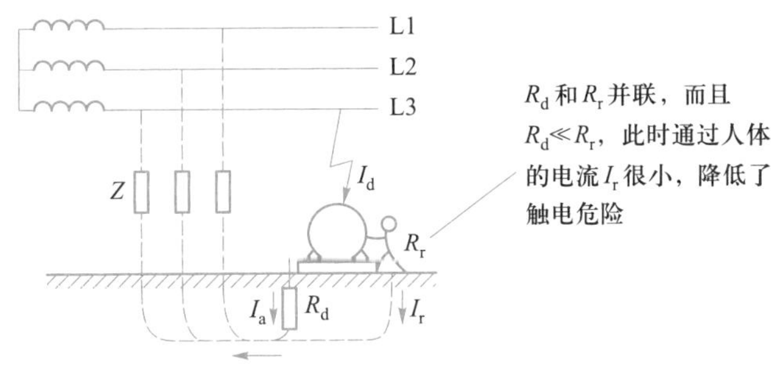

图 1-2-2　保护接地措施

由于 R_d 和 R_r 并联，而且 $R_d \ll R_r$，此时可以认为通过人体的电流 I_r 很小。只要能保证 R_d 很小，就可以把漏电设备的对地电压控制在安全范围之内，而且 I_d 被 R_d 分流，流过人体的电流 I_r 很小，降低了操作人员的触电危险性，保护了人身安全。

2. 保护接地电阻的确定

由保护接地的原理可知，保护接地就是利用并联电路中的小电阻（接地电阻 R_d）对大电阻（人体电阻 R_r）的强分流作用，将漏电设备外壳的对地电压限制在安全范围以内，各种保护接地的接地电阻就是根据这一原理确定的。

（1）低压电气设备的保护接地电阻

在中性点不接地的 380 V/220 V 低压系统中，单相接地电流很小。为保证设备漏电时外壳对地电压不超过安全范围，一般要求保护接地电阻 $R_d \leq 4\ \Omega$。当变压器容量在 100 kV · A 及以下时，R_d 可放宽至不大于 10 Ω。

(2) 高压电气设备的保护接地电阻

高压系统按单相接地短路电流的大小,可分为大接地短路电流(其值大于 500 A)系统与小接地短路电流(其值不大于 500 A)系统。小接地短路电流系统接地电阻 R_d 不超过 10 Ω,大接地短路电流系统接地电阻不超过 0.5 Ω。

知识链接二 保护接零

在中性点不接地的电网中,采用保护接地可以有效地防止或减少人体触及“碰壳”设备外露导电部分时的危险。但在中性点直接接地的电网中,只采用保护接地很难保证人身安全,除非增加其他保护措施,才能将“碰壳”设备的对地电压降至安全电压以下。

目前,在中性点直接接地的 380 V/220 V 三相四线制系统中,广泛采用保护接零作为防止间接触电的保安技术措施。

1. 保护接零

所谓保护接零就是把电气设备平时不带电的外露可导电部分与电源的中性线 N(N 线直接与大地有良好的电气连接)连接起来。采用保护接零的中性点直接接地的低压配电系统如图1-2-3所示。

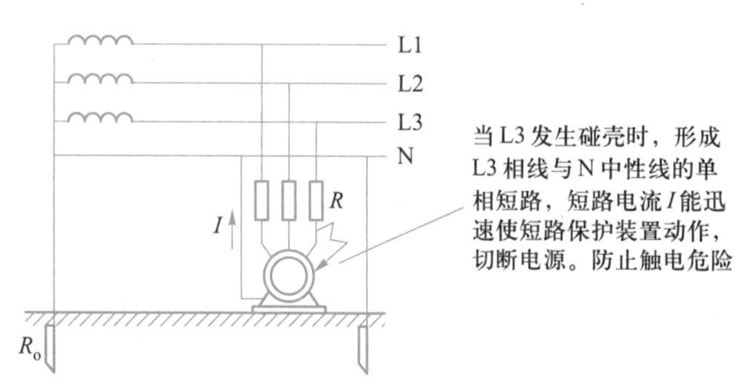

图 1-2-3 保护接零安全作用

当某相出现事故碰壳时,形成相线和中性线的单相短路,短路电流能迅速使短路保护装置(如熔断器)动作,切断电源,从而把事故点与电源断开,防止触电危险。

应当指出,在变压器中性点接地系统中,如果电气设备采用保护接地,当电气设备发生单相碰壳接地短路,则不能很好地起到保护作用,易发生人身触电,如图 1-2-4 所示。

漏电流一般不会使短路保护装置动作,漏电设备会长期带电。人若触及单相碰壳接地短路的设备外壳会发生触电危险。在供电系统中必须加装漏电保护装置(如漏电断路器),当设备发生漏电时,自动切断电源。

漏电断路器是一种高灵敏度的控制电器,它不仅能有效地保护人身和设备安全,而且还能

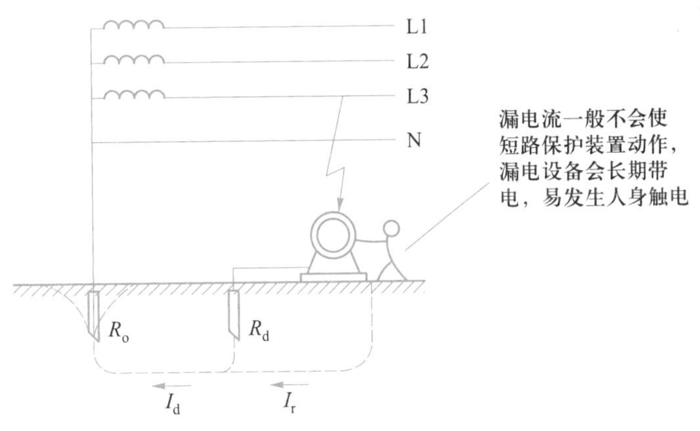

图 1-2-4　接地网中单纯保护接地的危险性

监测电气线路设备的绝缘。漏电断路器一般由漏电保护器和低压断路器组成，具有短路、过载、漏电和欠压的保护功能。

2. 保护接地和保护接零不准混用

如图 1-2-5 所示，在变压器中性点接地系统，如果保护接零和保护接地混用，当采用保护接地的设备发生碰壳事故时，在全部保护接零的设备外壳上均带 1/2 相电压（设 $R_0 = R_d$），因此，采用混接是危险的。

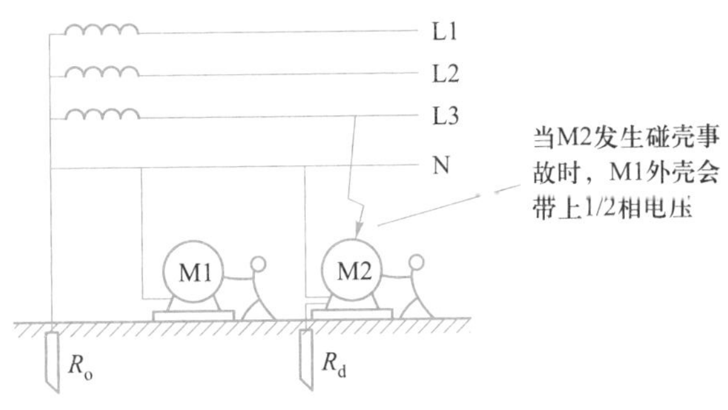

图 1-2-5　保护接地和保护接零混用的危险性

知识链接三　工作接地和重复接地

1. 工作接地

电力系统中，由于运行和安全的需要，为保证电网在正常情况下或事故情况下能安全可靠地工作，将三相四线制供电系统中变压器低压侧中性点的接地称为工作接地。接地后的中性点也称为零点，中性线也称为零线。工作接地提高了变压器工作的可靠性，同时也可以降低高压窜入低压的危险性，如图 1-2-6 所示。

2. **重复接地**

在三相四线制保护接零电网中，除了变压器中性点的工作接地之外，将零线的一处或多处通过接地装置与大地再次连接称为重复接地。重复接地可以降低漏电设备外壳的对地电压，减轻触电的危险，它是保护接零系统中不可缺少的安全技术措施，其安全作用如下：

（1）降低漏电设备对地电压。

（2）减轻了零干线断线的危险，如图 1-2-7 所示。

（3）工作零线的重复接地在正常时能起到纠偏的作用。

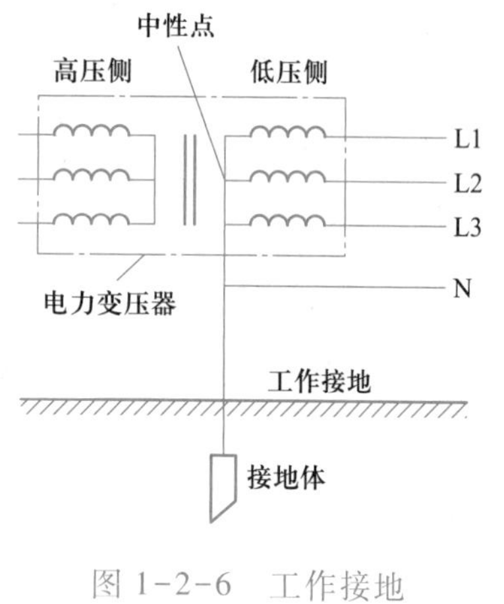

图 1-2-6　工作接地

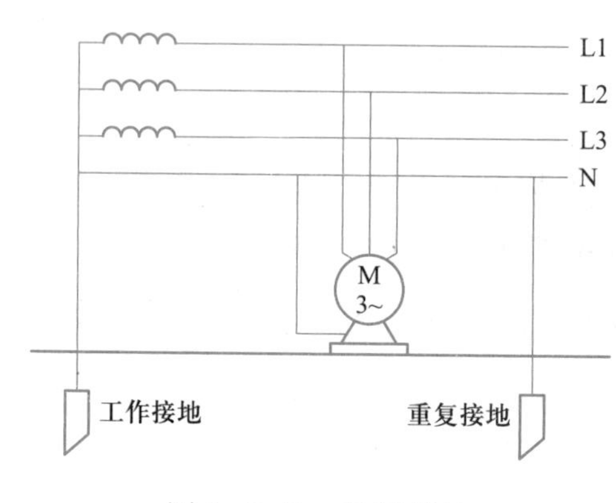

图 1-2-7　重复接地

（4）改善了架空线路的防雷性能。重复接地的设置位置：户外架空线路或电缆的入户处；架空线路每隔 1 km 处；架空线路的转角杆、分支杆、终端杆处。

知识链接四　接 地 装 置

接地是利用大地为电力系统正常运行、发生故障和遭受雷击等情况下提供对地电流的回路，从而保证了整个电力系统中包括发电、变电、输电、配电和用电各个环节的电气设备、装置和人员的安全。因此，所有电气设备或装置都要接地。

接地就是电气设备或装置的某一点（接地点）与大地之间有着可靠的又符合技术要求的电连接。

接地可分为工作接地（如配电变压器低压侧中性点接地和避雷器、避雷线的接地）和保护接地（如各种电气设备、装置和用电器的金属外壳接地）等。

1. **接地装置的分类**

接地装置如图 1-2-8 所示，是由接地体和接地线两部分组成。接地装置以接地体的多少，分为三种组成形式。

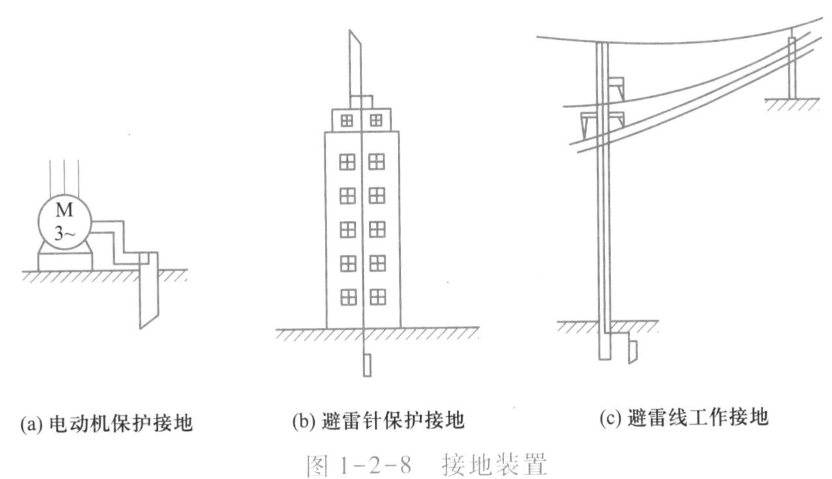

图 1-2-8　接地装置

（1）单极接地装置

单极接地装置由一支接地体构成，接地线一端与接地体连接，另一端与设备的接地点直接连接，如图1-2-9所示。它适用于接地要求不太高和设备接地点较少的场所。

（2）多极接地装置

多极接地装置由两支以上接地体构成，各接地体之间用接地干线连成一体，形成并联，从而减小了接地装置的接地电阻。接地支线一端与接地干线连接，另一端与设备的接地点直接连接，如图1-2-10所示。多极接地装置可靠性强，适用于接地要求较高，而设备接地点较多的场所。

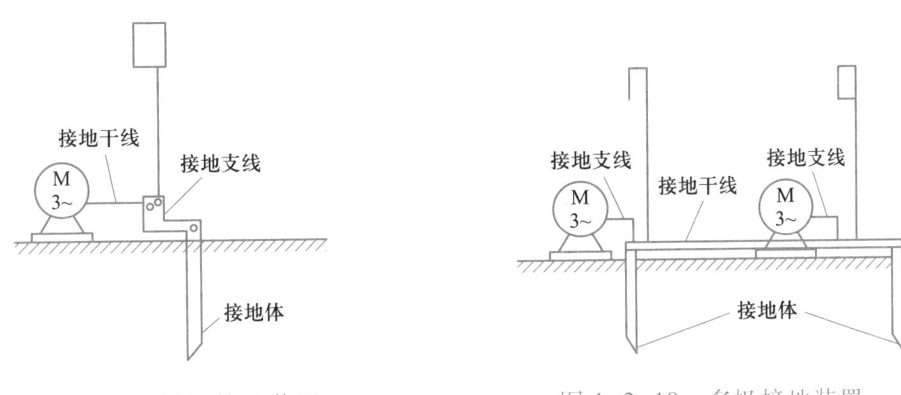

图 1-2-9　单极接地装置

图 1-2-10　多极接地装置

（3）接地网络

接地网络由多支接地体用接地干线将其互相连接形成。图 1-2-11 所示为接地网络常见的形状。接地网络既方便机群设备的接地需要，又加强了接地装置的可靠性，也减小了接地电阻。适用于配电所以及接地点多的车间、工场或露天作业等场所。

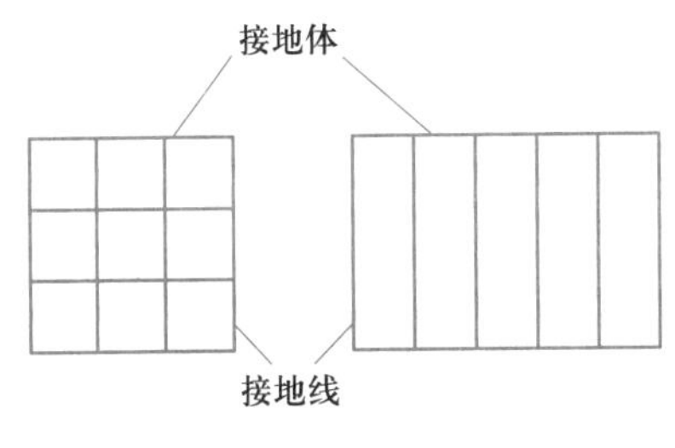

图 1-2-11　接地网络

2. **接地装置的技术参数**

接地装置的技术参数主要是接地电阻，原则上接地电阻越小越好，考虑到经济合理，接地电阻以不超过规定的数值为准。

对接地电阻的要求：避雷针和避雷线单独使用时的接地电阻小于 10 Ω，而配电变压器低压侧中性点接地电阻应在 0.5～10 Ω 之间，保护接地的接地电阻应不小于 4 Ω。几个设备共用一副接地装置，接地电阻应按要求最高的为准。

3. **接地体**

接地体可分为自然接地体和人工接地体。

（1）自然接地体

自然接地体是兼作接地体用而埋入地下的金属管道、金属结构、钢筋混凝土地基等物件。在设计与选择接地体时，要首先充分利用自然接地体，以节省钢料，减少投资。

可作为自然接地体的物体有：敷设在地下的金属管道及热力管道（但输送可燃、可爆介质的管道除外）；建筑物或建筑物基础中的钢筋；与大地有可靠连接的建筑物的钢结构件；敷设于地下且数量不少于两根的电缆金属外皮等。

利用自然接地体应注意的问题：

① 自然接地体至少要有两根引出线与接地干线相连。

② 不得在地下利用裸铝导体作为接地体。

③ 利用管道或配管作为接地体时，应在管接头处采用跨接线焊接。

④ 直流电力网的接地装置不得利用自然接地体。

（2）人工接地体

人工接地体是采用钢管、角钢、扁钢、圆钢等钢材特意制作而埋入地中的导体。人工接地体按其埋设方式不同，分为垂直接地体和水平接地体两种。

① 垂直接地体：垂直接地体可采用直径为 40～50 mm 的钢管或用尺寸为 40 mm×40 mm×40 mm～50 mm×50 mm×50 mm 的角钢，下端加工成尖状砸入地下。垂直接地体的长度为 2～3 m，不能短于 2 m。垂直接地体一般由两根以上的钢管或角钢组成，采用成排布置或环形布置。相邻钢管或角钢之间的距离以不超过 3～5 m 为宜。垂直接地体的几种典型布置如图 1-2-12所示。

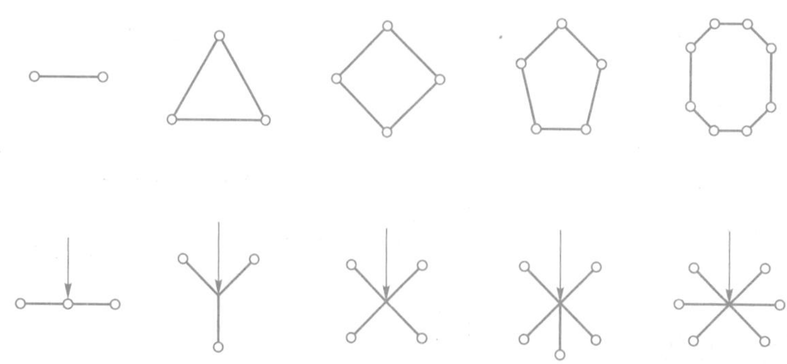

图 1-2-12　垂直接地体的几种典型布置

② 水平接地体：水平接地体多采用尺寸为 40 mm×40 mm×4 mm 的扁钢或直径为 16 mm 的圆钢制作，多采用放射形布置，也可以成排布置成带形或环形。水平接地体的几种典型布置如图1-2-13所示。

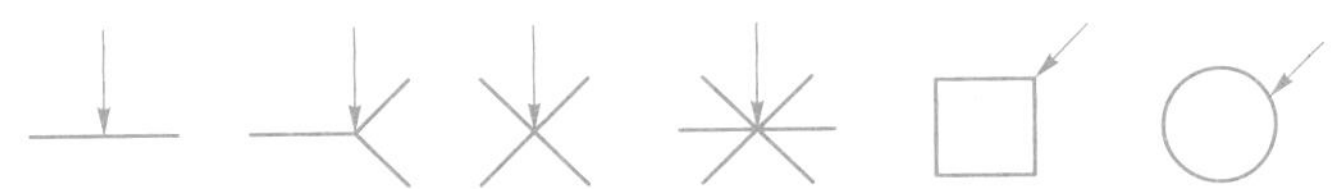

图 1-2-13　水平接地体的几种典型布置

4. 接地线

接地线包括接地干线和接地支线两部分。接地线应尽量利用金属构件的自然导体，可作为自然接地线的有生产用金属结构，如吊车轨道、配电装置的构架；配线的钢管（壁厚不小于 1.5 mm）；建筑物的金属结构，如钢梁、钢柱、钢筋；不会引起燃烧或爆炸的金属管道等。采用管道或配管作为自然接地线时，应在管接头处采用跨接线焊接。跨接线可采用直径为 6 mm 的圆钢，管径在 50 mm 及以上时，跨接线应采用尺寸为 25 mm×25 mm×4 mm 的扁钢。

若连接的电气设备较多，则宜敷设接地干线。各电气设备分别与接地干线相连，而接地干线则与接地体连接，如图 1-2-14 所示。若无可利用的自然接地线，或虽有可能利用的、但不能满足运行中电气连接可靠的要求及接地电阻不符合规定时，则应另设人工接地线。人工接地线一般应采用钢质接地线。只有采用钢质接地线施工困难，或对于移动式电气设备和三相四线制照明电缆的接地芯线，才可采用有色金属制作人工接地线。

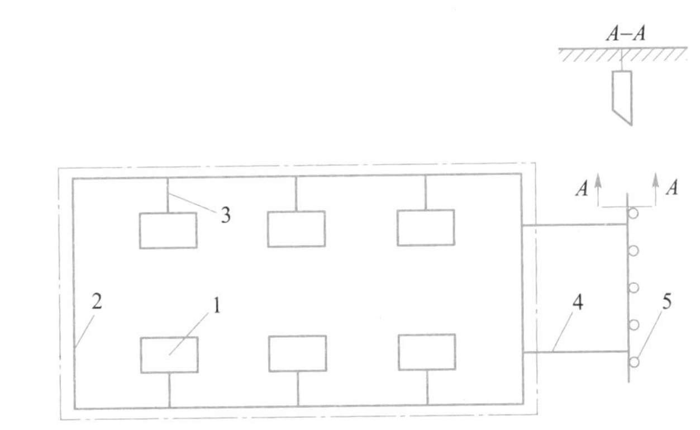

1—电气设备；2—接地干线；3—接地支线；4—接地体连接线；5—接地体

图 1-2-14　接地装置简图

事故案例分析

请仔细阅读以下案例，想一想事故原因，说一说事故教训。

案例 2.1

【事故经过】 某人买来一台电风扇,插上电源试运转。当手碰及电风扇底座时,惨叫一声倒地,并将电风扇从桌上带下来,压在身上,造成触电死亡。

【事故分析】

【事故教训】

案例 2.2

【事故经过】 某厂铲车司机向电工借用电烙铁修理铲车。电工在给电烙铁接线时,采用两线插头,又将电烙铁的接地螺钉与工作零线连接在一起。当插头插入电源插座时,放在车上的电烙铁使车身带电,使手扶车身的司机触电,当即死亡。

【事故分析】

【事故教训】

复习与思考题

1. 什么是保护接地?
2. 什么是保护接零?实行保护接零应满足哪些条件?
3. 什么是重复接地?重复接地的作用是什么?
4. 为什么保护接零必须有灵敏可靠的保护装置与之配合?
5. 为什么在由同一台变压器供电的系统中,不允许保护接地和保护接零混用?

项目三

高压触电事故案例分析

项目目标　学习本项目后，应能：

- 列举常用的屏护装置。
- 叙述安全间距及其技术要求。
- 解释安全标志的含义。
- 描述常用的绝缘防护。

人体触及或过于接近高压带电体，特别是高压输电线路和配电装置，就可能发生高压触电事故。减少或避免高压触电事故的技术措施有屏护措施、安全间距、安全标志、绝缘措施等。

本项目以高压触电事故案例分析为切入点，学习屏护措施、安全间距、安全标志、绝缘措施等相关知识。

任务一　阅读事故经过

请仔细阅读以下案例，说一说事故经过，想一想为什么会发生这一现象。

【事故经过】　某县 3 名职工在四楼平台上安装通信天线时，金属天线倾倒在附近10 kV 高压线上，3 人同时触电摔倒。经抢救，两人脱险，一人死亡。

任务二　分析事故原因

这是一起高压线触电，酿成悲剧的案例。

【事故分析】 缺乏电气安全常识,未考虑到天线可能碰触架空线;高压线距楼台建筑距离仅 1.5 m,不符合安全距离规定。

任务三　反思事故教训

缺乏电气安全知识,是造成触电事故的主要原因。

【事故教训】 这起事故充分说明,架空线路导线与建筑物、人行道上的树、管道等之间的距离必须大于规定的最小安全距离,不能马虎。从根本上杜绝触电事故的发生,必须在制度上、技术上采取一系列的预防性和保护性的措施。

知识链接一　屏　　护

屏护就是用防护装置将带电部位、场所或范围隔离开来。采用屏护可防止工作人员意外碰触或过于接近带电体而发生触电,也可防止设备之间、线路之间由于绝缘强度不够且间距不足时发生事故,保护电气设备不受机械损伤。常用的屏护装置及规格有以下几种:

1. 遮栏

遮栏用于室内高压配电装置时,宜做成网状,网孔不应大于 40 mm×40 mm,也不应小于 20 mm×20 mm。遮栏高度应不低于 1.7 m,底部距地面应不大于 0.1 m。运用中的金属遮栏必须妥善接地并加锁。

2. 栅栏

栅栏用于室外配电装置时,其高度不应低于 1.5 m;若室内场地较开阔,也可装高度不低于 1.2 m 的栅栏。栅条间距和最低栏杆至地面的距离都不应大于 200 mm。金属制作的栅栏也应妥善接地。

3. 围墙

室外落地安装的变配电设施应有完好的围墙,墙的实体部分高度不应低于 2.5 m。10 kV 及以下落地式变压器台四周须装设遮栏,遮栏与变压器外壳相距不应小于 0.8 m。

4. 保护网

保护网有铁丝网和铁板网。当明装裸导线或母线跨越通道时,若与地面的距离不足 2.5 m,应在其下方装设保护网,以防止高处坠落物体或上下碰触事故的发生。

知识链接二 安 全 间 距

安全间距又称间距,是指为防止发生触电事故或短路故障而规定的带电体之间、带电体与地面及其他设施之间、工作人员与带电体之间所必须保持的最小距离或最小空气间隙。间距的大小,主要是根据电压的高低(留有裕量)、设备状况和安装方式来确定的,并在规程中做出明确的规定。凡从事电气设计、安装、巡视、维修及带电作业的人员,都必须严格遵守。

1. 人体与带电设备或导体间的安全距离(见表 1-3-1)

表 1-3-1 人体与带电设备或导体间的安全距离 单位:m

电压等级/kV	值班巡视	检修
	人体与不停电设备之间	人员正常活动范围与带电设备(线路)之间
10 及以下	0.70	0.35①(1.0)②
20~35	1.00	0.60①(2.5)②
44	1.20	0.90①(2.5)②
60~110	1.50	1.50①(3.0)②
220	3.00	3.00①(4.0)②
330	4.00	4.00①(5.0)②
500	5.00	5.00①(6.0)②

注:① 该数据为有遮栏时,如无遮栏,安全距离应加大至与值班巡视相同,否则应停电检修。
② 括号内的数据为邻近或与其他电力线路交叉时的安全距离。

2. 架空线路的安全距离

架空线路的安全距离包括平行线路之间的距离、交叉线路之间的距离、同杆架设的多回路横担之间的距离、导线与地面之间的距离、导线与建筑物之间的距离、导线与人行道树木之间的距离、导线与管道之间的距离等多种。

① 架空线路导线与地面或水面之间的安全距离见表 1-3-2。表中数据应考虑到风、气温等自然因素,以导线弛度最大时为准。

表 1-3-2 架空线路导线与地面或水面之间的安全距离 单位:m

线路所经过的地区	线路电压/kV	
	0.4	10.0
居民区及工矿企业地区	6.0	6.5
非居民区,但有行人或车辆通过	5.0	5.5
交通困难地区	4.0	4.5

续表

线路所经过的地区	线路电压/kV	
	0.4	10.0
公路路面[①]	6.0	7.0
铁道轨顶[②]	7.5	7.5
通航河道最高水面[③]	6.0	6.0
不通航的河流、湖泊(冬季水面)	5.0	5.0

注:① 电杆至公路边缘不应小于 0.5 m。
② 电杆外缘至铁路轨道中心的距离:平行时为杆高加 3 m,交叉时为杆高加 5 m。
③ 线路边导线至河岸上缘不应小于电杆高度。

② 架空线路导线与建筑物、人行道树木(简称行道树)、管道之间的安全距离见表1-3-3。表中垂直距离和水平距离分别取最大弧垂和最大风偏时的数据。当线路经过建筑物的门窗等设施附近时,应适当增大距离。

表 1-3-3　架空线路导线与建筑物、行道树、管道之间的安全距离　单位:m

项目	方向	线路电压/kV	
		0.4	10.0
架空线路导线与建筑物之间	垂直	2.5	3.0
	水平	1.0	1.5
架空线路导线与行道树之间	垂直	1.0	1.5
	水平	1.0	2.0
架空线路导线与管道之间	垂直	1.5	3.0
	水平	1.5	2.0

注:架空线路不能架设在管道下方。

③ 架空线路各相导线之间的安全距离见表 1-3-4。但要考虑登杆的需要,靠近电杆的两根导线间的距离不应小于 0.5 m。

表 1-3-4　架空线路各相导线之间的安全距离　单位:m

线路电压/kV	挡距										
	25 及以下	30	40	50	60	70	80	90	100	110	120
10.0	0.60	0.60	0.60	0.65	0.70	0.75	0.85	0.90	1.00	1.05	1.15
0.4	0.30	0.35	0.35	0.40	0.45	0.50	—	—	—	—	—

④ 架空线路与其他电气线路之间的安全距离见表 1-3-5。

表 1-3-5　架空线路与其他电气线路之间的安全距离　单位：m

项目		距离		线路电压/kV		
		方向	测量基点	1.0 以下	10.0	35.0
弱电线路		垂直	被跨越导线	1.0	2.0	3.0
		水平	两条线路的边缘导线之间	1.0	2.0	4.0
电力线路	1 kV 以下	垂直	被跨越导线	1.0	2.0	3.0
		水平	两条线路的边缘导线之间	2.5	2.5	5.0
	10 kV	垂直	被跨越导线	2.0	2.0	3.0
		水平	两条线路的边缘导线之间	2.5	2.5	5.0
	35 kV	垂直	被跨越导线	3.0	3.0	3.0
		水平	两条线路的边缘导线之间	5.0	5.0	5.0

⑤ 同杆架设多种线路横担之间的安全距离见表 1-3-6。同杆架设多种线路时，低压线路应在高压线路的下方，弱电（通信）线路应在电力线路的下方。

表 1-3-6　同杆架设多种线路横担之间的安全距离　单位：m

类别	直线杆	分支或转角杆
高压与高压	0.8	0.5/0.6*
高压与低压	1.2	1.0
低压与低压	0.6	0.3
低压与弱电	1.2	—

注：* 转角或分支杆横担距上面的横担取 0.5 m，距下面的横担取 0.6 m。

3. 接户线与地面及建筑物各部位的安全距离（见表 1-3-7）

表 1-3-7　接户线与地面及建筑物各部位的安全距离　单位：m

间距项目	道路及建筑物部位	安全距离
导线与地面之间的垂直距离	交通要道	6.0
	通车困难的街道、人行道	3.5
	里弄、巷子、胡同等	3.0
导线与建筑物之间的距离	跨越时导线与建筑物顶面之间的垂直距离	2.5
	与墙壁、构架之间的距离	0.1
	与窗户或阳台之间的水平距离	0.8
	与上方窗户或阳台之间的垂直距离	0.8
	与下方窗户或阳台之间的垂直距离	2.5
	与下方窗户之间的垂直距离	0.3
	与屋面之间的距离	0.6
导线与弱电线路之间的距离	在弱电线路的上方	0.6
	在弱电线路的下方	0.3

除上述安全距离外，还有一些安全距离对于防止检修人员触电也是十分重要的。如在架空线路附近进行起重工作时，起重机械及起重物与线路之间的安全距离，对于 0.4 kV 线路应大于 1.5 m；10 kV 线路应大于 2.0 m；35 kV 及以上线路应大于 4.0 m。再如在工作中使用喷灯或气焊时，火焰与带电体的安全距离，对 10 kV 及以下者为 1.5 m，35 kV 及以上者为 3.0 m。

知识链接三　安 全 标 志

安全标志是指在有触电危险的场所或容易产生误判断、误操作的地方，以及存在不安全因素的现场设置的文字或图形标志。安全标志可以提示人们识别、警惕危险因素。防止人们偶然触及或过于接近带电体而触电，是保证安全用电的一项重要的防护措施。安全标志可分为识别性和警戒性两大类，分别采用文字、图形、编号、颜色等构成。

1. 对安全标志的基本要求

① 文字简明扼要，图形清晰，色彩醒目。

② 标准统一或符合传统习惯，便于管理。

2. 常用安全标志

（1）安全色标

我国采用的安全色标的含义基本上与国际安全色标标准相同。安全色标的意义见表1-3-8。

表 1-3-8　安全色标的意义

色标	含义	举例
红色	禁止、停止、消防	停止按钮、灭火器、仪表运行极限
黄色	注意、警告	“当心触电”“注意安全”
绿色	安全、通过、允许、工作	如“在此工作”“已接地”
黑色	警告	多用于文字、图形、符号
蓝色	强制执行	“必须戴安全帽”

（2）导体色标

裸母线及电缆芯线的相序或极性标志见表 1-3-9。表中列出了新、旧两种颜色标志，在工程施工和产品制造中应逐步向新标准过渡。

表 1-3-9 导体色标

类别	导体名称	旧	新
交流电路	L1	黄	黄
	L2	绿	绿
	L3	红	红
	N	黑	淡蓝
直流电路	正极	红	棕
	负极	蓝	蓝
安全用接地线		黑	绿/黄双色线*

注：* 按国际标准和我国标准，在任何情况下，绿/黄双色线只能用于保护接地或保护接零线。但在某些国家采用单一绿色线作为保护接地(零)线，我国部分出口产品也是如此。使用这类产品时，必须注意仔细查阅使用说明书或用万用表判别，以免接错线造成触电。

(3) 安全牌

安全牌是用干燥的木材或绝缘材料制成，并用不同的文字、图形及安全色做成不同的类型，按用途可分为禁止、允许、提示、警告等，常悬挂于规定的场所，是安全标志的一种重要形式。

安全牌在使用过程中，严禁拆除、更换和移动。电工专用的安全牌通常称为标示牌、警示牌，常用的标示牌规格及悬挂处所见表 1-3-10。

表 1-3-10 常用的标示牌规格及悬挂处所

类型	名称	尺寸	式样	悬挂处所
禁止类	禁止合闸，有人工作！	200 mm×100 mm 或 80 mm×50 mm	白底红字	一经合闸即可送电到施工设备的开关和刀闸的操作把手上
	禁止合闸，线路有人工作！	200 mm×100 mm 或 80 mm×50 mm	红底白字	线路开关和刀闸的把手上
	禁止攀登，高压危险！	250 mm×200 mm	白边红底黑字	工作人员上下的铁架临近可能上下的另外铁架上，运行中变压器的梯子上
允许类	在此工作！	250 mm×250 mm	绿底，中有直径 210 mm 的白圆圈，圈内写黑字	室外和室内工作地点或施工设备上
提示类	从此上下！	250 mm×250 mm	绿底，中有直径 210 mm 的白圆圈，圈内写黑字	工作人员上下的铁架、梯子上

续表

类型	名称	尺寸	式样	悬挂处所
警告类	止步,高压危险!	250 mm×200 mm	白底红边黑字,有红色箭头	施工地点临近带电体设备的遮栏上;室外工作地点的围栏上;禁止通行的过道上;高压试验地点;室外构架上;工作地点邻近带电设备的横梁上

常用的几种标示牌图形如图 1-3-1 所示。

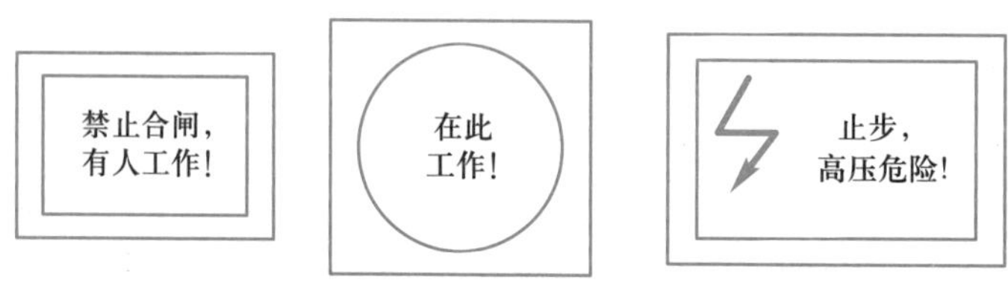

图 1-3-1　常用的几种标示牌图形

知识链接四　绝缘防护

1. 绝缘防护

绝缘防护是最普通、最基本,也是应用最广泛的安全防护措施之一。所谓绝缘防护就是使用绝缘材料将带电导体封护或隔离起来,使电气设备及线路能正常工作,防止人身触电事故的发生。例如导线的外包绝缘、变压器的油绝缘、敷设线路的绝缘子和塑料管、包扎裸露导线头的绝缘胶布等,都是绝缘防护的实例。优质的绝缘材料,良好的绝缘性能,正确的绝缘措施,是人身与设备安全的前提和保证。绝缘材料损坏或各种性能的降低都会导致电气事故的发生。

2. 绝缘性能

绝缘性能包括电气性能、机械性能、热性能(包括耐热性、耐寒性、耐热冲击稳定性、耐弧性、软化性、黏性等)、吸潮性能、化学稳定性及抗生物性。其中主要性能是电气性能和耐热性。

(1) 电气性能。电气性能包括极化、电导、介质损耗和电击穿。电气性能的好坏与电压的高低以及环境的温度、湿度等因素有直接关系。高压电场、高温和潮湿的环境都能使绝缘材料的电气性能逐渐老化甚至被击穿而发生短路或漏电事故即绝缘事故。为了预防绝缘事故的发生,必须在电气设备出厂、交接、运行中或大修后按规定方法和标准进行绝缘预防性试验。

(2) 耐热性。耐热性是指绝缘材料及其制品承受高温而不致损坏的能力。根据绝缘材料长期正常工作所允许的最高温度（即极限工作温度），可将耐热性分为七个耐热等级。绝缘材料的耐热等级见表 1-3-11。

表 1-3-11　绝缘材料的耐热等级

耐热等级代号	极限工作温度/℃	绝缘材料及其制品举例
Y	90	棉纱、布带、纸
A	105	黄（黑）蜡布（绸）
E	120	玻璃布、聚酯薄膜
B	130	黑玻璃漆布、聚酯漆包线
F	155	云母带、玻璃漆布
H	180	有机硅云母制品、硅有机玻璃漆布
C	>180	纯云母、陶瓷、聚酯氟乙烯

绝缘材料的耐热性对电气设备的正常运行影响很大，若超过极限工作温度运行，会大大加速绝缘材料老化，使绝缘能力降低，最终导致绝缘事故的发生。

3. 电气设备绝缘事故的发生原因和预防措施

（1）发生电气设备绝缘事故的原因

① 产品制造质量低劣。

② 在搬运、安装、使用及检修过程中受机械损伤。

③ 由于设计、安装、使用不当，绝缘材料与其工作条件不相适应。

（2）预防电气设备绝缘事故的措施

① 不使用质量不合格的电气产品。

② 按规定或规范安装电气设备或线路。

③ 按工作环境和使用条件正确选用电气设备。

④ 根据技术参数使用电气设备，避免过电压和过负荷运行。

⑤ 正确选用绝缘材料。

⑥ 按规定的周期和项目对电气设备进行绝缘预防性试验。

⑦ 在搬运、安装、运行和维护中，避免电气设备的绝缘结构受到机械损伤、潮湿、脏污的影响。

⑧ 改装绝缘结构。

事故案例分析

请仔细阅读以下案例，想一想事故原因，说一说事故教训。

案例 3.1

【事故经过】 某变电所控制室安装空气调节器时，使用三相手电钻在有积水的土坑内对供水母管钻孔。电钻由 4 芯橡胶线供电，在电源侧 24 m 外接检修电源端子箱，黄、绿、红三芯接相线，绿/黄芯线接中性线；在给电钻接线时，将电钻保护接零的绿/黄芯线与电源的绿芯线相连，致使电钻外壳带电，结果使操作者触电，经抢救无效死亡。

【事故分析】

【事故教训】

案例 3.2

【事故经过】 某厂电工在变电所拆下计量柜上的电能表时，被相邻的 10 kV 高压母线排放电击中并被电弧烧伤，经抢救无效死亡。

【事故分析】

【事故教训】

复习与思考题

1. 屏护的作用是什么？何为安全距离？

2. 在巡视和检修工作中，人体与 10 kV 带电体之间的安全距离是多少？

3. 10 kV 和 0.4 kV 架空线路经过居民区及工矿企业区、公路时，导线与地面及与建筑物的安全距离是多少？当挡距为 50 m 时，各相导线间的最小间距是多少？

4. 绝缘的电气性能有哪些？引起绝缘材料老化和破坏的原因有哪些？

5. 怎样预防绝缘材料损坏引起的事故？

项目四

触电急救方法

项目目标　学习本项目后，应能：

- 描述脱离低压电源和高压电源的方法。
- 操作胸外心脏按压法和口对口人工呼吸法。
- 叙述现场急救的方法及注意事项。

触电事故的特点是多发性、突发性、季节性、高死亡率并具有行业特征，令人猝不及防。如果延误急救时机，死亡率很高，防范得当可最大限度地减少事故。即使在触电事故发生后，若能及时采取正确的救护措施，死亡率亦可大大降低。

本项目以模拟“胸外心脏按压法”和“口对口人工呼吸法”为切入点，学习使触电者脱离电源、现场诊断、现场救护等相关知识、方法和技能。

任务一　简单诊断

当确认触电者已脱离电源后，应对触电者进行简单诊断。其实施方法如下：

① 将脱离电源的触电者迅速移至通风、干燥处，将其仰卧，松开上衣和裤带，如图1-4-1(a)所示。

② 观察触电者的瞳孔是否放大。当处于假死状态时，人体大脑细胞严重缺氧，处于死亡边缘，瞳孔自行放大，如图1-4-1(b)所示。

③ 观察触电者有无呼吸存在，摸一摸颈部的颈动脉有无搏动，如图1-4-1(c)(d)所示。

如果触电者呈现“假死”现象，则可能有三种临床症状：一是心跳停止，但尚能呼吸；二是

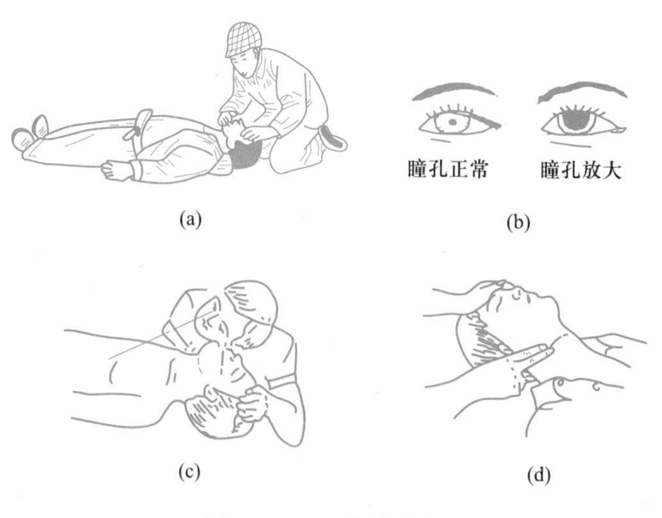

(a) (b) (c) (d)

图 1-4-1　简单诊断

呼吸停止，但心跳尚存（脉搏很弱）；三是呼吸和心跳均已停止。“假死”症状的判定方法是看、听、试。

看：观察触电者的胸部、腹部有无起伏动作。

听：用耳贴近触电者的口鼻处，听有无呼气声音。

试：用手或小纸条测试口鼻有无呼吸的气流，再用两手指轻压一侧喉结旁凹陷处的颈动脉感觉有无搏动。

若既无呼吸又无颈动脉搏动感觉，则可判定触电者呼吸停止，或心跳停止，或呼吸、心跳均停止。

同学们可以两两之间互相模拟“假死”现象，并进行简单诊断。

任务二　模拟“胸外心脏按压法”

对“有呼吸而心跳停止”的触电者，应采用“胸外心脏按压法”进行急救。

“胸外心脏按压法”的实施方法如下：

① 将触电者仰卧在硬板上或地上，颈部枕垫软物使头部稍后仰，松开衣服纽扣和裤带，急救者跪跨在触电者腰部，如图 1-4-2(a)所示。

② 急救者将右手掌根部按于触电者胸骨下 1/2 处，中指指尖对准其颈部凹陷的下缘，当胸一手掌，左手掌复压在右手背上，如图 1-4-2(b)所示。

③ 掌根用力下压 3~4 cm，然后突然放松。按压与放松的动作要有节奏，1 s 进行 1 次，必须坚持连续进行，不可中断，直到触电者苏醒为止。如图 1-4-2(c)所示。

同学们两两之间可进行胸外心脏按压法的练习。

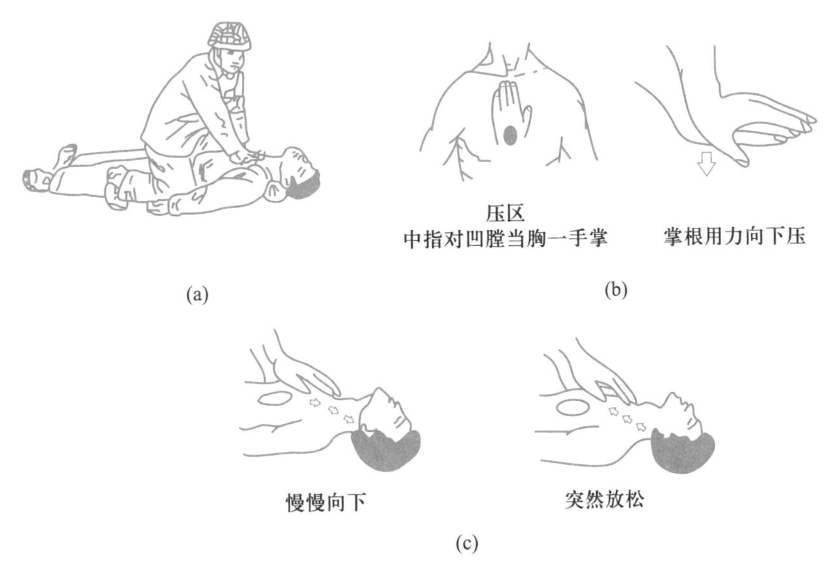

图 1-4-2　胸外心脏按压法

任务三　模拟“口对口人工呼吸法”

对“有心跳而呼吸停止”的触电者，应采用“口对口人工呼吸法”进行急救。

“口对口人工呼吸法”的实施方法如下：

① 将触电者仰天平卧，颈部枕垫软物，头部偏向一侧，松开衣服纽扣和裤带，清除触电者口中的血块、义齿（假牙）等异物。抢救者跪在病人的一边，使触电者的鼻孔朝天头后仰，如图 1-4-3(a) 所示。

② 用一只手捏紧触电者的鼻子，另一只手托在触电者颈后，将颈部上抬，深深吸一口气，用嘴紧贴触电者的嘴，大口吹气，如图 1-4-3(b) 所示。

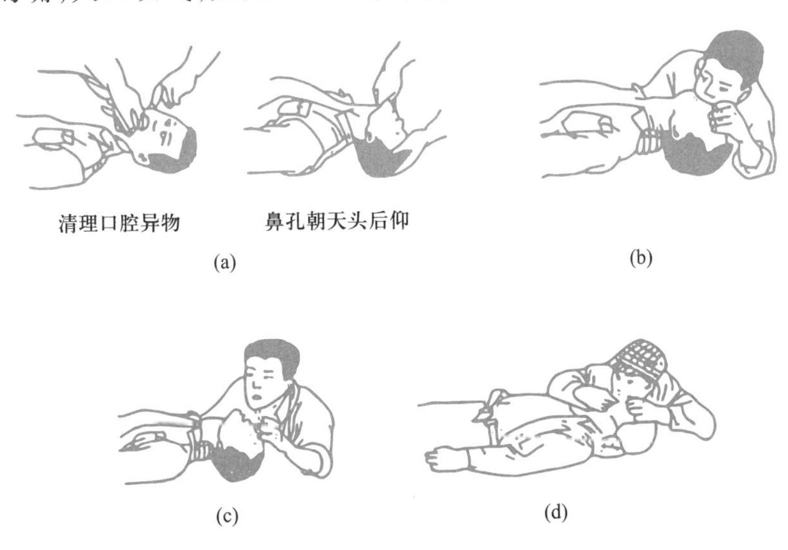

图 1-4-3　口对口人工呼吸法

③ 然后放松捏着鼻子的手，让气体从触电者肺部排出，如此反复进行，每 5 s 吹气一次，坚持连续进行，不可间断，直到触电者苏醒为止，如图 1-4-3(c)所示。

④ 口对鼻人工呼吸法如图 1-4-3(d)所示。

同学们两两之间可进行口对口人工呼吸法的练习。

知识链接一　脱离电源

触电急救的要点是：抢救迅速与救护得法。即用最快的速度在现场采取积极措施，保护触电者生命，减轻伤情，减少痛苦，并根据伤情需要迅速联系医疗救护等部门救治。

触电急救的第一步是使触电者迅速脱离电源，因为电流对人体的作用时间越长，对生命的威胁越大。脱离电源的具体方法如下：

1. 脱离低压电源的方法

脱离低压电源可用拉、切、挑、拽、垫五字来概括。

① 拉：指就近拉开电源开关、拔出插头或瓷插熔断器，如图 1-4-4(a)所示。

② 切：当电源开关、插座或瓷插熔断器距离触电现场较远时，可用带有绝缘柄利器切断电源线。切断时应防止带电导线断落触及周围的人体。多芯绞合线应分相切断，以防短路伤人，如图1-4-4(b)所示。

③ 挑：如果有导线搭落在触电者身上或压在身下，这时可用干燥的木棒、竹竿等挑开导线，或用干燥的绝缘绳套拉导线或触电者，使触电者脱离电源，如图 1-4-4(c)所示。

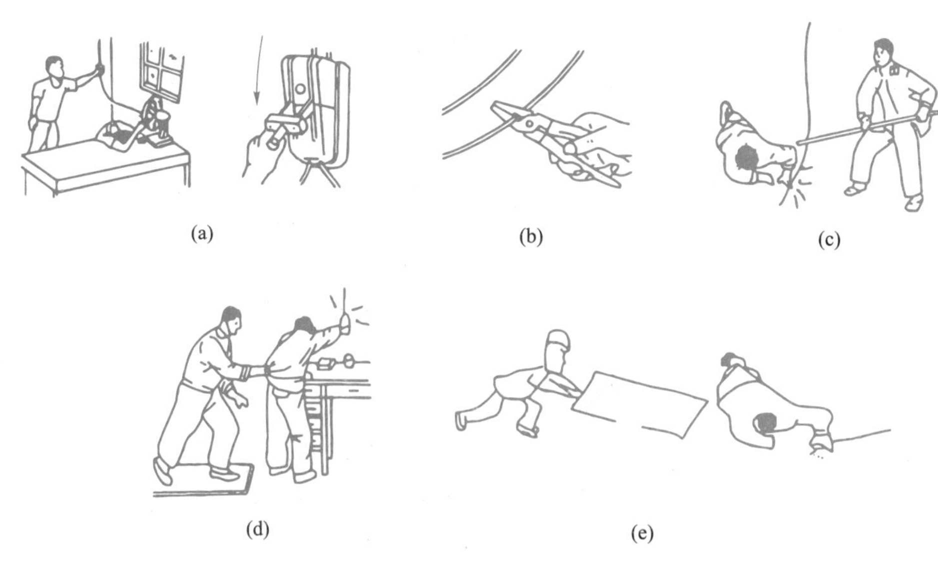

图 1-4-4　脱离低压电源的方法

④ 拽：救护人可戴上手套或在手上包缠干燥的衣服等绝缘物品拖拽触电者，使之脱离电源。如果触电者的衣裤是干燥的，又没有紧缠在身上，救护人可直接用一只手抓住触电者不贴身的衣裤，将其拉脱电源，但要注意拖拽时切勿触及触电者的皮肤。也可站在干燥的木板、橡胶垫等绝缘物品上，用一只手将触电者拖拽开来，如图 1-4-4(d)所示。

⑤ 垫：如果触电者由于痉挛，手指紧握导线，或导线缠绕在身上，可先用干燥的木板垫在触电者身下，使其与地绝缘，然后再采取其他办法把电源切断，如图 1-4-4(e)所示。

2. 脱离高压电源的方法

由于装置的电压等级高，一般绝缘物品不能保证救护人的安全，而且高压电源开关距离现场较远，不便拉闸。因此，使触电者脱离高压电源的方法与脱离低压电源的方法有所不同。通常的做法是：

① 立即打电话通知有关供电部门拉闸停电。

② 如果电源开关离触电现场不太远，则可戴上绝缘手套，穿上绝缘靴，拉开高压断路器，或用绝缘棒拉开高压跌落熔断器以切断电源。

③ 往架空线路抛挂裸金属软导线，人为造成线路短路，迫使继电保护装置动作，从而使电源开关跳闸。抛挂前，将短路线的一端先固定在铁塔或接地引下线上，另一端系重物。

④ 如果触电者触及断落在地上的带电高压导线，且尚未确认线路无电，救护人员不可进入断线落地点 8~10 m 的范围内，以防止跨步电压触电。进入该范围的救护人员应穿上绝缘靴或临时双脚并拢跳跃地接近触电者。触电者脱离带电导线后应迅速将其带至 10 m 以外，立即开始触电急救。只有在确认线路已经无电时，才可在触电者离开导线后就地急救。

3. 使触电者脱离电源的注意事项

① 救护人员不得采用金属和潮湿物品作为救护工具。

② 未采取绝缘措施前，救护人不得直接触及触电者的皮肤和潮湿的衣服。

③ 在拉拽触电者脱离电源的过程中，救护人宜用单手操作，这样比较安全。

④ 当触电者位于高位时，应采取措施预防触电者在脱离电源后坠地。

⑤ 夜间发生触电事故时，应考虑切断电源后的临时照明问题，以利救护。

知识链接二　现场诊断

当触电者脱离电源后，除及时拨打“120”后，应进行必要的现场诊断和救护，直至医护人员来到为止。触电者呼吸、心跳停止，血液循环中断，氧气无法吸入，二氧化碳不能排出，各个器官细胞缺乏氧气，人体的正常生理功能骤停，造成触电者“假死”。对触电者进行现场诊断的方法见表 1-4-1。

表 1-4-1　对触电者进行现场诊断的方法

诊断方法	示意图	说明
看		侧看触电者的胸部、腹部，有无起伏动作，看触电者有无呼吸
听		聆听触电者心脏跳动的情况和口鼻处的呼吸声响
试		用手试摸触电者喉结旁凹陷处的颈动脉有无搏动的感觉

知识链接三　现场救护

1. 现场救护

若触电者呼吸停止，但心脏还有跳动，应立即采用口对口人工呼吸法救护。若触电者虽有呼吸但心脏停止，应立即采用胸外心脏按压法救护。若触电者伤害严重，呼吸和心跳都停止，或瞳孔放大，应同时采用口对口人工呼吸法和胸外心脏按压法救护。

一人急救：两种方法应交替进行，即吹气 2~3 次，再按压心脏 10~15 次，且速度都应快些。

两人急救：每 5 s 吹气一次，每 1 s 挤压一次，两人同时进行。

实践证明，这两种方法易学有效，操作简单。

注意事项：不能打肾上腺素等强心针；不能泼凉水。

2. 现场救护中的注意事项

（1）抢救过程中应适时对触电者进行再判定

① 按压吹气 1 min 后，应采用“看、听、试”的方法在 5~7 s 内完成对触电者是否恢复自然呼吸和心跳的再判断。

② 若判定触电者已有颈动脉搏动，但仍无呼吸，则可暂停胸外按压，再进行两次口对口人工呼吸，接着每间隔 5 s 吹气一次。如果脉搏和呼吸仍未能恢复，则继续坚持心肺复苏法抢救。

③ 在抢救过程中，要每隔数分钟再判定一次触电者的呼吸和脉搏情况，每次判定时间不得超过 5~7 s。在医务人员未接替抢救前，现场人员不得放弃抢救。

（2）抢救过程中移送触电者的注意事项

① 心肺复苏应在现场就地坚持进行，不要图方便而有意移动触电者。如果确有需要移动，抢救中断时间不应超过 30 s。

② 移动触电者或将其送往医院，应使用担架，并在其背部垫以木板，不可让触电者身体蜷曲着搬运。移送途中应继续抢救，在医务人员未接替救治前不可中断抢救。

③ 应创造条件，用装有冰屑的塑料袋做成帽状包绕在触电者头部，露出眼睛，使脑部温度降低，争取触电者心、肺、脑能得以复苏。

（3）触电者死亡的认定。对于触电后失去知觉和呼吸、心跳停止的触电者，在未经心肺复苏急救之前，只能视为“假死”。任何在事故现场的人员，都有责任及时、不间断地进行抢救。抢救时间应持续 6 h 以上，直到救活或医生做出临床死亡的认定为止。只有医生才有权认定触电者已死亡，宣布抢救无效。

知识链接四　外伤救护

触电事故发生时，伴随触电者受电击或电伤常会出现各种外伤，如皮肤创伤、渗血与出血、摔伤、电灼伤等。外伤救护的一般做法是：

① 对于一般性的外伤创面，可用无菌生理盐水或清洁的温开水冲洗后，再用消毒纱布或干净的布包扎，然后将伤员送往医院。救护人员不得用手直接触摸伤口，也不准在伤口上随便用药。

② 伤口大出血要立即用清洁手指压迫出血点上方，也可用止血橡胶带使血流中断。同时将出血肢体抬高或高举，以减小出血量，并火速送医院处置。如果伤口出血不严重，可用消毒纱布或干净的布料叠几层，盖在伤口处压紧止血。

③ 高压触电造成的电弧灼伤，往往深达骨骼，处理十分复杂。现场可先用无菌生理盐水冲洗，再用酒精涂擦，然后用消毒纱布或干净布包好，速送医院处理。

④ 对于因触电摔跌而骨折的触电者，应先止血、包扎，然后用木板、竹竿或木棍等物品将骨折肢体临时固定，速送医院处理。发生腰椎骨折时，应将伤员平卧在平硬木板上，并将腰椎躯干及两侧下肢一并固定以防瘫痪，搬动时要数人合作，保持平稳，不能扭曲。

⑤ 遇有颅脑外伤，应使伤员平卧并保持气道通畅。若有呕吐，应扶好头部和身体，使之同时侧转，以防止呕吐物造成窒息。耳鼻有液体流出时，不要用棉花堵塞，只可轻轻拭去，以利降低颅内压力。颅脑外伤时，病情可能复杂多变，要禁止给予饮食并速送医院进行救治。

知识链接五 雷电及其防护

雷电是一种常见的自然现象，它具有极大的破坏作用，雷电流产生的大量热能会引起火灾，产生的机械破坏作用会造成建筑物的倒塌，破坏电力系统的运行等。

1. 雷电的危害

雷电的危害主要是由雷电流引起的，有以下几种：

(1) 直接雷击

大气中带有电荷的雷云对地之间的电压可以高达数亿伏，当雷云与地面的凸出物之间的电场强度达到空气击穿强度时，便通过建筑物、树木、输电线等与大地之间进行放电，称为直接雷击。雷击时，强大的电流通过物体会产生巨大的热效应，引起火灾；可能使内部的水分突然发热蒸发，造成内部压力骤增而发生劈裂现象，引起爆炸燃烧；还可能击穿防护不好的电气设备的绝缘，引发更为严重的后果。

防直接雷击的措施是在建筑物的顶端安装避雷针或避雷带（统称为接闪器），使强大的雷电流通过避雷针或避雷带的引下线泄入大地，从而保护建筑物免遭雷击。

(2) 雷电感应

建筑物上空雷云电场会在建筑物上感应出与雷云电荷异性的电荷。当雷云放电后，雷云电场消失了，但建筑物上聚积的大量电荷还不能立即散去，这时建筑物对地便存在相当高的电压，这个电压将造成室内的导线、金属管道和设备之间的放电，可能击穿绝缘而引发火灾。

防雷电感应的措施是将金属屋面或钢筋混凝土屋面的钢筋，以及建筑物内部的金属管道、钢窗等用引下线与接地装置连接，这样可以将残留在建筑物上的电荷迅速地引入大地，消除建筑物内部出现的高电位。

(3) 雷电流侵入

架空线路或架空金属管道因雷击或雷电感应都可能形成很高的电压，沿供电线路或金属管道侵入室内，产生放电破坏作用。特别是在放有易燃易爆气体的车间、工厂或仓库里可能引起火灾和爆炸事故。

防雷电流侵入的措施是在进户架空电力线上或进户电缆首端安装阀门型避雷器，将电流引入地下。

2. 防雷装置

防雷装置包括接闪器、引下线、接地装置。

(1) 接闪器

接闪器包括避雷针、避雷带和避雷网。

① 避雷针。避雷针的支持物可以利用混凝土，也可以利用角钢或圆钢焊接而成，设置在被保护的建筑物的顶端突出部位，其材料一般采用直径为 25～40 mm 的镀锌钢管或直径为 16～20 mm的圆钢，长约 2 m，顶端削尖。

② 避雷带。避雷带水平敷设在建筑物顶端的突出部位，如屋脊、屋檐、山墙等位置。避雷带一般采用镀锌圆钢或扁钢制成，在安装时，每隔 1 m 用支架固定在墙上或用混凝土浇筑支座。

③ 避雷网。避雷网是将金属导体做成网状，网格不大于 10 mm，使用的材料与避雷带相似，采用横截面积不小于 50 mm^2 的圆钢和扁钢，交叉点必须进行焊接。避雷网宜采用暗装，其距屋面层的高度一般不小于 20 mm。

（2）引下线

引下线是连接接闪器与接地装置的金属线，其作用是把接闪器上的雷电流引到接地装置上。引下线使用的材料是圆钢或扁钢，既可以明装，也可以暗装。明装时必须由接闪器绕过屋顶，沿建筑物的外边敷设；暗装时可以利用建筑物本身的结构，如钢筋混凝土柱子中的主筋。

（3）接地装置

接地装置是引导电流安全入地的导体，包括接地线和接地体。接地体分为垂直接地体和水平接地体两种，接地体常用长度约为 2.5 m 的圆钢、角钢制成，顶部埋深 0.8 m 左右。接地线是连接接地体与引下线的导体，一般采用直径为 10 mm 以上的镀锌钢筋制成。接地装置应埋设在行人较少的地方，要求接地体距被保护的建筑物不小于 3 m。

技能训练

通过模拟现场的触电救护，熟悉现场触电急救的基本要领，初步掌握口对口人工呼吸法和胸外心脏按压法。

① 同学们两两之间进行口对口人工呼吸救护的操作。请你说一说基本要领和操作步骤：

② 同学们两两之间进行胸外心脏按压救护法的操作。请你说一说基本要领和操作步骤：

复习与思考题

1. 发现有人触电时应首先做什么？
2. 使触电者脱离电源的办法有哪些？应注意哪些事项？
3. 触电者脱离电源后，对“假死”者如何实施正确的现场救护？
4. 叙述口对口人工呼吸法和胸外心脏按压法的操作要领。
5. 在抢救触电病人时，应注意哪些事项？

第二单元

室内照明线路的安装与排故

职业综合素养提升目标

熟悉插入式熔断器、按键开关、单相三眼插座、LED灯、荧光灯、单相电能表、低压断路器及漏电断路器的外形、结构、符号及性能。会分析荧光灯电路的工作原理。知道家庭配电器件和导线的估算与选用方法。

学会正确使用数字万用表、低压验电器及常用电工工具。能根据要求用塑料护套线、塑料硬线及线槽在木板上进行正确、合理的布线。能对各种导线进行绝缘层的剥削、导线的连接及绝缘层的恢复。学会插入式熔断器、按键开关、单相三眼插座、LED灯、荧光灯、单相电能表、低压断路器及漏电断路器的拆装、检测、选用和安装，能对简单照明电路进行故障的检测与排除。

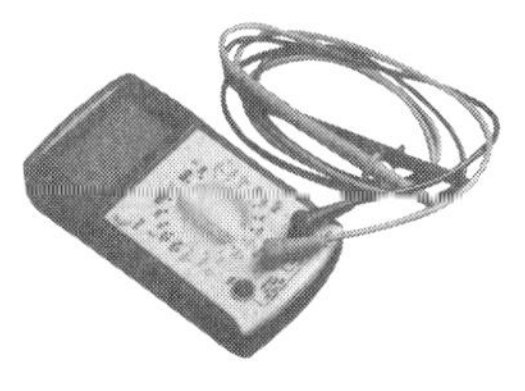

项目五

万用表及常用电工工具的操作

项目目标　学习本项目后，应能：

- 正确使用数字万用表测电压、电流、电阻及进行电路通断的检测等。
- 会用低压验电器检测电气设备是否带电。
- 正确操作螺丝刀、钢丝钳、尖嘴钳、断线钳、剥线钳等常用电工工具。

万用表是常用的电工仪表，作为电气操作人员必须正确掌握万用表的使用。常用电工工具指一般专业电工都要使用的常备工具。常用的工具有低压验电器、螺丝刀(旋具)、钢丝钳、尖嘴钳、断线钳、剥线钳、电工刀等。作为一名电气操作人员，同样必须掌握常用电工工具的结构、性能、使用方法和规范操作，这将直接影响其工作效率、工作质量以及人身安全。

任务一　认识万用表面板

本项目以 VC890D 数字万用表为例加以说明。

1. 万用表外观

VC890D 数字万用表面板外观如图 2-5-1 所示，其主要分为液晶显示屏和操作面板两部分。

液晶显示屏主要用于显示仪表测量的数值。

操作面板上的各部分名称和功能说明如下：

① 发光二极管：用于通断检测时报警。

② 挡位量程开关：用于改变测量挡位和量程以及控制开关机。

③ 20 A 插孔：用于测量大电流。

④ mA 插孔:用于测量小电流。

⑤ COM 插孔:作为公共端使用。

⑥ V/Ω 插孔:用于测量电压、电阻、二极管。

⑦ 三极管测试插座:用于测试三极管。

⑧ HOLD 键:用于锁定测量数据。

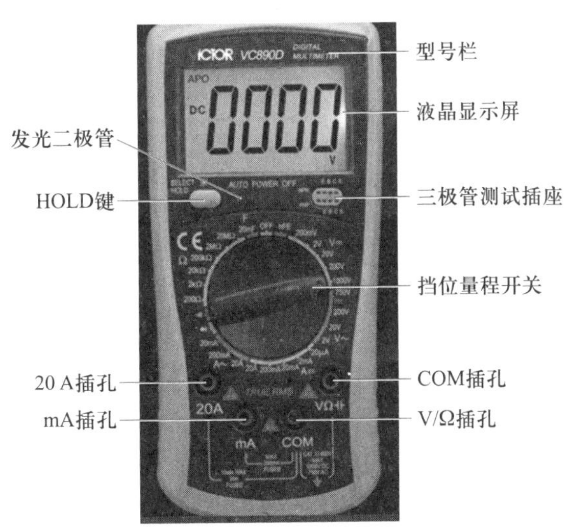

图 2-5-1　VC890D 数字万用表面板外观图

2. 操作万用表前注意事项

① 操作万用表前要先检查 9V 电池电压,如果电池电压不足,应及时更换电池;如果电池电压正常则进入工作状态。

② 测试表笔插孔旁边有“!”符号,它表示输入电压或电流不应超过此标示值,以免损坏内部线路。

③ 测试前,应将挡位量程开关置于所需量程上。

任务二　万用表基本测量操作

1. 直流电压测量

以测量两节电池串联的电源两端电压为例,万用表连接方法如图 2-5-2 所示。

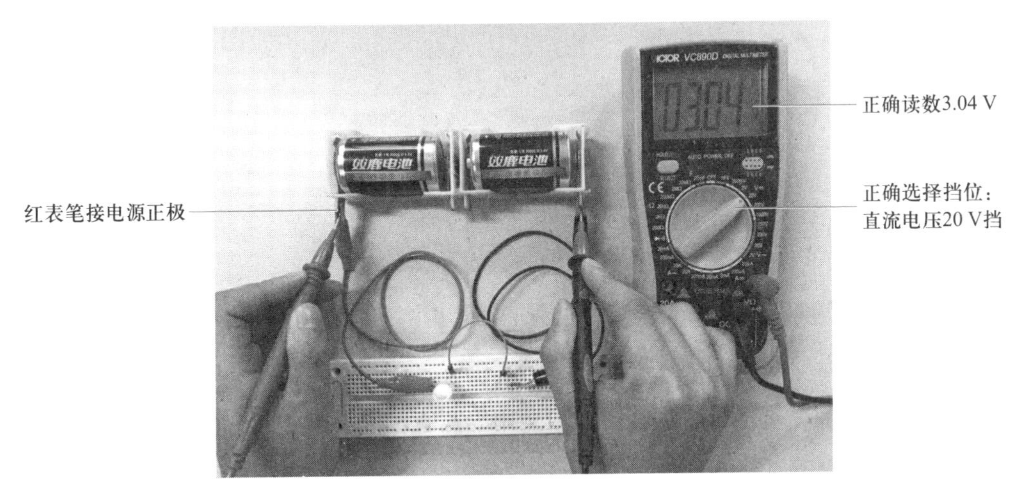

图 2-5-2　用万用表测电源两端电压

步骤:

① 将黑表笔插入 COM 插孔,红表笔插入 V/Ω 插孔。

② 通过挡位量程开关选择直流电压 20 V 挡。

③ 将万用表并接在电源两端。红表笔接高电端位(电源正极),黑表笔接低电位端(电源负极)。

④ 观察并读取测量结果。

2. 交流电压有效值测量

交流电压有效值测量的方法类似直流电压测量。

步骤:

① 将红表笔插入 V/Ω 插孔,黑表笔插入 COM 插孔。

② 将挡位量程开关置于“V~”,并将红、黑表笔并接到待测电源或负载两端(不需要考虑正负极性)。

③ 从液晶显示屏上读取测量结果。

3. 直流电流测量

以测发光二极管的工作电流为例,万用表连接方法如图 2-5-3 所示。

步骤:

① 万用表选择直流电流 20 mA 挡。

②切断电路电源,将万用表串接在电路中,红表笔接高电位端,黑表笔接低电位端,如图 2-5-3所示。

③ 接通电路,观察并读取测量结果。

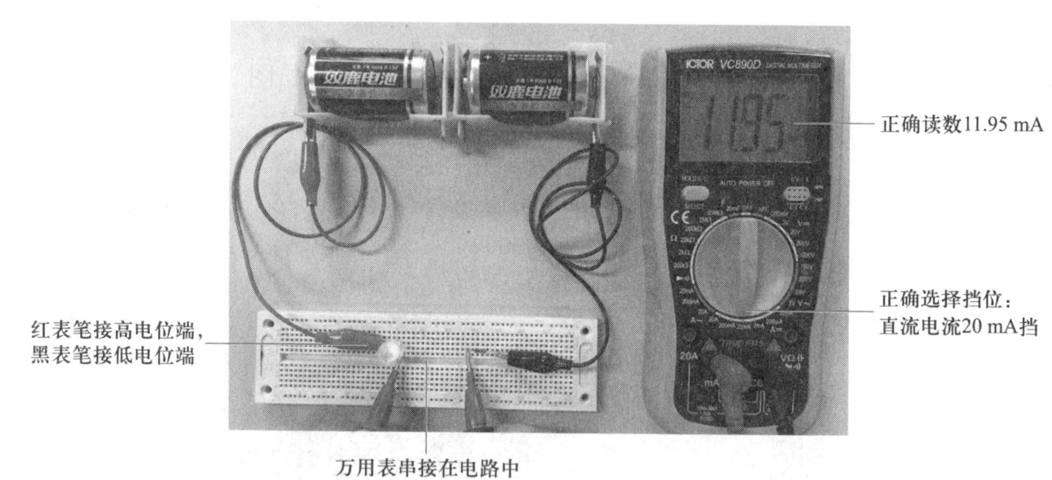

图 2-5-3 用万用表测直流电流

4. 交流电流有效值测量

交流电流有效值测量的方法类似直流电流测量。只是将挡位量程开关置于“A ~”,测量时也不需要考虑正负极性。

在测量以上交、直流电压和交、直流电流时应注意以下两点:

① 如果事先不知道被测量的范围,应将挡位量程开关转到最高挡位,然后根据显示值转

至相应挡位上。

② 如屏幕显示"OL",表明已超过量程范围,必须将挡位量程开关转至较高挡位上。

5. **电阻测量**

以测 100 Ω 色环电阻器为例,万用表连接方法如图 2-5-4 所示。

步骤:

① 将黑表笔插入 COM 插孔,红表笔插入 V/Ω 插孔。

② 万用表选择 200 Ω 挡。

③ 红、黑表笔分别连接电阻器两端,观察并读取测量结果。

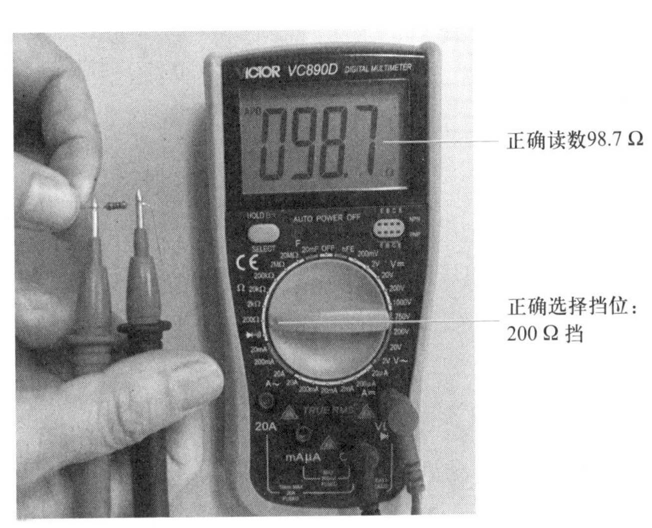

图 2-5-4 用万用表测电阻器

注意:

① 对于大于 1 MΩ 的电阻,要经过几秒后读数才能稳定。

② 当万用表电阻挡无输入时(开路),显示"OL"。

③ 使用万用表测量电阻时,不能带电测量。同时不能两只手同时接触电阻器两端,以免人体电阻并入被测电阻中。

6. **二极管测量**

以普通二极管为例,测量二极管正、反向压降的万用表连接方法如图 2-5-5、图 2-5-6 所示。

步骤:

① 将黑表笔插入 COM 插孔,红表笔插入 V/Ω 插孔。

② 将挡位量程开关转至二极管测试挡。

③ 将红表笔连接到待测二极管的正极,黑表笔连接到待测二极管的负极,则液晶显示屏上显示的数值为被测二极管正向压降的近似值,其正向压降为 0. 575 V,如图 2-5-5 所示。

④ 将红表笔连接到待测二极管的负极,黑表笔连接到待测二极管的正极,则万用表显示"OL",如图 2-5-6 所示。

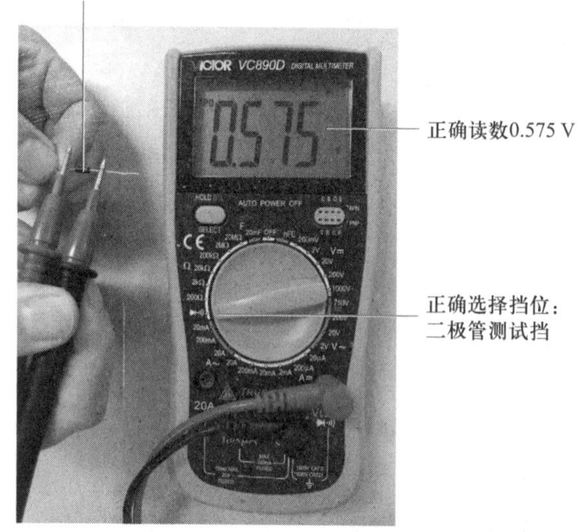

图 2-5-5　用万用表测二极管的正向压降

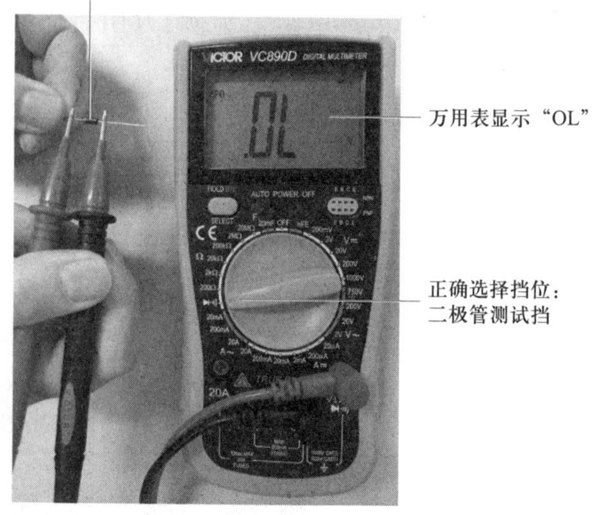

图 2-5-6　用万用表测二极管的反向压降

7. 电路通断测试

步骤:

① 将黑表笔插入 COM 插孔,红表笔插入 V/Ω 插孔。

② 将挡位量程开关转至线路通断测试挡,将表笔连接到待测线路的两点,如果两点之间连通(两点之间电阻值低于 30 Ω),则内置蜂鸣器发声,同时液晶显示屏显示被测线路两端的电阻值。

8. 电容检测

以检测电解电容器为例,万用表连接方法如图 2-5-7 所示。

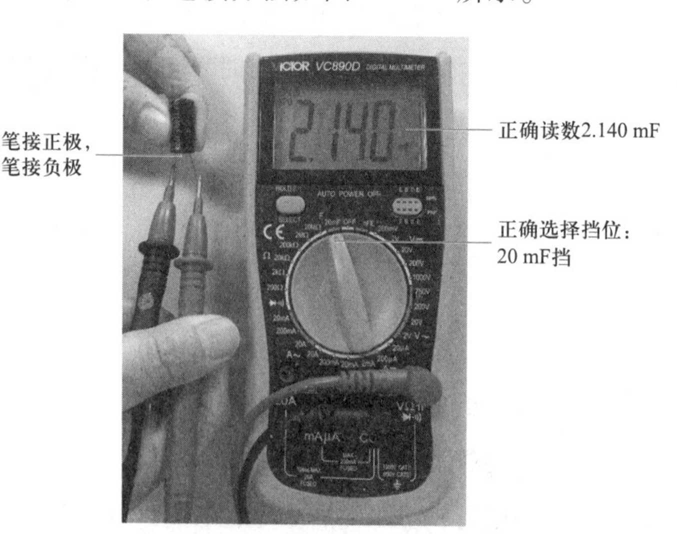

图 2-5-7　用万用表检测电解电容器

步骤：

① 将黑表笔插入 COM 插孔，红表笔插入 V/Ω 插孔。

② 将挡位量程开关转至相应电容量程（20 mF）上，在红、黑表笔之间接入被测电容（注意红表笔接电容的“+”极），稳定后被测电容的容量显示在液晶显示屏上。

③ 观察并读取测量结果。

如果测量出电容的实际容量在允许误差范围内，则该电容器的质量是好的；反之，该电容器的质量存在问题。

9. **三极管检测**

以检测 NPN 型三极管为例，万用表连接方法如图 2-5-8 所示。

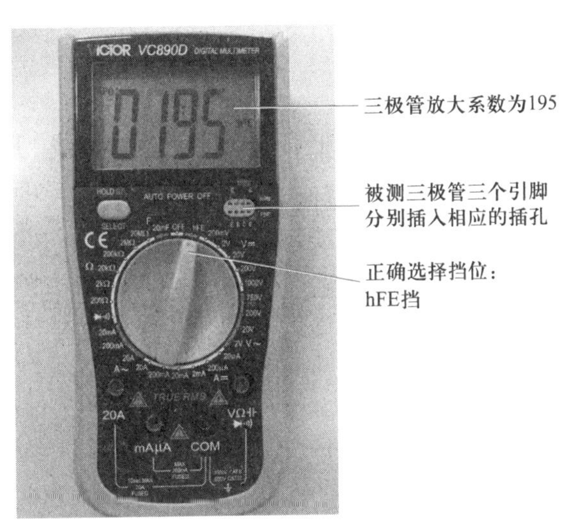

图 2-5-8　用万用表检测三极管

步骤：

① 将万用表的挡位量程开关置于 hFE 挡。

② 确定所测三极管的类型（NPN 型或PNP 型）。

③ 将被测三极管的发射极、基极、集电极分别插入相应的插孔，被测三极管的电流放大倍数显示在屏幕上，如图 2-5-8 所示。

④ 从液晶显示屏上读取测量结果。

若管子放大能力很差或者已损坏，则放大系数就会有问题。

注意：

① 检测前一定要分清三极管的类型。

② 液晶显示屏上显示的结果为被测三极管的直流放大系数。

10. **数字万用表保养注意事项**

数字万用表是一种精密电子仪表，不要随意更改线路，在使用中应注意以下几点：

① 不要超量程使用。

② 不要在电阻挡或二极管测试挡接入电压信号。

③ 在电池没有装好或后盖没有上紧时,不要使用万用表。

④ 只有在测试表笔从万用表移开并切断电源后,才能更换电池或熔体。并注意 9 V 电池的使用情况,如果需要更换电池,应使用同一型号电池更换。更换熔体时,应使用相同型号的熔体。

任务三　验电器的操作

验电器是用来检验导线和电气设备是否带电的一种电工常用的检测工具。验电器可分为低压验电器和高压验电器两种。

1. 低压验电器

低压验电器又称电笔,是一种用来测试低压电气系统中导线、开关、插座等电器是否带电的工具。低压验电器一般有基本型和数显型两种。

(1) 基本型低压验电器

基本型低压验电器由氖管、电阻、弹簧、笔身和探头等组成,其外形及结构如图 2-5-9 所示。

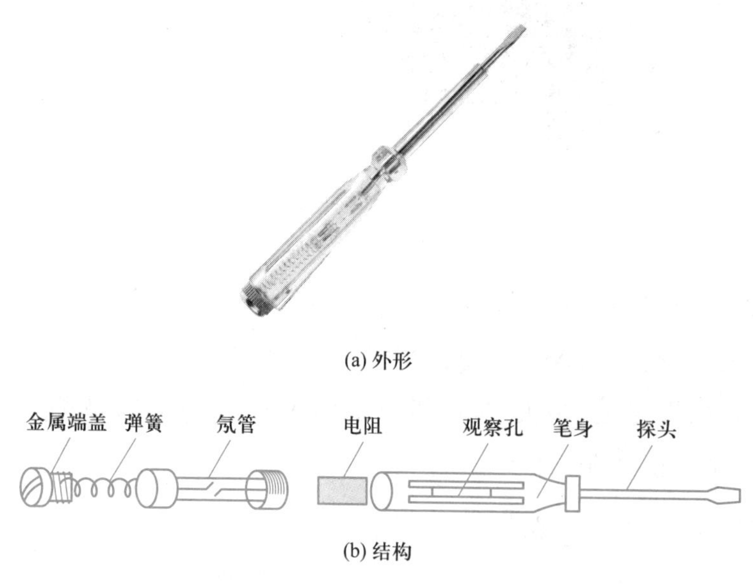

图 2-5-9　基本型低压验电器的外形及结构

使用基本型低压验电器时,必须按照图 2-5-10 所示方法操作,以手指触及笔尾的金属体,使氖管小窗背光向自己。使用时不能用手接触前面的金属部分。

当使用基本型低压验电器检测带电体时,电流经带电体、验电器、人体、地形成回路,只要带电体与大地之间的电位超过 60 V,验电器中的氖管就发光。低压验电器测试范围为 60~500 V。

基本型低压验电器通常还有如下作用：

① 区别电压高低。检测时可根据氖管发光的强弱来判断电压的高低。

② 区别相线与中性线。在正常情况下，在交流电路中，当验电器触及相线时，氖管发光；当验电器触及中性线时，氖管不发光。

③ 区别直流电与交流电。交流电通过验电器时，氖管里的两极同时发光；直流电通过验电器时，氖管两极只有一极发光。

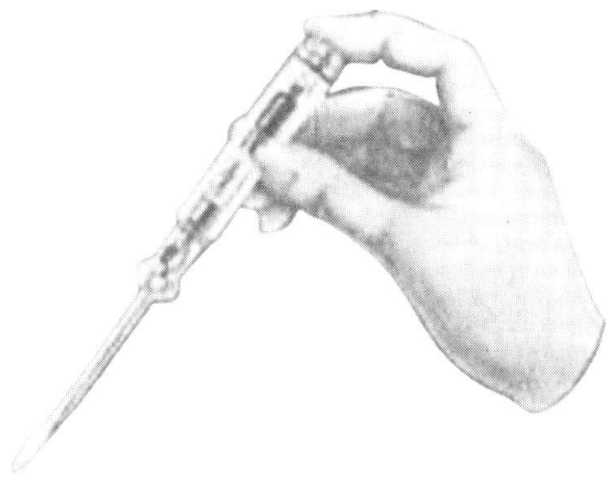

图 2-5-10　基本型低压验电器的使用方法

④ 区别直流电的正负极。把验电器连接在直流电的正、负极之间，氖管中发光的一极即为直流电的负极。

(2) 数显型低压验电器

数显型低压验电器的外形如图 2-5-11 所示，其功能一般包括直接检测功能、感应断点检测功能、电压显示功能和指示灯功能。

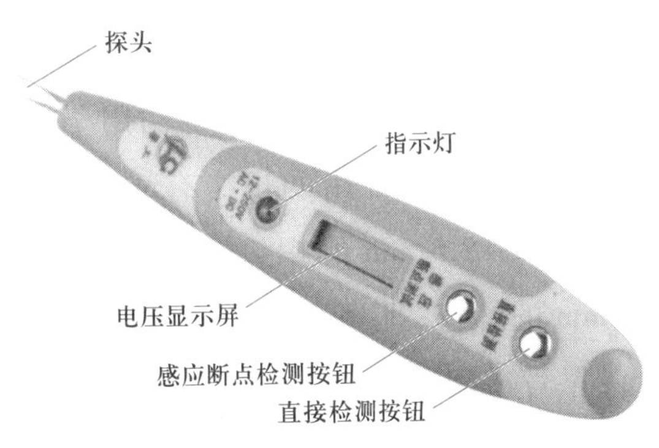

图 2-5-11　数显型低压验电器的外形

2. 低压验电器使用注意事项

① 使用低压验电器前，应在已知带电体上进行测试，证明低压验电器确实良好方可使用。

② 应使低压验电器逐渐靠近被测物体，只有在反复测试氖管不发亮时，人体才可以与被测物体接触。

③ 在明亮的光线下往往不容易看清氖管的辉光，应注意避光。

④ 低压验电器探头虽与螺丝刀的形状相同，但它只能承受很小的扭矩，不能像螺丝刀那样使用，否则会损坏。

3. 高压验电器及使用注意事项

高压验电器又称高压测电器，主要用来测量电源网络中的高电压。10 kV 高压验电器由金属钩、氖管、氖管窗、固紧螺钉、护环和握柄组成。

高压验电器使用注意事项如下：

① 室外使用高压验电器时，必须在气候条件良好的情况下才能进行。在雨、雪、雾及湿度较大的天气中不宜使用，以防发生危险。

② 使用高压验电器测试时，必须戴上符合要求的绝缘手套；不可一个人单独测试，身旁必须有人监护；同时，要防止发生相间或对地短路事故；人体与带电体应保持足够的安全距离，10kV 高压的安全距离为 0.7 m 以上。

任务四　其他常用电工工具的操作

其他常用电工工具还有螺丝刀、钢丝钳、尖嘴钳、断线钳、剥线钳、电工刀、活动扳手等。

1. 螺丝刀

螺丝刀又称起子或旋具，它是一种紧固、拆卸螺钉的工具。

（1）螺丝刀的结构

螺丝刀的种类很多，按头部形状不同螺丝刀分为一字形和十字形两种，其外形如图 2-5-12 所示。

一字形螺丝刀常用规格有 50 mm、100 mm、150 mm 和 200 mm 等，电工必备的是 50 mm 和 150 mm 两种。十字形螺丝刀专门用于紧固和拆卸十字槽的螺钉，常用的规格有 4 种：Ⅰ号适用于直径为 2～2.5 mm 的螺钉；Ⅱ号适用于直径为 3～5 mm 的螺钉；Ⅲ号适用于直径为 6～8 mm 的螺钉；Ⅳ号适用于直径为 10～12 mm 的螺钉。

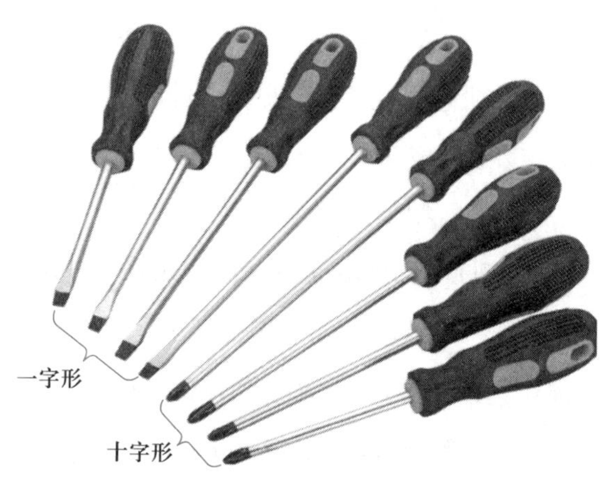

图 2-5-12　螺丝刀的外形

（2）螺丝刀的使用方法

① 大螺丝刀的使用方法：大螺丝刀一般用来紧固较大的螺钉。使用时，除大拇指、食指和中指要夹住握柄外，手掌还要顶住柄的末端，这样就可以防止螺丝刀转动时滑脱，如图 2-5-13 所示。

② 小螺丝刀的使用方法：小螺丝刀一般用来紧固电气装置接线柱上的小螺钉，使用时，可用手指顶住木柄的末端捻转，如图 2-5-14 所示。

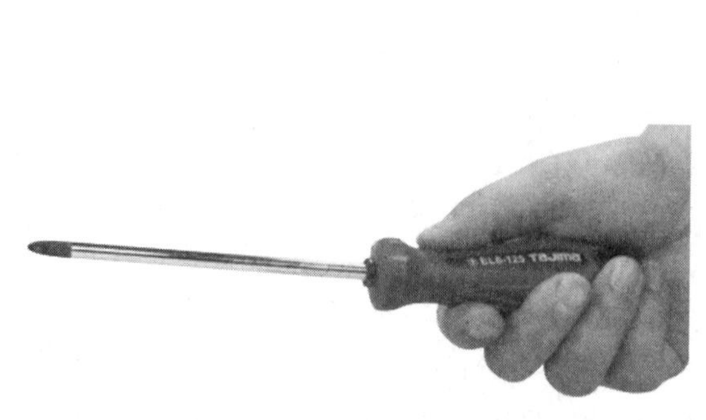

图 2-5-13　大螺丝刀的使用方法

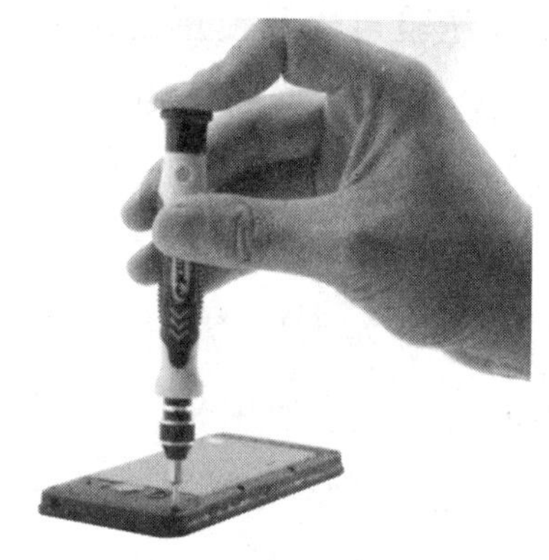

图 2-5-14　小螺丝刀的使用方法

顺时针方向旋转螺丝刀,旋紧螺钉;逆时针旋转螺丝刀,起松螺钉。

螺丝刀使用注意事项:

① 根据螺钉大小、规格选用相应尺寸的螺丝刀。

② 螺丝刀使用时螺丝刀杆要与螺钉帽的平面要相互垂直。

③ 螺丝刀不能当凿子使用。

2. 钢丝钳

钢丝钳又称老虎钳,常用的规格有 150 mm、175 mm 和 200 mm 三种。

(1) 钢丝钳的结构和用途

钢丝钳由钳头和钳柄两部分组成。钳头由钳口、齿口、铡口三部分组成。钢丝钳的用途很多,钳口用来弯绞和钳夹导线线头;齿口用来剪切或剥削软导线绝缘层;铡口用来铡切导线线芯、钢丝或铅丝等较硬金属丝。钢丝钳的外形如图 2-5-15 所示。

(2) 钢丝钳的使用

① 使用前,必须检查绝缘柄的绝缘是否良好。

② 剪切带电导线时,不得用铡口同时剪切相线和中性线,或同时剪切两根相线。

③ 钳头不可代替锤子做敲打工具的使用。

3. 尖嘴钳

尖嘴钳的头部尖细,适于在狭小的空间操作。钳柄有铁柄和绝缘柄两种,绝缘柄的耐压值为 500 V,主要用于切断细小的导线、金属丝;夹持小螺钉、垫圈及导线等元件;还能将导线端头弯曲成所需的各种形状。尖嘴钳的外形如图 2-5-16 所示。

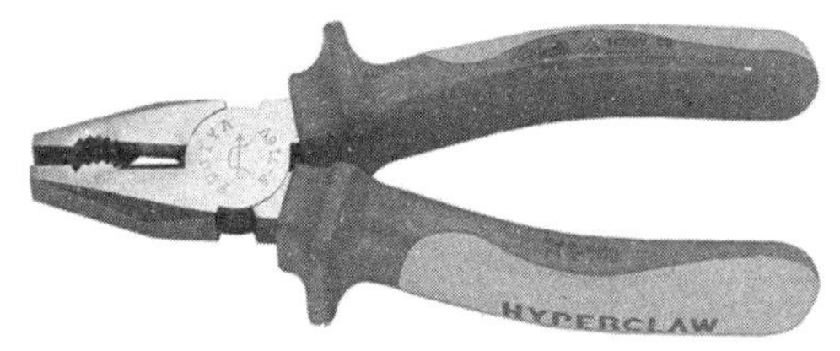

图 2-5-15　钢丝钳的外形

图 2-5-16　尖嘴钳的外形

4. 断线钳

断线钳又称斜口钳,钳柄有铁柄、管柄和绝缘柄三种。其中电工用的绝缘柄断线钳的外形如图 2-5-17 所示,绝缘柄的耐压值为 500 V。断线钳主要用于剪断较粗的导线、金属丝及电缆。

5. 剥线钳

剥线钳是用来剥削小直径导线绝缘层的专用工具,其外形如图 2-5-18 所示,其绝缘手柄耐压值为 500 V。

使用剥线钳时,将要剥削的绝缘层长度用标尺定好后,即可把导线放入相应的刃口中(比导线直径稍大),用手将柄一握紧,导线的绝缘层即被割破,且自动弹出。

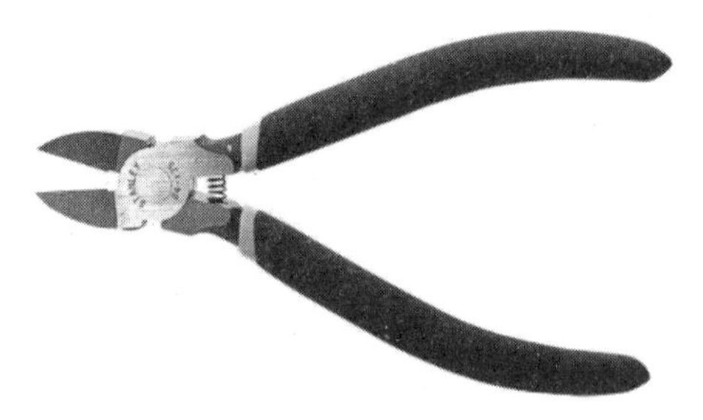

图 2-5-17　绝缘柄断线钳的外形

图 2-5-18　剥线钳的外形

6. **电工刀**

电工刀是用来剥削导线线头、切割木台缺口、削制木榫的专用工具，其外形如图 2-5-19 所示。

使用时，应将刀口朝外。剥削导线绝缘层时，应使刀面与导线呈较小的锐角，以免割伤导线。

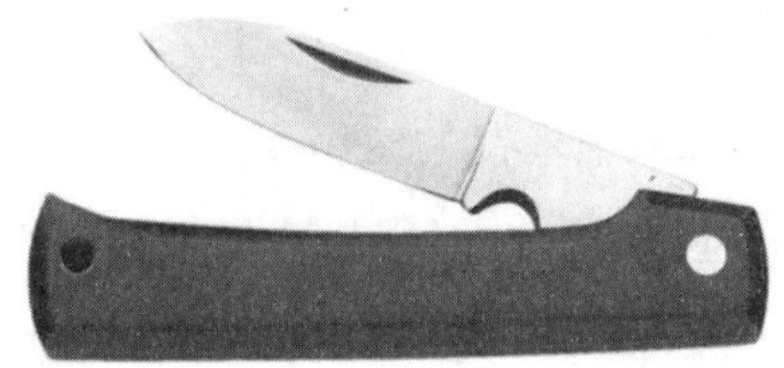

图 2-5-19　电工刀的外形

使用电工刀的安全知识：

① 使用电工刀时应注意避免伤着手，不得传递未折进刀柄的电工刀。

② 电工刀用毕，随时将刀身折进刀柄。

③ 电工刀刀柄无绝缘保护，不能用于带电作业，以免触电。

项目实训评价

万用表及常用电工工具的操作项目实训评价见表 2-5-1。

表 2-5-1　项目实训评价表

<table>
<tr><td>班级</td><td colspan="2"></td><td>姓名</td><td></td><td>学号</td><td></td><td>成绩</td><td></td></tr>
<tr><td>项目</td><td colspan="2">考核内容</td><td>配分</td><td colspan="4">评分标准</td><td>得分</td></tr>
<tr><td rowspan="3">数字万用表的操作</td><td colspan="2">1. 万用表测电阻</td><td>20 分</td><td colspan="4">1. 万用表操作错误，扣 1~5 分
2. 挡位量程选择错误一次，扣 3 分</td><td></td></tr>
<tr><td colspan="2">2. 万用表测直流电压</td><td>10 分</td><td colspan="4">1. 万用表操作错误，扣 1~5 分
2. 挡位量程选择错误一次，扣 1~3 分</td><td></td></tr>
<tr><td colspan="2">3. 万用表测交流电压</td><td>10 分</td><td colspan="4">1. 万用表操作错误，扣 1~5 分
2. 挡位量程选择错误一次，扣 1~3 分</td><td></td></tr>
</table>

续表

项目	考核内容	配分	评分标准	得分
常用电工工具的操作	1. 低压验电器的操作	20分	1. 使用方法不正确,扣10分 2. 不文明作业,扣10分	
	2. 螺丝刀的操作	10分	1. 使用方法不正确,扣5分 2. 不文明作业,扣5分	
	3. 钢丝钳、尖嘴钳的操作	10分	1. 握钳姿势不正确,扣5分 2. 导线有损伤,每处扣1~3分	
	4. 电工刀、剥线钳的操作	10分	1. 使用方法不正确,扣5分 2. 导线有损伤,每处扣1~3分	
安全文明操作	1. 工作台上工具摆放整齐 2. 严格遵守安全文明操作规程	10分	1. 违反操作规程,扣5分 2. 工作场地不整洁,扣5分	
合计				
教师签名:				

知识链接一　手　电　钻

手电钻是一种头部有钻头、内部装有单相整流子电动机、靠旋转钻孔的手持式电动工具,分为普通电钻和冲击电钻。普通电钻上仅靠钻头旋转金属、木材、塑料等材料上钻孔;冲击电钻采用旋转带冲击的工作方式,一般带有调节开关。当调节开关在旋转无冲击(即"钻")的位置时,其功能与普通电钻相同;当调节开关在旋转带冲击(即"锤")的位置时,可以在混凝土和砖墙等建筑构架上钻孔。手电钻的外形如图2-5-20所示。

(a) 普通电钻

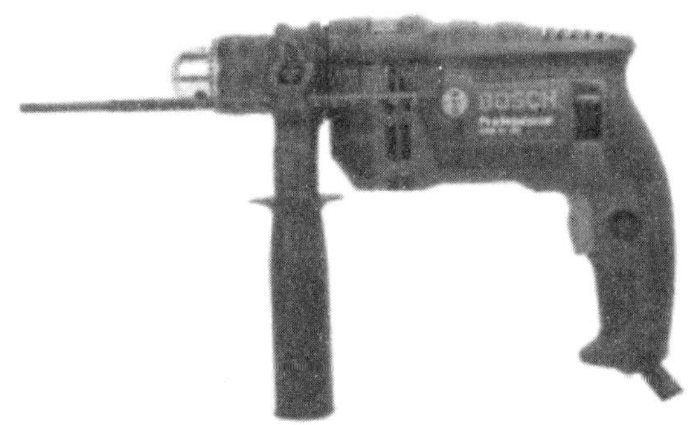

(b) 冲击电钻

图2-5-20　手电钻的外形

知识链接二　绝缘安全用具

绝缘安全用具分为基本安全用具和辅助安全用具两大类。

基本安全用具绝缘强度高，用来直接接触高压带电体，足以耐受电气设备的工作电压，如绝缘棒（绝缘拉杆、操作棒）、绝缘夹钳等。

辅助安全用具的绝缘强度相对较低，不能作为直接接触高压带电体的用具使用，只能用于加强基本安全用具的安保功能，可以防止接触电压、跨步电压、泄漏电流电弧对操作人员的伤害，如绝缘手套、绝缘鞋、绝缘垫、绝缘台等。

1. 绝缘棒

绝缘棒也称操作棒或绝缘拉杆，主要用于断开或闭合高压隔离开关、跌落式熔断器，安装和拆除携带型接地线，进行带电测量和实验工作等。绝缘棒由工作头、绝缘杆和握柄三部分组成；绝缘杆和握柄两部分用护环隔开，它们由浸过绝缘漆的木材、硬塑料、胶木或玻璃钢制成。绝缘棒的外形如图 2-5-21 所示。

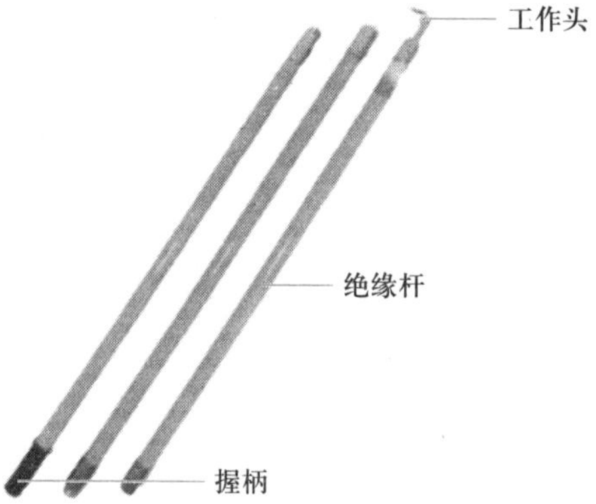

图 2-5-21　绝缘棒的外形

绝缘棒使用保管注意事项：

① 操作绝缘棒前，棒面应用清洁的干布擦净。

② 操作绝缘棒时，应戴绝缘手套、穿绝缘鞋或站在绝缘台（垫）上，并注意防止碰伤表面绝缘层。

③ 绝缘棒型号规格要符合规定。

④ 按规定对绝缘棒进行定期检验。

⑤ 绝缘棒应存放在干燥处，不得与墙面、地面接触，以保护绝缘表面。

2. 绝缘夹钳

绝缘夹钳是用来安装和拆卸高压熔断器或执行其他类似工作的工具，主要用于 35 kV 及以下电力系统。绝缘夹钳由工作钳口、绝缘部分和握把三部分组成。绝缘夹钳各部分都用绝缘材料制成，所用材料与绝缘棒相同，其工作部分是一个坚固的夹钳，并有一个或两个管形的开口，用于夹紧熔断器。绝缘夹钳的外形如图 2-5-22 所示。

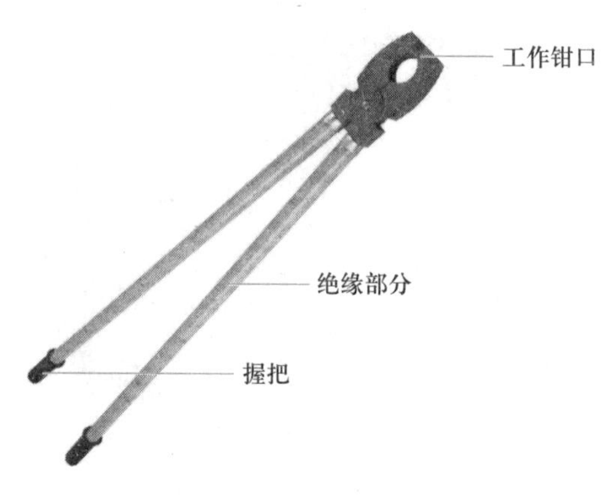

图 2-5-22　绝缘夹钳的外形

绝缘夹钳使用及保存应注意的事项：

① 使用时绝缘夹钳不允许装接地线。

② 在潮湿天气只能使用专用的防雨绝缘夹钳。

③ 绝缘夹钳应保存在特制的工具箱内,以防受潮。

④ 绝缘夹钳应定期进行检验,检验方法与绝缘棒相同,检验周期为一年,10~35 kV 检验时施加 3 倍线电压,220 V 检验施加 400 V 电压,110 V 检验施加 260 V 电压。

3. 绝缘手套、绝缘靴和绝缘鞋

绝缘手套和绝缘鞋一般作为辅助安全用具,如图 2-5-23 所示。

(a) 绝缘手套　(b) 绝缘靴　(c) 绝缘鞋

图 2-5-23　绝缘手套、绝缘鞋

绝缘手套是操作高压隔离开关、高压跌落开关、油开关等的辅助用具,也可以直接在低压带电设备上带电作业。使用绝缘手套前需要检查其外观,并将袖口放入绝缘手套中,最好先戴上棉手套再戴绝缘手套。

绝缘鞋主要用于高压(低压)操作时保持与地面绝缘,可以防止跨步电压触电。注意,两者不得当作雨靴(鞋)使用。

绝缘手套和绝缘鞋使用前需进行外观检查,并要保存在干燥、阴凉的专用柜内,与其他物品分开,特别是不能与油脂接触。

4. 绝缘垫和绝缘台

绝缘垫又称为绝缘毯、绝缘胶垫、绝缘橡胶垫、绝缘地胶、绝缘胶皮、绝缘垫片等,是具有较大体积电阻率并耐电击穿的胶垫,可以作为配电等工作场合的台面或铺地绝缘材料,如图 2-5-24(a)所示。

绝缘垫主要采用胶类绝缘材料制作,一般为 NR、SBR 和 IIR 等绝缘性能优良的非极性橡胶材料。

绝缘台是带电工作时的一种辅助安全用具,工作人员站立在其上对地形成绝缘。绝缘台一般由环氧树脂、填料固化剂在真空脱气状态下注入模具中经加热固化制成,如图 2-5-24(b)所示。

(a) 绝缘垫

(b) 绝缘台

图 2-5-24　绝缘垫和绝缘台

知识链接三　梯　　子

电工常用的梯子有单梯和人字梯，如图 2-5-25 所示。

单梯通常用于室外作业，常用的规格有 13 挡、15 挡、17 挡、19 挡、21 挡和 25 挡；人字梯通常用于室内登高作业。

使用梯子的安全注意事项：

① 单梯在使用前应检查是否有虫蛀及折裂现象，梯脚应绑扎胶皮之类的防滑材料。

② 对于人字梯应检查绑在中间的两道自动滑开的安全绳。

③ 在单梯上作业时，为了保证不致因用力过度而站立不稳，应按如图 2-5-26 所示的姿势站立。在人字梯上作业时切不可采取骑马的方式站立，以防人字梯两脚自动分开时，造成严重工作事故。

(a) 单梯

(b) 人字梯

图 2-5-25　梯子

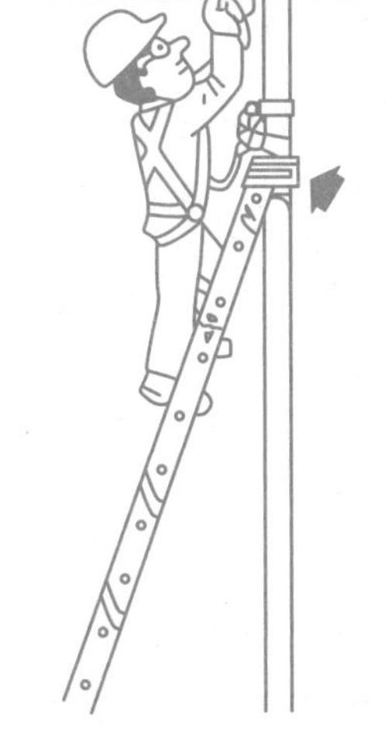

图 2-5-26　单梯上站立姿势

④ 单梯的旋转斜角为 60°~75°。

⑤ 安放的梯子应与带电部分保持安全距离，扶梯者应戴安全帽，单梯不准放在箱子或桶等易活动物体上使用。

技能训练

1. 数字万用表的操作

① 测电阻。根据教师提供的若干不同阻值、不同级别的电阻器，用数字万用表进行测量，分别将测量结果填入表 2-5-2 中。

② 测直流电压。根据教师提供给学生的电源（直流和交流），用数字万用表测量几组不同的直流电压，分别将测量结果填入表 2-5-2 中。

③ 测交流电压。根据教师提供给学生的电源（直流和交流），用数字万用表测量其中的交流电压；再用数字万用表测量实验室或教室电源插座中的交流电压（注意安全），分别将测量结果填入表 2-5-2 中。

表 2-5-2　数字万用表操作技训表

测量项目		万用表挡位量程	测量值
电阻	电阻 1		
	电阻 2		
	电阻 3		
	电阻 4		
	电阻 5		
电压	直流电压 1		
	直流电压 2		
	交流电压 1		
	交流电压 2		

2. 常用电工工具的操作

① 用低压验电器检测实验室或教室电源插座中是否有电。

② 用螺丝刀旋紧自攻螺钉。

③ 用钢丝钳、尖嘴钳做剪切、弯绞导线练习。

④ 用电工刀或剥线钳对废旧塑料单芯硬线做剥削练习。

复习与思考题

1. 用数字万用表测电阻时，其挡位量程如何选择？
2. 写出用数字万用表测直流电压的方法与步骤。
3. 用数字万用表测电流时应注意什么？
4. 如何利用低压验电器测试电器是否带电？使用时应注意什么问题？
5. 怎样正确使用常用电工工具？

项目六

一控一照明线路的安装与排故

项目目标　学习本项目后，应能：

- 用塑料护套线对简单电路进行合理布线。
- 描述低压断路器的基本技术参数并进行合理选择。
- 把按键开关、低压断路器及 LED 灯正确接入线路中。
- 利用电工工具对各种导线头进行绝缘层的剥削。
- 叙述常用的电工材料。
- 掌握用万用表对线路进行检测的方法与步骤。

在照明线路中，若安装一只开关来控制一盏灯（或一组灯）的控制方式称为一控一照明线路。一控一照明线路是应用最广泛的基本线路。

任务一　阅读分析电气原理图

图 2-6-1 所示为一控一照明线路电气原理图。

该线路由低压断路器 QF、开关 SA、LED 灯 EL 及若干导线组成。当接通电源，合上开关 SA，整个线路通电，LED 灯 EL 点亮（发光），断开开关 SA，整个线路断电，LED 灯 EL 不亮。

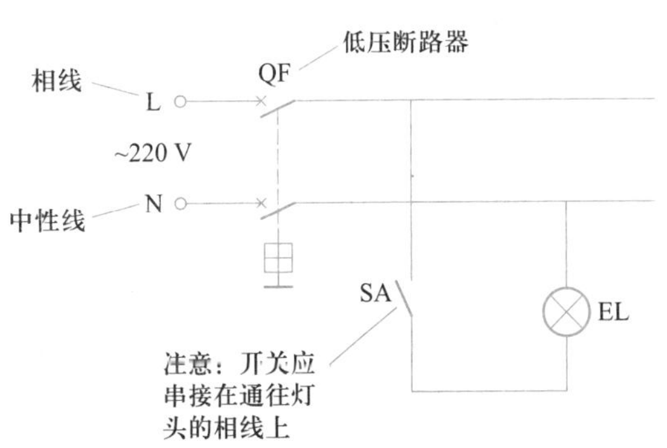

图 2-6-1　一控一照明线路电气原理图

任务二　识别选用电气元件

一控一照明线路所用电气元件并不多，在线路安装应对所有电气元件逐一进行识别和选择。一控一照明线路所用电气元件及电工工具、仪表见表 2-6-1。

表 2-6-1　一控一照明线路所用电气元件及电工工具、仪表清单

名称	规格（型号）	数量
单相电源插头	10 A、250 V	1 个
两极低压断路器（QF）	DZ47-63	1 只
开关/开关盒（SA）	单联（10 A、250 V）	1 套
螺口平灯座	E27（10 A、250 V）	1 个
LED 灯（EL）	5WE27、螺口、白光	1 个
网孔板	600 mm×600 mm	1 块
铜导轨		若干
接线端子排		1 条
塑料护套线	2×1/1.13	若干
钢钉线卡	7 mm	若干
自攻螺钉	ϕ4 mm×18 mm	若干
	ϕ4 mm×25 mm	若干
常用电工工具		1 套
万用表	数字万用表	1 台

1. 低压断路器

低压断路器又称为自动空气开关或自动空气断路器，是能自动切断故障电流并兼有控制和保护功能的低压电器。低压断路器主要用在交直流低压电网中，既可手动又可自动分合电路，且可对电路或用电设备实现过载、短路和欠电压等保护，也可用于控制不频繁起动电动机。

低压断路器的优点是操作安全、安装简便、工作可靠、分断能力较强、具有多种保护功能、动作值可调、动作后不需要更换元件，因此应用十分广泛。

低压断路器按极数可分为单极、两极、三极和四极，本项目采用 DZ47-63 两极低压断路器，其外形与符号如图 2-6-2 所示。

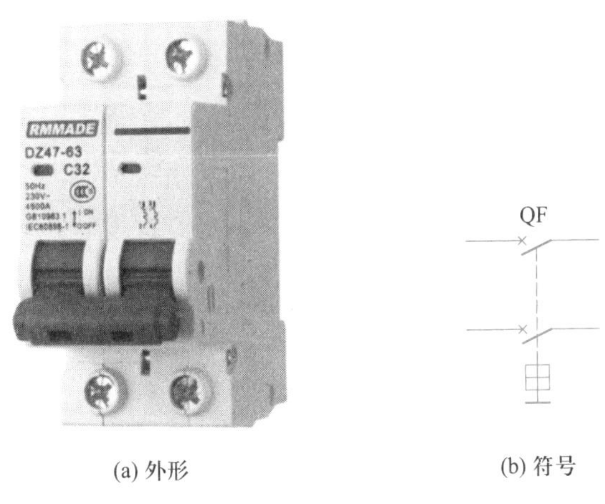

(a) 外形　　(b) 符号

图 2-6-2　两极低压断路器的外形与符号

2. 开关

生产、生活中普遍使用的开关是按键开关(单联或双联)。本项目使用的按键开关的外形、结构及符号如图 2-6-3 所示。

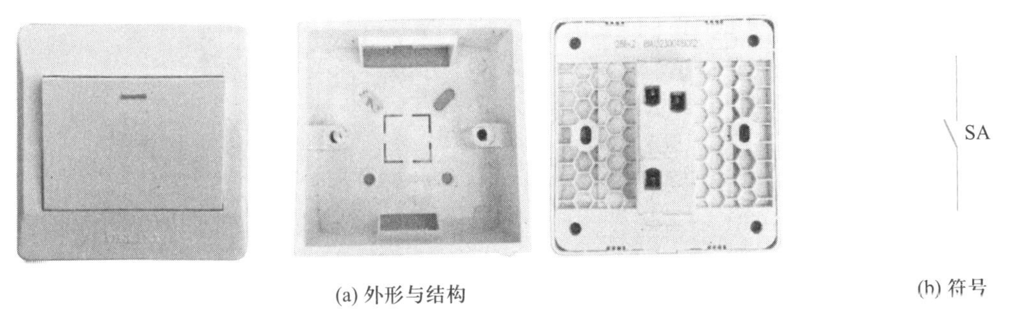

(a) 外形与结构　　(b) 符号

图 2-6-3　按键开关的外形、结构及符号

室内照明线路按键开关一般安装在门边便于操作的位置上,与门框距离一般为 150~200 mm,一般离地 1.3 m。

3. LED 灯

本项目使用的照明灯具是 LED 灯。LED 灯是继普通节能灯后的新一代照明光源,不仅节能环保,而且具有功率小、光效高、寿命长、光衰小、色彩丰富、可调光等优点。

LED 灯品种丰富,一般有三种形状:球形、尖形和杯形。本项目采用 5WE27 螺口平座球形 LED 灯,其外形、结构与符号如图 2-6-4 所示。

照明灯按其出线端区分,有螺口式和卡口式两种,如图 2-6-5 所示。

4. 灯座

与照明灯对应,灯座按固定灯具的形式可以分为螺口式和卡口式两种;按安装方式可以分为吊式、平顶式和管式三种;按材质可以分为胶木、陶瓷和金属;按用途可以分为普通型、防水型、安全型和多用型。常用灯座外形如图 2-6-6 所示。本项目采用 E27 螺口平灯座。

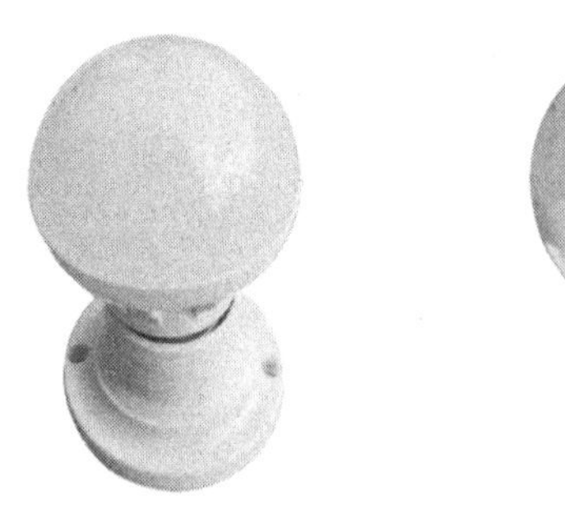

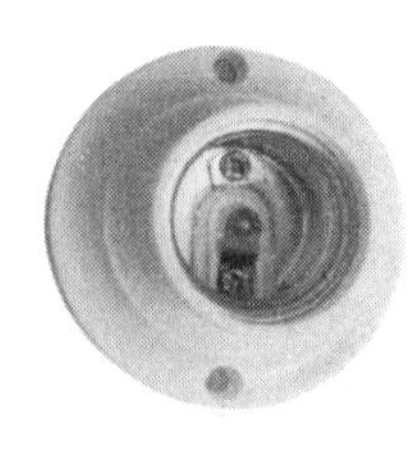

(a) 外形与结构

(b) 符号

图 2-6-4　LED 灯外形、结构与符号

(a) 螺口式

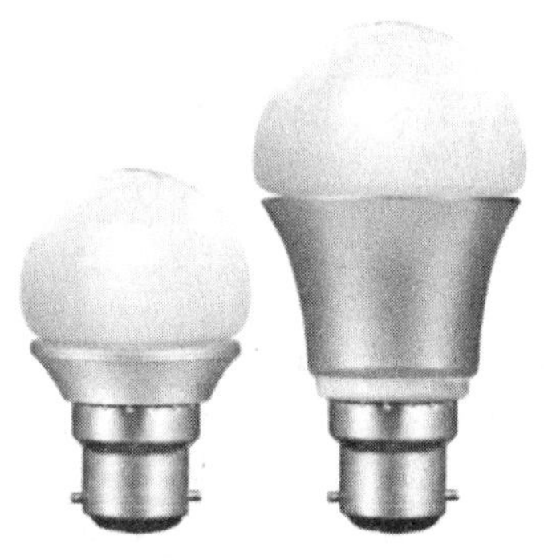

(b) 卡口式

图 2-6-5　螺口式和卡口式照明灯

(a) 螺口吊灯座

(b) 螺口平灯座

图 2-6-6　常用灯座外形

对于灯座的安装高度要求如下:室外一般不低于 3 m,室内一般不低于 2.4 m。如果遇到特殊情况难以达到上述要求,可以采取相应的保护措施或改用 36 V 安全电压供电。

5. **导线**

在照明线路、电气控制线路、电子线路中一般要应用导线。根据不同的安装场所和用途,应该选择相应的导线。本项目采用塑料护套线。塑料护套线一般适用于室内外及小容量的场所,只能采用明线安装。塑料护套线有两芯、三芯、四芯及护套硬线和护套软线等种类。照明线路应采用护套硬线,常用的规格有 2×1/1.13 或 3×1/1.13 等,其中“2”“3”表示两芯、三芯,“1”表示单股,“1.13”表示导线的直径。2×1/1.13 铜芯护套硬线如图 2-6-7 所示。

6. **插头**

为方便从插座中接入电源，本项目使用单相电源插头，如图 2-6-8 所示，由于不需要接地保护，接地线可暂不用。

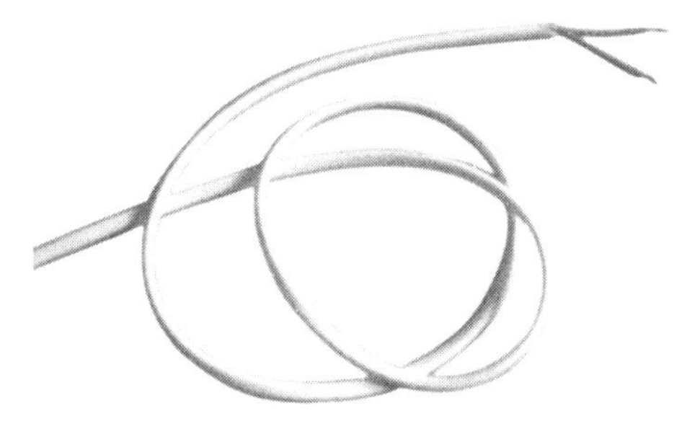

图 2-6-7　2×1/1.13 铜芯护套硬线

图 2-6-8　单相电源插头

任务三　元件定位与线路安装

1. 定位与画线

根据图 2-6-9 所示的布置图，确定电源进线、低压断路器、开关、灯具的位置，并用笔做好记号。实际安装时，开关离地面高度以及与门框的距离应符合规定。根据确定的位置和线路走向画线，画线时要符合横平竖直的原则。

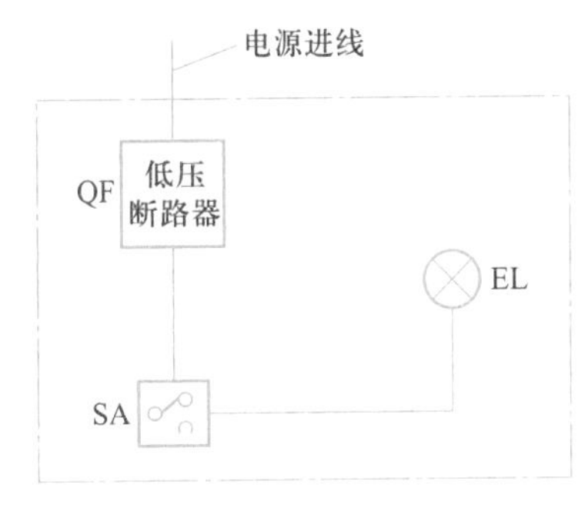

图 2-6-9　一控一照明线路布置图

根据布置图在网孔板上进行照明线路模拟安装，如图 2-6-10所示。

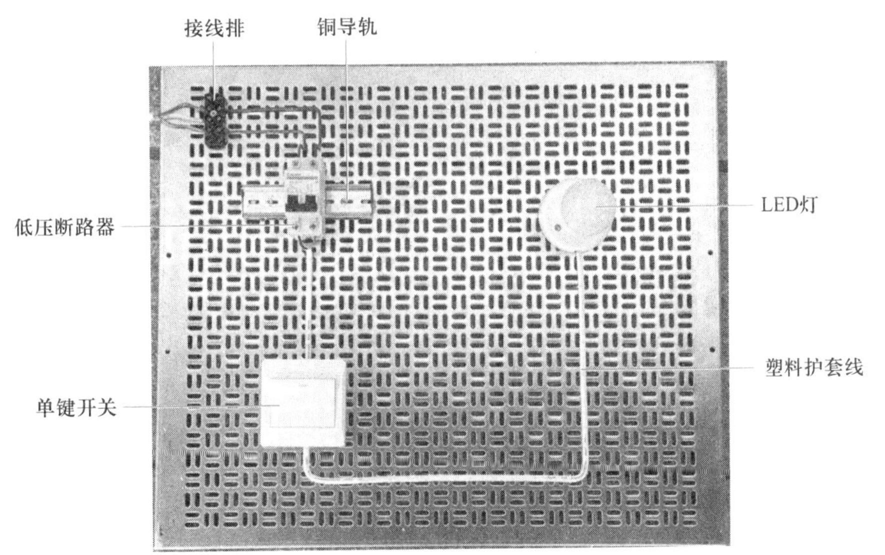

图 2-6-10　一控一照明线路模拟安装

2. **安装元件**

① 在电源进线处固定接线排。

② 在相应位置固定安装低压断路器的铜导轨,然后把低压断路器嵌在铜导轨上。低压断路器作为照明线路的短路保护和电源进线开关。

③ 在相应位置安装开关和灯座,如图 2-6-11 所示。

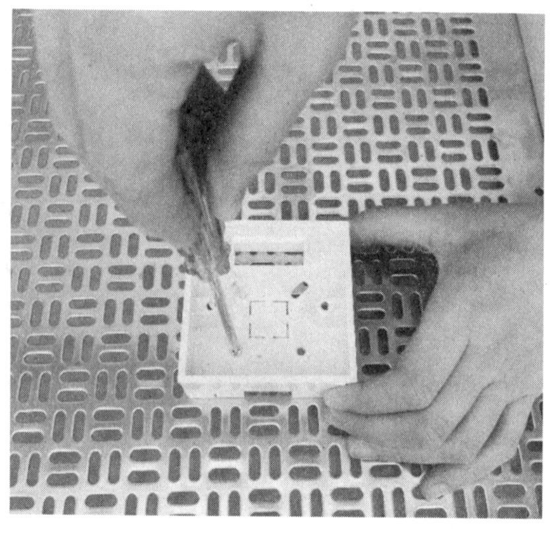

图 2-6-11　安装开关

3. **布线**

① 用钢丝钳截取适当长度的塑料护套线。

② 用钢钉线卡固定导线的一端,然后用大拇指按住导线,沿画线方向移动,如图 2-6-12 所示。再固定其他钢钉线卡,在弯角处应按最小弯曲半径来处理,这样可使布线更美观。

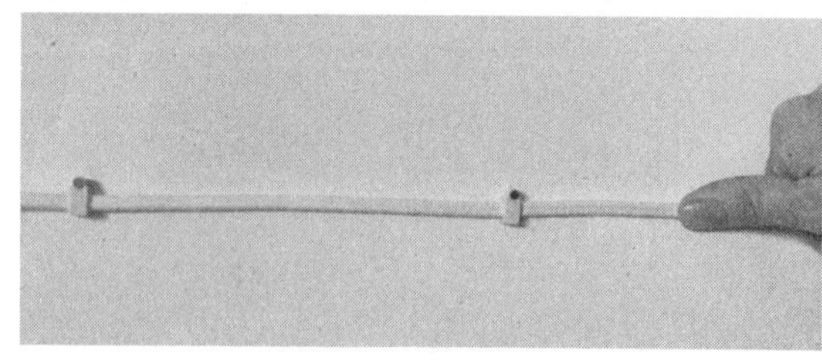

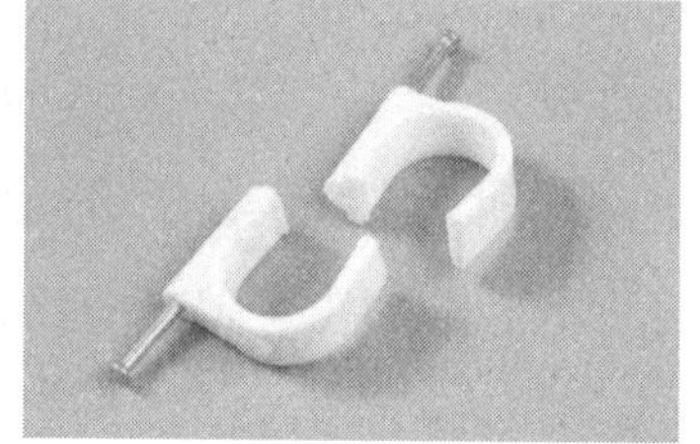

图 2-6-12　钢钉线卡的固定

③ 将导线接入开关,如图 2-6-13~图 2-6-15 所示。

④ 将导线处理后接入灯座,如图 2-6-16、图 2-6-17 所示。

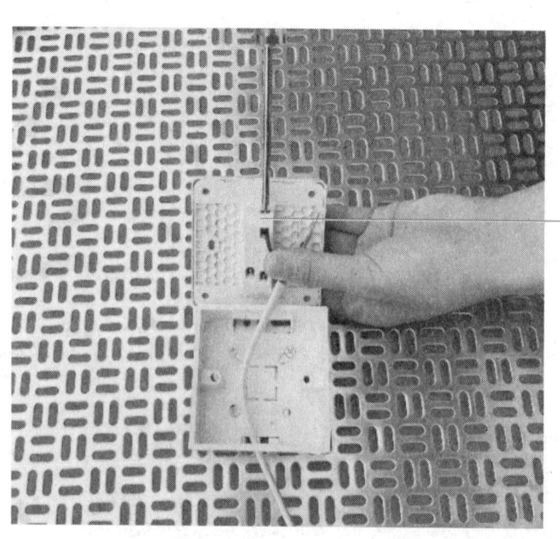

图 2-6-13　将相线接入开关

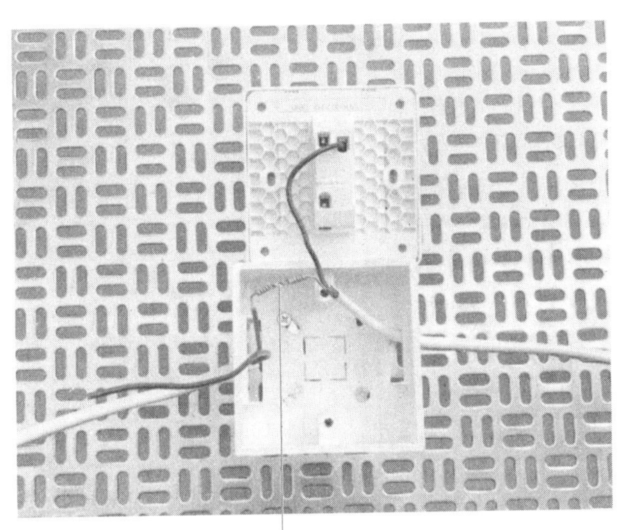

图 2-6-14 将中性线接入开关

图 2-6-15 绝缘的恢复处理

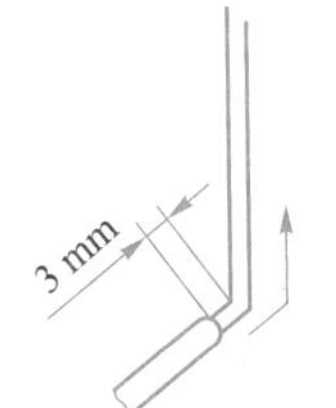

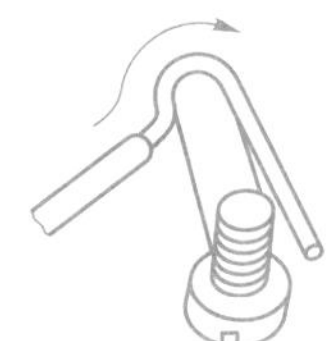
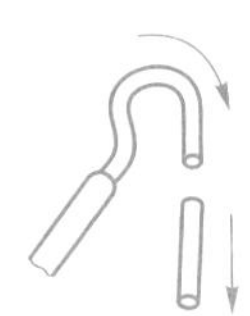

图 2-6-16 灯座穿孔线处理

中性线接入螺口平灯座与螺纹连接的接线桩

相线接入螺口平灯座中心铜片的接线桩

图 2-6-17 灯座接线处理及固定

任务四 通电检验与排故测试

1. 通电检验

(1) 通电前检查线路有无短路

将万用表选择通断测试挡,将两表笔分别置于低压断路器的两个出线端。正常情况下,无论低压断路器处于闭合或断开位置,线路都应处于断开状态,电阻应为无穷大,如图 2-6-18(a)所示。

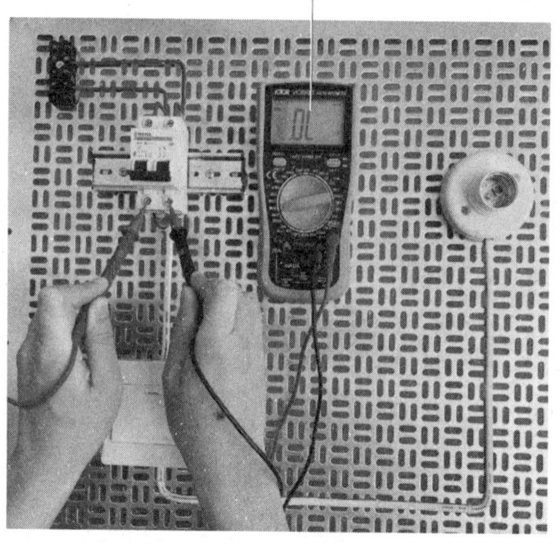

(a) 短路检测

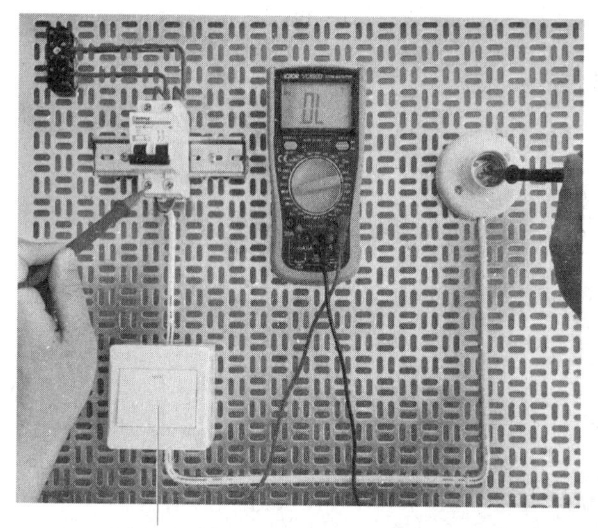

(b) 断路检测

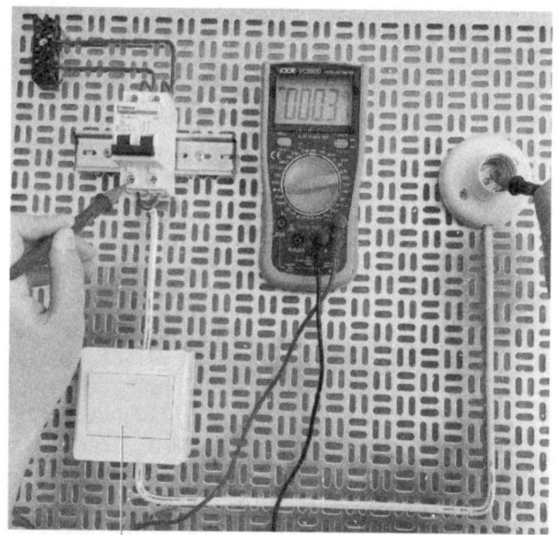

(c) 通路检测

图 2-6-18　通电前短路与断路检测

(2) 通电前检查线路有无断路

将万用表选择通断测试挡,将两表笔分别置于低压断路器的相线出线端和灯座相线端,开关处于断开状态时,线路处于断开状态,电阻应为无穷大,如图 2-6-18(b)所示;开关处于闭合状态时,线路处于通路状态,电阻应近似为零,如图 2-6-18(c)所示。

(3) 通电检验

通电前检查正常后,旋上 LED 灯,接通电源,合上开关 LED 灯即亮,断开开关 LED 灯即灭,表明线路正常。

2. 排故测试

【故障现象】 照明灯不亮。

【现象分析】 根据电气原理图分析，造成上述故障现象的原因很可能在电源部分，因此应首先检查电源即低压断路器，其次检查 LED 灯、开关及线路。

【故障维修】 对低压断路器是否正常工作进行测试，按图 2-6-19 所示方法用低压验电器分别测试低压断路器下面的两个接线桩。

测试时，正常情况下合上开关，相线（火线）端低压验电器应发光，中性线端低压验电器不发光，如测出的情况与上述情况不同，可以确定低压断路器损坏。

另外，也可用万用表进行测量检查，将万用表置于 AC750 V 挡，两表笔置于低压断路器的两个出线端，正常时万用表应测量出 220 V 左右电压，如图 2-6-20 所示，如果电压为零，说明低压断路器有故障。

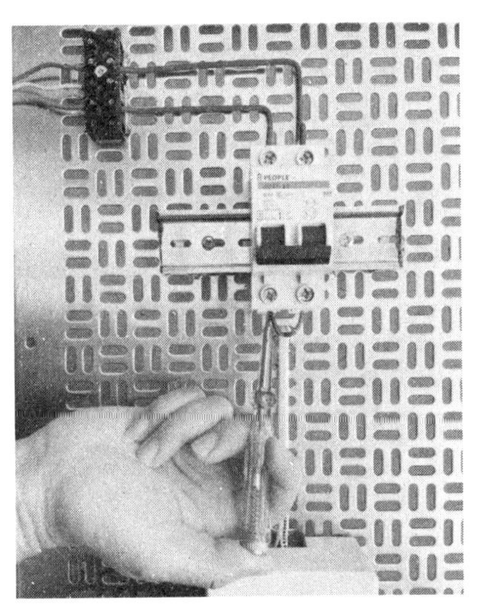

图 2-6-19 低压验电器测试低压断路器出线端

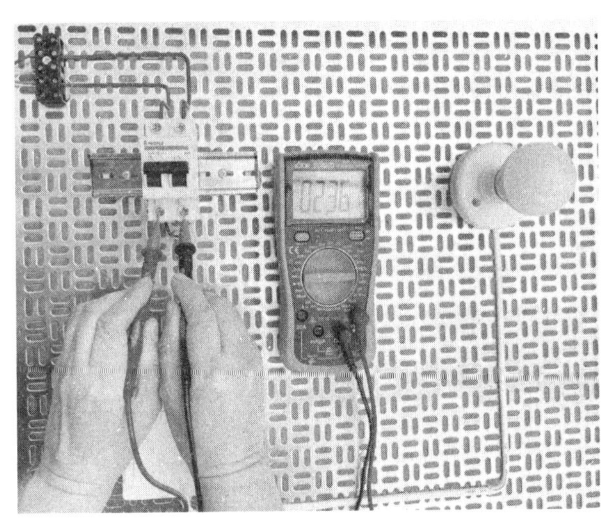

图 2-6-20 测量电源电压

若电源部分完好，则切断电源，取下 LED 灯，换一个新的 LED 灯测试。最后检查连接导线是否断路。

项目实训评价

一控一照明线路安装与排故操作项目实训评价见表 2-6-2。

表 2-6-2　项目实训评价表

班级		姓名		学号		成绩	
项目	考核内容	配分	评分标准				得分
元件定位	元件定位尺寸	20 分	1. 元件定位尺寸 1~2 处不正确,扣 4 分 2. 元件定位尺寸 3~4 处不正确,扣 8 分 3. 元件定位尺寸多处不正确或不能定位,扣 20 分				
元件安装	元件安装牢固	20 分	1. 元件安装 1~2 处不牢固,扣 4 分 2. 元件安装 3~4 处不牢固,扣 8 分 3. 元件安装多处不牢固,扣 20 分				
线路布线	线路布线平直、美观	20 分	1. 线路布线 1~2 处不美观,扣 4 分 2. 线路布线 3~4 处不美观,扣 8 分 3. 线路布线多处不美观,扣 20 分				
通电调试	通电调试,完全正确	30 分	1. 调试未达到要求,能自行修改后结果基本正确,扣 6 分 2. 调试未达到要求,经提示 1 次后修改结果基本正确,扣 12 分 3. 通电调试失败或未能通电调试,扣 30 分				
安全操作, 无事故发生	安全文明, 符合操作规程	10 分	1. 操作过程中损坏元件 1~2 只,扣 2 分 2. 经提示后再次损坏元件,扣 4 分 3. 未经允许擅自通电,造成设备损坏,扣 10 分				
合计							
教师签名:							

知识链接一　低压断路器

低压断路器又名自动空气开关或自动空气断路器,是能自动切断故障电流并兼有控制和保护功能的低压电器。它主要用在交直流低压电网中,既可手动又可自动分合电路,且可对电路或用电设备实现过载、短路和欠电压等保护,也可用于不频繁起动电动机。

低压断路器的优点是:操作安全,安装简便,工作可靠,分断能力较强,具有多种保护功能,动作值可调,动作后不需要更换元件,因此应用十分广泛。

(1) 低压断路器的分类

① 按极数可分为单极、两极、三极和四极,其外形见表 2-6-3。

表 2-6-3 低压断路器按极数分类

分类	单极	两极	三极	四极
外形图				

② 按控制容量可分为小型、中型、万能式,其外形及主要功能见表 2-6-4。

表 2-6-4 低压断路器按控制容量分类

类型	外形图	主要功能	适用场合
小型		过载保护、短路保护	适用于交流 50 Hz ,额定电压 400 V 及以下,额定电流 100 A 及以下的场所,主要用于办公楼、住宅和类似建筑物的照明、配电线路及设备保护,也可作为线路不频繁转换之用
中型		过载保护、短路保护、欠电压保护	适用于交流 50 Hz、额定电压 400 V 及以下、额定电流 800 A 及以下的电路中,作不频繁转换及电动机不频繁起动之用。按其分断能力分为 4 种类型:C 型(经济型)、L 型(标准型)、M 型(较高分断型)、H 型(高分断型)
万能式		过载保护、短路保护、接地故障保护、报警及指示功能、故障记忆功能	适用于控制和保护低压配电网络,一般安装在低压配电柜中作为主开关起总保护作用。按其控制方式分为三种类型:L 型(电子型)、M 型(标准型)、H 型(通信型)

（2）小型低压断路器的结构及工作原理

小型低压断路器由动触点、静触点、灭弧室和操作机构、热脱扣器、电磁脱扣器、手动脱扣操作机构及外壳等部分组成。有的小型低压断路器还加装了欠电压脱扣器等附件，如 DZ47 系列塑料外壳式低压断路器。

DZ47 系列塑料外壳低压断路器采用立体布置，操作机构在中间，通过储能弹簧连同杠杆机构实现开关的接通或断开，热脱扣器由热元件和双金属片构成，起过载保护作用；电流调节盘用于调节整定电流的大小；电磁脱扣器由电流线圈和铁心组成，起短路保护作用；电流调节装置用于调节瞬时脱扣器整定电流的大小；主触点系统在操作机构下面，由动触点和静触点组成，用于接通或断开主电路大电流并采用栅片灭弧；另外还有动合、动断辅助触点各一对，主、辅触点接线柱伸出壳外便于接线，其外形和结构如图 2-6-21 所示。

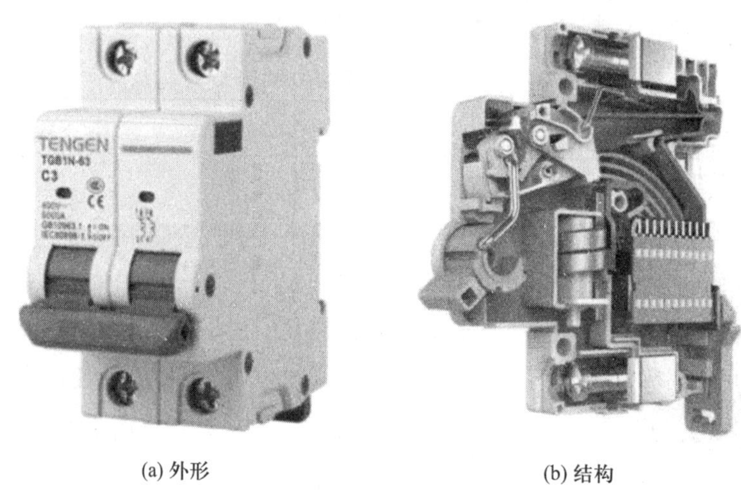

(a) 外形　　(b) 结构

图 2-6-21　小型低压断路器的外形和结构

小型低压断路器的工作原理图如图 2-6-22 所示。

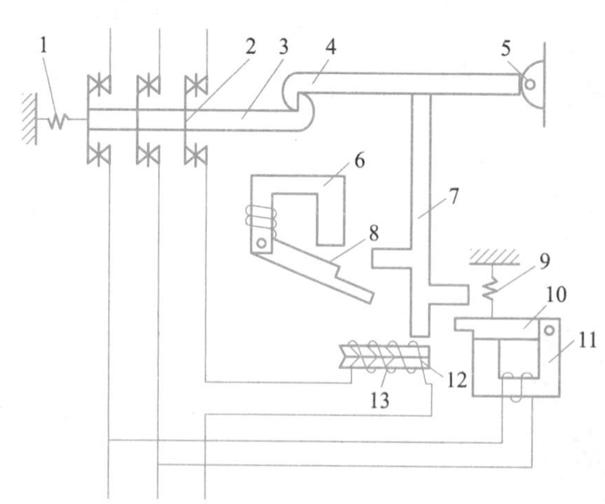

1—弹簧；2—主触点；3—锁键；4—搭钩；5—轴；6—电磁脱扣器；7—杠杆；
8、10—衔铁；9—弹簧；11—欠电压脱扣器；12—双金属片；13—热元件

图 2-6-22　小型低压断路器的工作原理

在图 2-6-22 中 2 为低压断路器的三对主触点，串联在被保护的三相主电路中。当低压断路器合闸时，主电路中三对主触点 2 由锁键 3 钩住搭钩 4，克服弹簧 1 的拉力，使触点保持在闭合状态，搭钩 4 可以绕轴 5 转动。

当线路正常工作时，电磁脱扣器 6 的线圈所产生的吸力不能将衔铁 8 吸合。如果线路发生短路或产生很大过电流，电磁脱扣器 6 的吸力增大，将衔铁 8 吸合，并撞击杠杆 7，把搭钩 4 顶上去，切断主触点 2。如果线路上电压降低或失去电压，欠电压脱扣器 11 的吸力减小或失去吸力，则衔铁 10 被弹簧 9 拉开，撞击杠杆 7，把搭钩 4 顶开，切断主触点 2。

线路发生过载时，过载电流流过热元件 13 使双金属片 12 受热弯曲，将杠杆 7 顶开，切断主触点 2。

（3）低压断路器的一般选用原则

① 低压断路器的额定工作电压应大于或等于线路的额定电压。

② 低压断路器的额定电流应大于或等于线路设计负载电流。

③ 热脱扣器的整定电流应等于所控制负载的额定电流。

④ 电磁脱扣器的瞬时整定电流应大于负载电路正常工作时的峰值电流。

单台电动机瞬时脱扣整定电流应按下式计算：

$$I_Z \geqslant KI_{st}$$

式中，K——安全系数，取 1.5～1.7。

I_{st}——电动机起动电流，单位为 A。

多台电动机瞬时脱扣整定电流应按下式计算

$$I_Z \geqslant K(I_{stmax}+\sum I_n)$$

式中，K——取 1.5～1.7。

I_{stmax}——最大容量电动机的起动电流，单位为 A。

$\sum I_n$——其余电动机额定电流的总和，单位为 A。

⑤ 低压断路器欠电压脱扣器的额定电压等于线路额定电压。

DZ5-20 系列低压断路器基本技术参数见表 2-6-5。

表 2-6-5　DZ5-20 系列低压断路器基本技术参数

型号	额定电压/V	额定电流/A	极数	脱扣器类别	热脱扣器额定电流/A（括号内为整定电流调节范围）	电磁脱扣器瞬时动作整定电流/A
DZ5-20/200	交流 380	20	2	无脱扣器	—	—
DZ5-20/300			3			
DZ5-20/210			2	热脱扣器	0.15(0.10～0.15) 0.20(0.15～0.20)	为热脱扣器额定电流的 8～12 倍（出厂时整定于 10 倍）
DZ5-20/310			3			

续表

型号	额定电压/V	额定电流/A	极数	脱扣器类别	热脱扣器额定电流/A（括号内为整定电流调节范围）	电磁脱扣器瞬时动作整定电流/A
DZ5-20/220	直流 220	20	2	电磁脱扣器	0.30(0.20~0.30) 0.45(0.30~0.45) 0.65(0.45~0.65) 1.00(0.65~1.00) 1.50(1.00~1.50) 2.00(1.50~2.00) 3.00(2.00~3.00) 4.50(3.00~4.50) 6.50(4.50~6.50) 10.00(6.50~10.00) 15.00(10.00~15.00) 20.00(15.00~20.00)	为热脱扣器额定电流的8~12倍(出厂时整定于10倍)
DZ5-20/320			3			
DZ5-20/230			2	复式脱扣器		
DZ5-20/330			3			

知识链接二　常用电光源

电光源一般分为热辐射型电光源、气体放电型电光源和新型电光源三大类。这三类电光源的发光效率有较大差别。在实际应用中,可根据具体情况进行选择。

1. 热辐射型电光源

热辐射型电光源是以热辐射作为光辐射原理的电光源,包括白炽灯和卤钨灯,它们都是以钨丝为辐射体,通电后使之达到白炽温度,产生热辐射,这种光源统称为热辐射型电光源。

白炽灯曾经是使用最广泛的电光源,由于不符合环保、节能的要求,目前处于逐步淘汰的状态。

卤钨灯是灯内的填充气体中含有部分卤族元素或卤化物的充气白炽灯。

2. 气体放电型电光源

气体放电型电光源主要以原子辐射形式产生光辐射。根据这些电光源中气体的压力,又可分为低气压气体放电型电光源和高气压气体放电型电光源。

(1) 低气压气体放电型电光源

低气压气体放电型电光源主要有荧光灯、低压钠灯。

荧光灯俗称日光灯,其具有光效高、寿命长、光色好的特点。荧光灯有直管型、环型、紧凑型等,是应用范围十分广泛的节能照明光源。用直管型荧光灯取代白炽灯,可以节电 70%~90%,

寿命增加 5~10 倍;用紧凑型荧光灯取代白炽灯,可以节电 70%~80%,寿命增加 5~10 倍。

低压钠灯的特点是发光效率高、寿命长、光通维持率高、透雾性强,但显色性差,主要应用于隧道、港口、码头、矿场等场合。

(2) 高气压气体放电光源

高气压气体放电光源有:高压汞灯、高压钠灯和金属卤化物灯。

高压汞灯又称为高压水银灯,使用寿命是白炽灯的 2.5~5 倍,发光效率是白炽灯的 3 倍,耐振、耐热性能好,线路简单,安装维修方便。其缺点是造价高,启辉时间长,对电压波动适应能力差。

高压钠灯是一种高压钠蒸气放电光源,光色呈金白色。它的优点是光色好,功率大,透雾性强,发光效率高,多用于室外照明,如广场、路灯等,不足的是,中断电源后,即使重新接通电源,也不能立即发光,必须使管内温度下降后才能重新点燃。

金属卤化物灯的特点是寿命长、光效高、显色性好,主要用于工业照明、城市亮化工程照明、商业照明、体育场馆照明以及道路照明等。

3. 新型电光源

新型电光源主要指高频无极灯、LED 灯。

① 高频无极灯的特点是寿命超长(40 000~80 000 h)、无电极、瞬间起动和再起动、无频闪、显色性好、功率因数高、电流总谐波低、安全,主要用于公共建筑、商店、隧道、步行街、高杆路灯、保安和安全照明及其他室外照明。

② LED 灯是电致发光的固体半导体点光源,其特点是亮度高、发光颜色丰富、可以进行电子调光、寿命长、耐冲击和防振动、无紫外和红外辐射、工作电压低(安全)、能耗低、光效高、易控制、免维护、安全环保、可靠性高,适用家庭、商场、银行、医院、宾馆、饭店及其他各种公共场所的照明。

从节能和长寿的角度分析,推广使用 LED 灯是电光源发展的必然趋势。

知识链接三　导线头绝缘层的剥削

1. 塑料硬线绝缘层的剥削

有条件时,用剥线钳去除塑料硬线的绝缘层非常方便,如图 2-6-23 所示,但应该同时掌握用钢丝钳或电工刀进行剥削的技能。

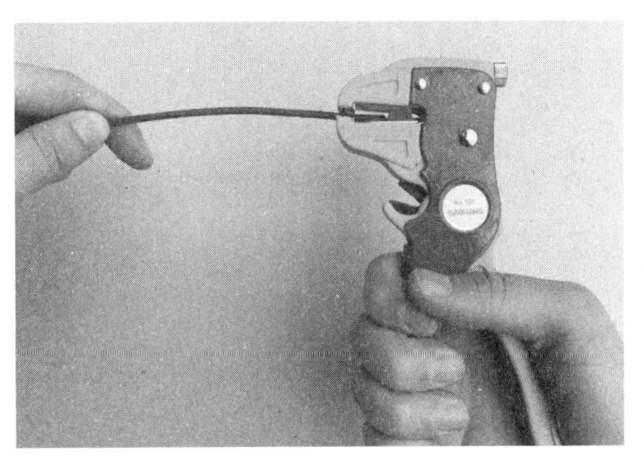

图 2-6-23　用剥线钳剥削导线绝缘层

(1) 用钢丝钳剥削塑料硬线绝缘层

对于线芯截面积在 4 mm^2 及以下的塑料硬线,一般用钢丝钳进行剥削,剥削方法如下:

① 用左手捏住导线,在需剥削线头处,用钢

丝钳刀口轻轻切破绝缘层,但不可切伤线芯。

② 用左手拉紧导线,右手握住钢丝钳头部用力向外剥去塑料层。在剥去塑料层时,不可在钢丝钳刀口处加剪切力,否则会切伤线芯。剥削出的线芯应保持完整无损,如有损伤,应重新剥削。

(2) 用电工刀剥削塑料硬线绝缘层

对于线芯截面积大于 4 mm^2 的塑料硬线,可用电工刀剥削绝缘层,方法如下:

① 在需剥削线头处,用电工刀以 45°角倾斜切入塑料绝缘层,注意刀口不能切伤线芯。

② 刀面与导线保持约 25°角,用刀向线端推削,只削去上面一层塑料绝缘,不可切入线芯。

③ 将余下的线头绝缘层向后扳翻,将该绝缘层剥离线芯,再用电工刀切齐。

2. 塑料软线绝缘层的剥削

塑料软线绝缘层用剥削钳或钢丝钳剥削。剥削方法与用钢丝钳剥削塑料硬线绝缘层方法相同。不可用电工刀剥削,因为塑料软线由多股铜丝组成,用电工刀容易损伤线芯。

3. 塑料护套线绝缘层的剥削

塑料护套线具有两层绝缘:护套层和每根线芯的绝缘层。塑料护套线绝缘层用电工刀剥削,方法如下:

(1) 护套层的剥削

① 按线头所需长度,用电工刀刀尖对准护套线中间线芯缝隙处划开护套线。如偏离线芯缝隙处,电工刀可能划伤线芯。

② 向后扳翻护套层,用电工刀把它齐根切去。

(2) 内层绝缘层的剥削

在距离护套层 5~10 mm 处,用电工刀以 45°角倾斜切入绝缘层,其剥削方法与塑料硬线剥削方法相同。

4. 橡皮绝缘线绝缘层的剥削

在橡皮绝缘线绝缘层外还有一层纤维编织保护层,其剥削方法如下:

① 把橡皮绝缘线纤维编织保护层用电工刀尖划开,将其扳翻后齐根切去,剥削方法与剥削护套线的保护层方法类似。

② 用与剥削塑料线绝缘层相同的方法削去橡胶层。

③ 最后松散纤维编织保护层到根部,用电工刀切去。

5. 花线绝缘层的剥削

① 用电工刀在线头所需长度处,将棉纱织物保护层四周割切一圈后,将其拉去。

② 在距离棉纱织物保护层 10 mm 处,用钢丝钳按照剥削塑料软线类同方法削去橡胶层。

6. 裸线头的处理

① 硬线表面有氧化层的,要用细砂布或锐角器具除掉。

② 软线线头剥削绝缘层后，要把多股拧绞在一起。

③ 对于截面积在 10 mm^2 以上的多股硬线，线头剥削绝缘层后要把每股拉直，并分叉。

④ 电力线缆分层剥削后，要用汽油或酒精擦拭每根芯线，去净铜(铝)屑。

⑤ 需要锡焊连接的，要事先镀上一层焊锡。

知识链接四　常用电工材料

常用电工材料包括导电材料、绝缘材料和磁性材料三类。它们在电气、电子工程中应用极为广泛。

1. 常用导电材料

当前大量用于制作电线、电缆的金属材料是铜和铝。铜的电阻率小，展延性、可锻性、耐热性好，但蕴藏量小。铝的导电能力是铜的 64%，但同规格同长度铝的质量是铜的 30%，其可锻性、展延性、耐热性比铜要差，由于它蕴藏量大，所以它的应用仅次于铜。

常见导电材料分为电线和电缆、电热材料和电刷三种。

(1) 电线和电缆

常用电线、电缆分为裸导线、橡皮绝缘线、聚氯乙烯绝缘线、漆包圆铜线、低压橡套电缆等，相关的型号、名称及用途见表 2-6-6。

表 2-6-6　常用电线、电缆的型号、名称及用途

大类	型号	名称	用途
电线、电缆	BV BLV BX BLX BLXF	聚氯乙烯绝缘铜芯线 聚氯乙烯绝缘铝芯线 铜芯橡皮绝缘线 铝芯橡皮绝缘线 铝芯氯丁橡皮绝缘线	交、直流 500 V 及以下室内照明和动力线路，室外架空线路的敷设
	LJ LGJ	裸铝绞线 钢芯铝绞线	高大厂房室内绝缘子配线和室外架空线
	BVR	聚氯乙烯绝缘铜芯软线	活动不频繁场所电源连接线
	BVS RVB	聚氯乙烯绝缘双根铜芯绞合软线 聚氯乙烯绝缘双根平型铜芯软线	交、直流额定电压为 250 V 及以下的移动式电具、吊灯电源连接线
	BXS	棉花纺织橡皮绝缘双根铜芯绞合软线(花线)	交、直流额定电压为 250 V 及以下吊灯电源连接线

续表

大类	型号	名称	用途
电线、电缆	BVV	聚氯乙烯绝缘护套铜芯线(双根或3根)	交、直流额定电压为500 V及以下室内外照明和小容量动力线路敷设
	RHF	氯丁橡皮绝缘铜芯软线	250 V室内外小型电气工具电源连线
	RVZ	聚氯乙烯绝缘护套铜芯软线	交、直流额定电压为500 V及以下移动式电具电源连接线
电磁线	QZ	聚酯漆包圆铜线	耐温130 ℃,用于密封的电动机、电器绕组或线圈
	QA	聚氨酯漆包圆铜线	耐温120 ℃,用于电工仪表细微线圈或电视机线圈等高频线圈
	QF	耐制冷剂漆包圆铜线	在制冷剂中工作的线圈,如电冰箱、空调器压缩机电动机绕组
通信线缆	HY,HE HP,HJ GY	H系列及G系列光纤电缆	电报、电话、广播、电视、传真、数据及其他电信息的传输

(2)电热材料

在工程上,电热材料主要用于制作电加热设备中的发热元件。该元件在通电状态下,能将电能转换成热能,如电炉、电饭煲、电烤箱等电器中的发热体。它们的显著特点是在高温下有良好的抗氧化性能。常用电热材料见表2-6-7。

表2-6-7 常用电热材料

大类	名称	特点	用途
电热材料	镍铬合金	工作温度在1 150 ℃,电阻率高,高温下机械强度好,便于加工,基本无磁性	用于家用和工业电热设备
	高熔点纯金属(铂、钼、钽、钨等)	工作温度在1 300~1 400 ℃,最高可达2 400 ℃(钨),电阻率较低,温度系数大	用于实验室及特殊电炉
电热元件	硅碳棒、硅碳管	工作温度在1 250~1 400 ℃,抗氧化性能好,但不宜在800 ℃以下长期使用	用于高温电加热设备发热元件
	管状电热元件	工作温度在550 ℃以下,抗氧化、耐振、机械强度好、热效率高,可直接在液体中加热	用于日用电热器发热元件、液体内加热的发热元件

(3)电刷

用在电动机和调压器等设备中的换向器、集电环等上面,作为传导电流的滑动接触件。常用电刷分为三大类:石墨电刷、电化石墨电刷、金属石墨电刷。由于它们类别、型号的不同,其电阻率、摩擦系数、额定电流强度等参数存在较大差异。

2. **绝缘材料**

凡电阻率大于 $1.0\times10^7\ \Omega\cdot m$ 的材料称为绝缘材料。在技术上主要用于隔离带电导体或不同电位的导体,以保障人身和设备的安全。此外,在电气设备上还可用于机械支撑、固定、灭弧、散热、防潮、防霉、防虫、防辐射、耐化学腐蚀等场合。常用绝缘材料见表 2-6-8。

表 2-6-8 常用绝缘材料

大类	名称	用途
绝缘漆类 绝缘胶类	电磁线漆、浸渍漆、覆盖漆、绝缘复合胶	制作电磁线,加强电动机、电器线圈绝缘,绝缘器件表面保护,密封电器及零部件等
塑料制品	塑料、薄膜、胶带及复合制品	制作高温、高频电线电缆绝缘,电容器介质,包缠线头,电动机层间、端部、槽绝缘等
电瓷制品	瓷绝缘子	用于架空线、缆的固定和绝缘
橡胶制品	橡胶管、橡胶皮、橡胶板	电线、电缆绝缘皮,电气设备绝缘板,绝缘棒,电气防护用品
层压制品	层压板、层压管、层压棒	电动机、电器等设备中的绝缘零部件、灭弧材料
绝缘油	天然绝缘油、化工绝缘油	电力变压器、开关、电容器、电缆中作灭弧绝缘
绝缘包带	电工用黑胶布、涤纶带、橡胶带、黄蜡绸、黄蜡带	用于电线、电缆接头,电动机绕组接头等恢复绝缘层

3. **磁性材料**

常用磁性材料包括软磁材料和硬磁材料两大类。

(1) 软磁材料

① 硅钢片:硅钢片是在铁材料中加入少量硅制成。它是电力、电子工业的主要磁性材料,其使用量占所有磁性材料的 90%以上,其硅含量在 4.5%以内,通常加工成 0.05~0.5 mm 厚的片状,表面具有绝缘层,以减小涡流损耗。硅钢片分热轧和冷轧两大类,目前热轧硅钢片已逐步被淘汰。

② 导磁合金:即铁镍合金,又称坡莫合金。它是在铁中加入一定量的镍经真空冶炼而成。根据用途的不同,其镍含量为 30%~82%不等。由于它的高频特性好,多用于频率较高的场合,如制作小功率变压器、脉冲变压器、微电机、继电器、磁放大器等的铁心、记忆元件等。

③ 铁铝合金:它是在铁中加入一定量的铝制成,其铝含量为 6%~16%。多用于制作小功率变压器、脉冲变压器、高频变压器、微电机、互感器、继电器、磁放大器、电磁阀和分频器的磁心。

④ 铁氧体材料:铁氧体由陶瓷工艺制作而成,硬而脆、不耐冲击、不易加工,是内部以

Fe_2O_3 为主要成分的软磁材料。适用于 100~500 kHz 的高频磁场中导磁,可作为中频变压器、高频变压器、脉冲变压器、开关电源变压器、高频电焊变压器、高频扼流圈、中波与短波天线导磁材料。

(2) 硬磁材料

硬磁材料又称永磁材料,具有较强的剩磁和矫顽力。在外加磁场撤去后仍能保留较强剩磁。按其制造工艺及应用特点可分为铸造铝镍钴系永磁材料、粉末烧结铝镍钴系永磁材料、铁氧体永磁材料、稀土钴系永磁材料、塑料变形永磁材料五类。

铸造铝镍钴系和粉末烧结铝镍钴系永磁材料多用于磁电式仪表、永磁电机、微电机、扬声器、里程表、速度表、流量表等内部作为导磁材料。铁氧体永磁材料可用于制作永磁电机、磁分离器、扬声器、受话器、磁控管等内部的导磁元件;稀土钴系永磁材料可用于制作力矩电机、起动电机、大型发电机、传感器、拾音器及医疗设备等的磁性元件;塑性变形永磁材料可用于制作罗盘、里程表、微电机、继电器等内部的磁性元件。

技能训练

1. 低压断路器的安装与检测

根据教师提供的两极与三极低压断路器进行安装、检测练习。

2. 导线头绝缘层的剥削

根据教师提供的塑料护套线、塑料软硬线及花线等进行绝缘层的剥削练习。

3. 导线与灯座、开关的连接

按工艺要求进行导线与灯座、开关的连接练习。

4. 护套线的布线练习

根据护套线的布线工艺,在网孔板上进行布线练习,做到横平竖直。

低压断路器的安装、导线绝缘层的剥削、导线与灯座和开关的连接及护套线的布线技能训练评价见表 2-6-9。

表 2-6-9 技能训练评价表

班级		姓名		学号		成绩	
项目	考核内容	配分	评分标准				得分
低压断路器的安装	正确安装低压断路器	20 分	低压断路器的安装方法不正确,扣 1~20 分				
导线绝缘层的剥削	正确剥削导线	20 分	剥削绝缘导线方法不正确,扣 1~20 分				

续表

项目	考核内容	配分	评分标准	得分
导线与灯座、开关的连接	连接方法正确,工艺符合要求	30分	1. 连接方法不正确,扣20分 2. 连接不符合要求,每处扣5分	
护套线的布线	布线方法正确,横平竖直	20分	1. 布线方法不正确,扣20分 2. 布线质量达不到要求,扣1~10分	
安全操作,无事故发生	安全文明,符合操作规程	10分	1. 操作过程中损坏导线,每次扣5分 2. 经提示后再次损坏导线,扣10分	
合计				
教师签名:				

复习与思考题

1. 请说一说低压断路器、按键开关、LED灯的安装要点,按键开关、LED灯接入线路时应注意哪些事项?
2. 常用的低压断路器有哪些?请说出它们各自的使用场合。
3. 低压断路器的主要技术参数有哪些?在实际使用中应如何选择?
4. 各类导线头绝缘层应如何正确进行剥削?请举例一一加以说明。
5. 常用的电工材料有哪些?各有何特点?

项目七

二控一综合照明线路的安装与排故

项目目标　学习本项目后,应能:

- 描述双联开关的作用并会正确接线。
- 把单相三眼插座正确接入线路中。
- 描述线槽的布线工艺并会合理布线。
- 叙述进行各种导线连接和绝缘恢复的方法。

在同一个照明线路中,既有照明控制又有插座控制方式称为综合照明线路。本项目的综合照明线路由二控一照明线路与单相插座控制线路组成。在两个不同位置分别安装开关控制一盏灯的控制方式称为二控一方式。二控一照明线路典型应用是在楼梯上下处分别安装开关,使人们在上下楼梯时,都能开启或关闭电灯,这样既方便使用又节约电能。

任务一　阅读分析电气原理图

图 2-7-1 所示为二控一综合照明线路电气原理图。

该照明线路有两个独立的回路:一个是由漏电断路器 QF2 和三孔插座组成的插座回路;另一个是由低压断路器 QF1、双联开关 SA1、SA2 及 LED 灯 EL 组成的照明回路。其中,PE 为接地线,L 为相线,N 为中性线。三孔插座的左侧孔接中性线,右侧孔接相线,中间孔接接地线。当接通电源,合上双联开关 SA1 或 SA2,照明回路通电,LED 灯 EL 点亮(发光);断开双联开关 SA1 或 SA2,照明回路断电,LED 灯 EL 不亮,即可以实现两地控制一盏灯的开与关。

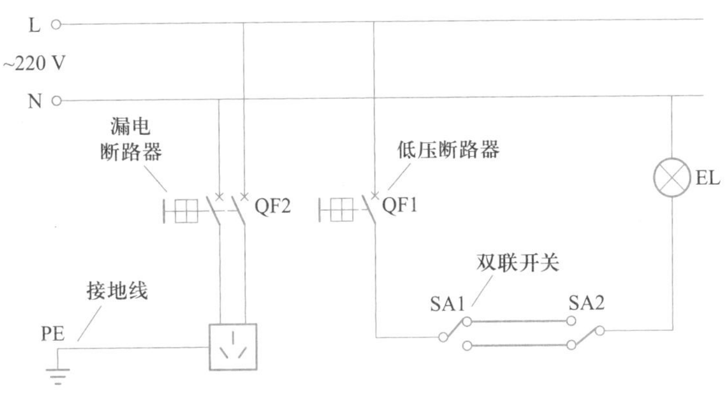

图 2-7-1 二控一综合照明线路电气原理图

任务二 识别选用电气元件

二控一综合照明线路所用电气元件并不多，其中，漏电断路器是指带漏电保护功能的低压断路器。在线路安装前读者可对所有电气元件逐一进行识别和选择。二控一综合照明线路所用电气元件及电工工具、仪表见表 2-7-1。

表 2-7-1 二控一综合照明线路所用电气元件及电工工具、仪表清单

名称	规格(型号)	数量
单相电源插头	10 A、250 V	1 个
两极漏电断路器(QF2)	DZ47sLE,2P,C40A	1 只
单极低压断路器(QF1)	DZ47-63	1 只
开关/开关盒(SA1、SA2)	双联(10 A、250 V)	2 套
螺口平灯座	E27(10 A、250 V)	1 个
LED 灯(EL)	5WE27、螺口、白光	1 个
单相三孔插座	86 型(10 A、250 V)	1 只
网孔板	600 mm×600 mm	1 块
铜导轨		若干
接线端子排	TD-1510	1 条
PVC 管	ϕ 20 mm	
聚氯乙烯绝缘铜芯线	BV,1 mm^2,颜色:红、黄、蓝	若干
钢钉线卡	7 mm	若干
自攻螺钉	ϕ 4 mm×18 mm	若干
	ϕ 4 mm×25 mm	若干
常用电工工具		1 套
万用表	数字万用表	1 台

低压断路器、LED 灯、灯座、开关及单相电源插头等电气元件的识别与选用可参见项目六。其他电气元件的识别与选用方法如下。

1. 插座

插座是为移动照明电器、家用电器和其他用电设备提供电源的元件。根据电源电压的不同,可分为三相四孔插座和单相三孔或双孔插座,根据安装形式的不同,又可分为明装式和暗装式两种。常用插座外形如图 2-7-2 所示。

单相三孔插座的接线原则是左侧接中性线、右侧接相线、中间接接地线。插座的接线桩如图 2-7-3 所示。

图 2-7-2 常用插座外形

图 2-7-3 插座的接线桩

注意:根据标准规定,接地线颜色应是黄绿双色线。

2. 双联开关的接线方法

每只双联开关由一个动触点和两个静触点组成。接线时,两只双联开关的静触点两两相连,其中一只双联开关的动触点与相线相连,另一只双联开关的动触点与灯座相连,如图 2-7-4 所示。

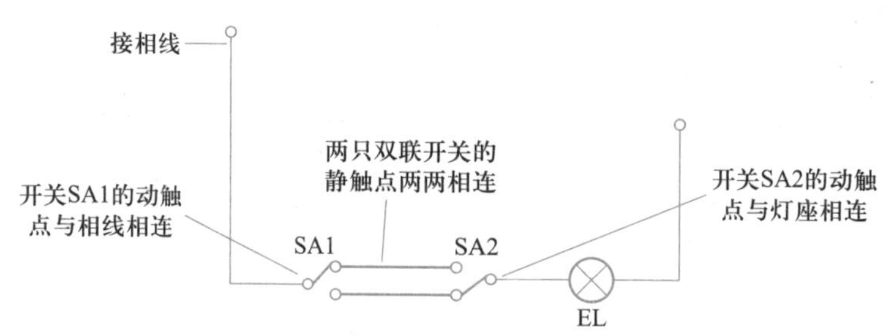

图 2-7-4 双联开关的接线方法

3. 线管与导线

本项目采用 PVC 线管和聚氯乙烯绝缘铜芯线(简称塑铜硬线)布线,如图 2-7-5、图 2-7-6 所示。用 PVC 线管布线时,不仅要规范,而且还要保证线路是活线工艺,方便日后检修和更换。活线工艺在施工时必须把所有线管都预埋固定好,然后再穿线进去,而不是一边走管一边穿线。

在线路中,相线采用红色导线,中性线采用黑色导线,接地线采用黄绿双色导线。

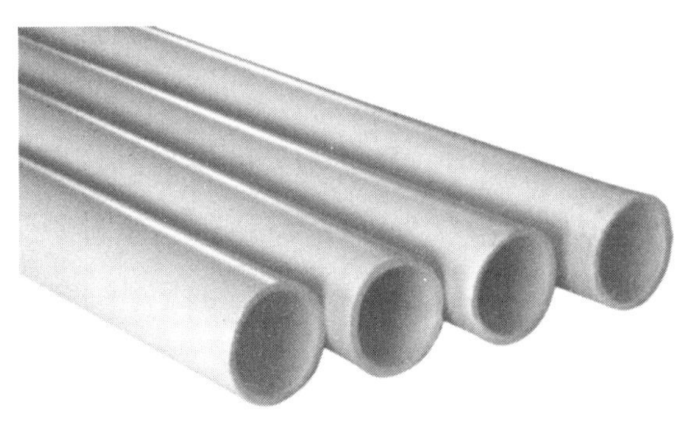

图 2-7-5　PVC 线管

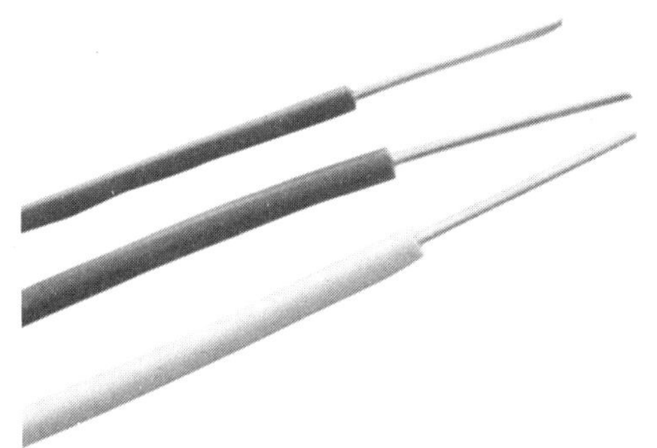

图 2-7-6　塑铜硬线

任务三　元件定位与线路安装

1. 定位与画线

根据如图 2-7-7 所示的布置图,确定电源进线、接地线、两极漏电断路器、单极低压断路器、双联开关、灯座及插座的位置,并用笔做好记号。实际安装时,开关离地面高度应为 1.3 m,与门框的距离为 150~200 mm。根据确定的位置和线路走向画线,画线时要根据横平竖直的原则。

实训采用网孔板进行模拟安装,如图 2-7-8 所示。

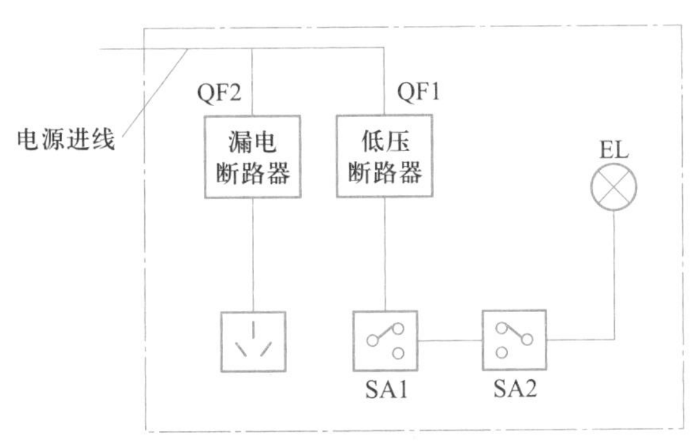

图 2-7-7　二控一综合照明线路布置图

图 2-7-8　二控一综合照明线路模拟安装

为使线路安装整齐、美观,配线尽量做到横平竖直。

2. 敷设 PVC 线管

敷设 PVC 线管应按照一条支路一条 PVC 线管为原则。

① 截取 PVC 线管。根据电源、漏电断路器、低压断路器、开关盒、灯座及插座的位置，量取各段线管的长度，用锯分别截取。

② PVC 线管转弯。在线路的转弯处，如果 PVC 线管直径小于 25 mm，应采用弯管器进行 90°弯角，如图 2-7-9 所示；如果 PVC 线管直径大于 25 mm，可以采用弯头进行连接转弯，如图 2-7-10 所示。

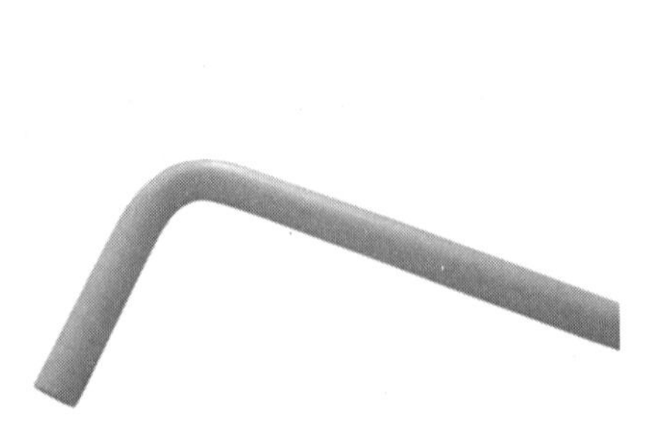

图 2-7-9　90°弯角

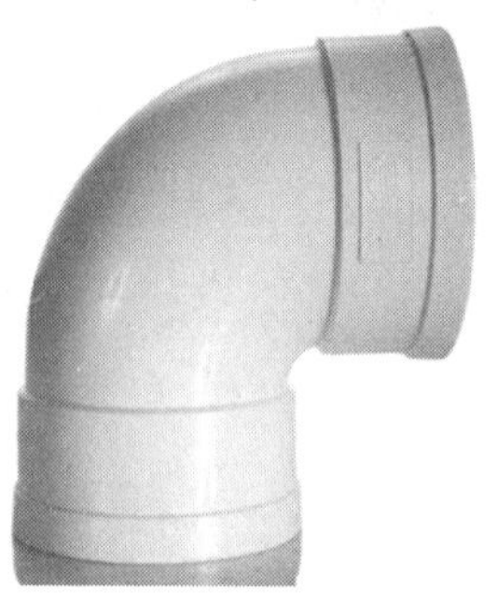

图 2-7-10　弯头

③ 线管封口。为使串线时不损坏导线，在截取好的线管端口要进行封口，使其变得顺滑。

④ 固定卡扣。在网孔板上与 PVC 线管敷设的相应位置固定好对应尺寸的卡扣，以便 PVC 线管的固定。

3. 敷设与连接导线

PVC 线管内不允许有导线接头，以减少隐患，如必须接头要加装接线盒。导线敷设到灯具、开关、插座等接头处，要留出 100 mm 左右线头，用于接线。在配电箱和接线端子排等处，应按实际需要留足长度，并在线头做好统一标记，以便接线时识别。

① 根据电气原理图将导线分别接入漏电断路器、低压断路器。接线与安装方法参见项目六。

② 根据电气原理图将导线分别接入灯座接线端，并固定 LED 灯。灯座的接线与安装方法参见项目六。

③ 根据电气原理图将导线分别接入开关接线端，并固定开关。开关的接线与安装方法参见项目六。

④ 根据电气原理图将导线分别接入单相三孔插座接线端，并固定单相三孔插座。单相三孔插座的接线如图 2-7-11 所示。

注意：安装单相三孔插座时，若接地线不够长，可加装接线盒进行导线的连接。

图 2-7-11　单相三孔插座的接线

4. 元件定位及线路安装注意事项

① 在接线过程中严格按照电路原理图配线。

② 在不通电情况下检验线路,若有问题立即报告指导教师。

③ 元件安装要求做到:安装牢固不松动,排列整齐、均匀、合理。

④ 元件紧固程度要适当,受力应均匀,以免损坏元件。

⑤ 通电检验前,应检查熔体规格及整定值是否符合电气原理图要求。

⑥ 常态时,开关的位置应使电路处于断开状态。

任务四　通电检验与排故测试

1. 通电检验

(1) 检验照明线路有无短路

将万用表置于通断测试挡,将任一表笔置于低压断路器的出线端,另一表笔置于中性线位置。正常情况下,双联开关处于闭合或断开位置时,线路都处于断开状态,电阻应为无穷大。

(2) 通电检验

① 开关 SA1 处于断开状态,开关 SA2 处于闭合状态。合上开关 SA1 灯亮,断开开关 SA1 灯灭。

② 开关 SA1 处于闭合状态,开关 SA2 处于断开状态。合上开关 SA2 灯亮,断开开关 SA2 灯灭。

③ 开关 SA1 处于断开状态,开关 SA2 处于闭合状态。合上开关 SA1 灯亮,断开开关 SA2 灯灭。

④ 开关 SA1 处于闭合状态,开关 SA2 处于断开状态。合上开关 SA2 灯亮,断开开关 SA1 灯灭。

(3) 检测单相插座输出电压

将万用表置于 AC 750 V 挡,两表笔分别插入相线与中性线两孔内,如图 2-7-12 所示。若正常,插座输出电压值应为 220 V 左右。再将中性线一端的表笔插入接地线孔内,应同样显

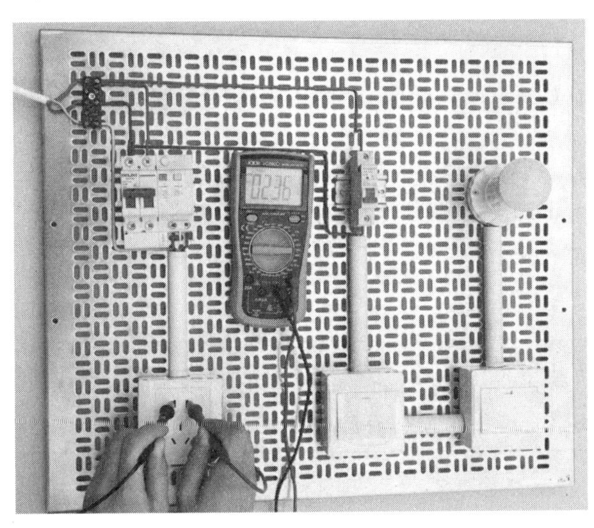

图 2-7-12　插座通电检验

示 220 V 左右。如果此时显示为零,则说明接地线没有接好。接地线是保证人们安全使用电气设备的有效措施,直接与设备的外壳相连,一旦设备外壳带电,可通过接地线形成短路使熔体立即熔断,切断电源,故一定要可靠正确地连接。

2. 排故测试

照明线路在运行中,会由于各种原因出现故障,如线路老化、电气设备故障等。

(1) 照明线路维修的一般步骤

① 了解故障现象。在维修时应首先了解故障现象,这是保证整个维修过程能否顺利进行的前提。可通过询问当事人、观察故障现场等方法了解故障现象。

② 分析故障原因。根据故障现象,利用电气原理图及布置图进行分析,确定造成故障的大致范围和原因,为检修提供方案。

③ 检修故障。使用验电器、万用表等工具检测并确定故障点,针对故障元件或线路进行维修或更换。

(2) LED 灯照明线路常见故障及检修方法

LED 灯照明线路常见故障及检修方法见表 2-7-2。

表 2-7-2　LED 灯照明线路常见故障及检修方法

故障现象	产生原因	检修方法
LED 灯不亮	1. LED 灯损坏 2. 低压断路器损坏 3. 灯座或开关接线松动或接触不良 4. 线路中有断路故障	1. 调换新 LED 灯 2. 检查低压断路器 3. 检查灯座和开关的接线并修复 4. 用验电器检查线路的断路处并修复
开关合上后低压断路器跳闸	1. 灯座内两线头短路 2. 螺口灯座内中心铜片与螺旋铜圈相碰短路 3. 线路中发生短路 4. 用电量超过低压断路器容量	1. 检查灯座内两线头并修复 2. 检查灯座并扳开中心铜片 3. 检查导线绝缘是否老化或损坏并修复 4. 减小负载或更换低压断路器
LED 灯忽亮忽灭	1. 灯座或开关接线松动 2. 低压断路器损坏 3. 电源电压不稳	1. 检查灯座和开关并修复 2. 检查低压断路器并修复 3. 检查电源电压
灯光暗淡	1. 电源电压过低 2. 线路因老化或绝缘损坏有漏电现象	1. 提高电源电压 2. 检查线路,更换导线

项目实训评价

二控一综合照明线路的安装与排故操作项目实训评价见表 2-7-3。

表 2-7-3　项目实训评价表

<table>
<tr><td>班级</td><td></td><td>姓名</td><td></td><td>学号</td><td></td><td>成绩</td><td></td></tr>
<tr><td>项目</td><td>考核内容</td><td>配分</td><td colspan="4">评分标准</td><td>得分</td></tr>
<tr><td>元件定位</td><td>元件定位尺寸</td><td>20 分</td><td colspan="4">1. 元件定位尺寸 1~2 处不正确,扣 4 分
2. 元件定位尺寸 3~4 处不正确,扣 8 分
3. 元件定位尺寸多处不正确或不能定位,扣 20 分</td><td></td></tr>
<tr><td>元件安装</td><td>元件安装牢固</td><td>20 分</td><td colspan="4">1. 元件安装 1~2 处不牢固,扣 4 分
2. 元件安装 3~4 处不牢固,扣 8 分
3. 元件安装多处不牢固,扣 20 分</td><td></td></tr>
<tr><td>线路布线</td><td>线路布线
平直、美观</td><td>20 分</td><td colspan="4">1. 线路布线 1~2 处不美观,扣 4 分
2. 线路布线 3~4 处不美观,扣 8 分
3. 线路布线多处不美观,扣 20 分</td><td></td></tr>
<tr><td>通电调试</td><td>通电调试,
完全正确</td><td>30 分</td><td colspan="4">1. 调试未达到要求,能自行修改后结果基本正确,扣 6 分
2. 调试未达到要求,经提示 1 次后修改结果基本正确,扣 12 分
3. 通电调试失败或未能通电调试,扣 30 分</td><td></td></tr>
<tr><td>安全操作,
无事故发生</td><td>安全文明,
符合操作规程</td><td>10 分</td><td colspan="4">1. 操作过程中损坏元件 1~2 只,扣 2 分
2. 经提示后再次损坏元件,扣 4 分
3. 未经允许擅自通电,造成设备损坏,扣 10 分</td><td></td></tr>
<tr><td colspan="7">合计</td><td></td></tr>
<tr><td colspan="8">教师签名:</td></tr>
</table>

知识链接一　照明灯具安装的基本原则

照明灯具按其配线方式、厂房结构、环境条件及对照明的要求不同,可分为吸顶式、壁式、嵌入式和悬吊式等。不论采用何种方式,都必须遵守以下各项基本原则。

① 灯具安装的高度，室外一般不低于 3 m，室内一般不低于 2.5 m，如遇特殊情况不能满足要求，可采取相应的保护措施或改用安全电压供电。

② 灯具安装应牢固，灯具质量超过 3 kg 时，必须固定在预埋的吊钩上。

③ 灯具固定时，不应该因灯具自重而使导线受力。

④ 灯架及线管内不允许有接头。

⑤ 导线的分支及连接处要便于检查。

⑥ 导线在引入灯具处应有绝缘保护，以免磨损导线的绝缘，也不应使其受到应力。

⑦ 必须接地或接零的灯具外壳应有专门的接地螺栓和标志，并和地线妥善连接。

⑧ 室内照明开关一般安装在门边便于操作的位置，拉线开关一般应离地 2~3 m，暗装翘板开关一般离地 1.3 m，与门框的距离一般为 150~200 mm。

⑨ 明装插座的安装高度一般应离地 1.4 m。暗装插座一般应离地 300 mm，同一场所暗装的插座高度应一致（高度相差一般应不大于 5 mm）。

知识链接二　导线的连接与绝缘恢复

导线连接是电工作业的一项基本工序，也是一项十分重要的工序。导线连接的质量直接关系到整个线路能否安全可靠地长期运行。导线连接的基本要求是连接后连接部分的电阻值不大于原导线的电阻值，连接部分的机械强度不小于原导线的机械强度。下面介绍一些常用的导线连接方式。

1. 铜芯导线的连接

当导线不够长或要分接支路时，就要进行导线与导线的连接。常用导线的线芯有单股、7 股和 11 股等多种，连接方法随芯线的股数不同而异。

（1）单股铜芯线的直线连接

单股铜芯线的直线连接步骤见表 2-7-4。

表 2-7-4　单股铜芯线的直线连接步骤

步骤	图示	说明
1	X形交叉 绝缘层　芯线	绝缘剖削长度为芯线直径的 70 倍左右，去掉氧化层；把两线头的芯线按 X 形交叉，互相绞接 2~3 圈

续表

步骤	图示	说明
2	缠绕方向 缠绕方向	然后扳直两线头
3	缠紧	将每个线头在芯线上紧贴并缠绕 6 圈，用钢丝钳切去余下的芯线，并钳平芯线末端

(2) 单股铜芯线的 T 形分支连接

单股铜芯线的 T 形分支连接步骤见表 2-7-5。

表 2-7-5　单股铜芯线的 T 形分支连接步骤

步骤	图示	说明
1	5圈　5 mm　10 mm 10 mm　5 mm	将分支芯线的线头与干线芯线十字相交，使支路芯线根部留出 3~5 mm，然后按顺时针方向缠绕支路芯线，缠绕 6~8 圈后，用钢丝钳切去余下的芯线，并钳平芯线末端
2	8圈 10 mm　5 mm　5 mm　10 mm	较小截面积芯线可按图示方法环绕成结状，然后再把支路芯线头抽紧扳直，紧密地缠绕 6~8 圈后，切去多余的芯线，钳平切口毛刺

(3) 7 股铜芯导线的直线连接

7 股铜芯导线的直线连接步骤见表 2-7-6。

表 2-7-6　7 股铜芯导线的直线连接步骤

步骤	图示	说明
1	全长的1/3 进一步绞紧	绝缘剥削长度应为导线的 21 倍左右。然后把剖去绝缘层的芯线散开并拉直，把靠近根部的 1/3 线段的芯线绞紧，然后把余下的 2/3 芯线头，分散成伞形，并把每根芯线拉直

续表

步骤	图示	说明
2	叉口处应钳紧	把两个伞形芯线头隔根对叉，并拉直两端芯线
3		把一端7股芯线按2、2、3根分成三组，接着把第一组2根芯线扳起，垂直于芯线并按顺时针方向缠绕
4		缠绕2圈后，余下的芯线向右扳直，再把下边第二组的2根芯线向上扳直，也按顺时针方向紧紧压着前2根扳直的芯线缠绕
5		缠绕2圈后，将余下的芯线向右扳直，再把下边第三组的3根芯线向上扳直，也按顺时针方向紧紧压着前4根扳直的芯线缠绕
6		缠绕3圈后，切去每组多余的芯线，钳平线端，用同样的方法再缠绕另一端芯线

（4）7股铜芯导线的分支连接

7股铜芯导线的分支连接步骤见表2-7-7。

表2-7-7　7股铜芯导线的分支连接步骤

步骤	图示	说明
1	$\frac{1}{8}$全长	把分支芯线散开钳直，线端剖开长度为L，接着把近绝缘层$L/8$的芯线绞紧，把分支线头的$7L/8$芯线分成两组，一组4根，另一组3根，并排齐。然后用螺丝刀把干线芯线撬分成两组，再把支线成排插入隙间

续表

步骤	图示	说明
2		把插入缝隙间的 7 根线头分成两组,一组 3 根,另一组 4 根,分别按顺时针方向和逆时针方向缠绕 3~4 圈
3		钳平线端

(5) 铜芯导线接头处的锡焊

① 电烙铁锡焊。对于截面积为 10 mm^2 及以下的铜芯导线接头,可使用 150 W 电烙铁进行锡焊。锡焊前,接头上均须涂一层无酸焊锡膏,待电烙铁烧热后,即可锡焊。

② 浇焊。对于截面积为 16 mm^2 及以上的铜芯导线接头,应用浇焊法。浇焊时,首先将焊锡放在化锡锅内,用喷灯或电炉熔化,使表面呈磷黄色,焊锡即达到高热。然后将导线接头放在锡锅上面,用勺盛上熔化的锡,从接头上面浇下,如图 2-7-13 所示。刚开始时,因为接头较冷,锡在接头上不会有很好的流动性,应继续浇下去,使接头处温度提高,直到全部焊牢为止。最后用抹布轻轻擦去焊渣,使接头表面光滑。

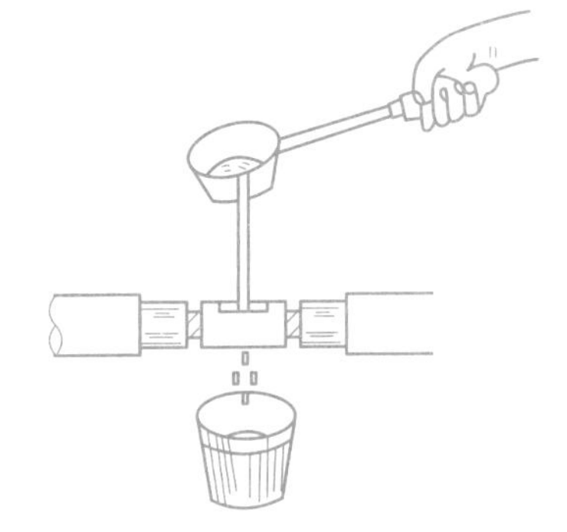

图 2-7-13 铜芯导线接头浇焊法

铜导线的连接,除上述方法外,还可以采用机械冷压连接,即采用相应尺寸的铜管,套在被连接的线芯上,用压接钳和模具进行冷态压接,这种方法突出的优点是:操作工艺简单方便,不耗费有色金属,非常适用于现场施工。

2. 铝芯导线的连接

由于铝极易氧化,且铝氧化膜的电阻率很高,所以铝芯导线不宜采用铜芯导线的方法进行连接,铝芯导线常采用螺钉压接法和压接管压接法连接。

(1) 螺钉压接法连接

螺钉压接法连接适用于负荷较小的单股铝芯导线的连接,其步骤如下:

① 把削去绝缘层的铝芯线头用钢丝刷刷去表面的铝氧化膜,并涂上中性凡士林,如图 2-7-14(a)所示。

② 做直线连接时,先把每根铝芯导线在接近线端处卷 2~3 圈,以备线头断裂后再次连接

用,然后把四个线头两两相对地插入两只瓷头(又称拉线桥)的四个接线柱上。最后旋紧接线柱上的螺钉,如图 2-7-14(b)所示。

③ 若要做分路连接,要先把支路导线的两个芯线线头分别插入两个接线柱上,然后旋紧螺钉,如图 2-7-14(c)所示。

④ 最后在瓷接头上加罩铁皮盒盖。

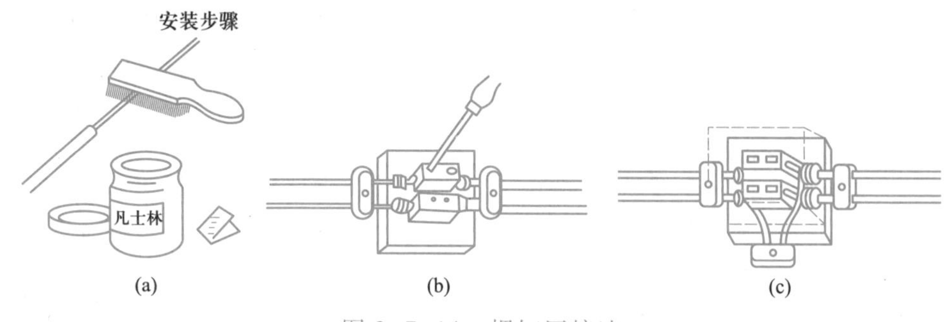

图 2-7-14 螺钉压接法

(2) 压接管压接法连接

压接管压接法连接适用于较大负荷的多根铝芯导线的直接连接。液压手动压接钳和压接管(又称钳接管),如图 2-7-15(a)(b)所示。压接管压接步骤如下:

① 根据多股铝芯导线规格选择合适的铝压接管。

② 用钢丝刷清除铝芯表面和压接管内壁的铝氧化层,涂上中性凡士林。

③ 把两根铝芯导线线端相对穿入压接管,并使线端穿出压接管 25~30 mm,如图 2-7-15(c)所示。

④ 进行压接,如图 2-7-15(d)所示。压接时,第一道坑应在铝芯线端一侧,不可压反,压接坑的距离和数量应符合技术要求。

⑤ 压接好的铝芯线如图 2-7-15(e)所示。

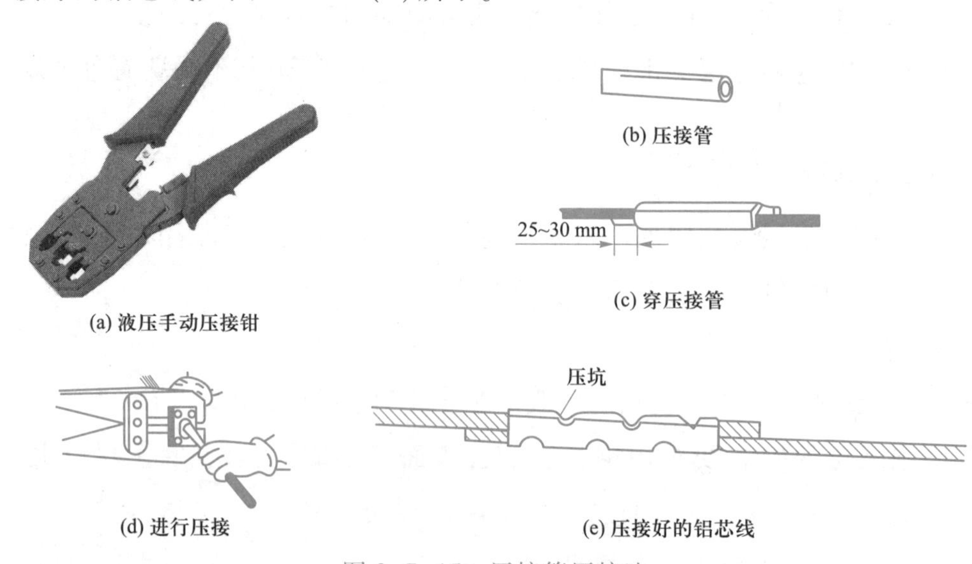

图 2-7-15 压接管压接法

3. 线头与接线柱的连接

在各种用电器或电气装置上，均有连接导线的接线柱。常用的接线柱有针孔式和螺钉平压式两种。

（1）线头与针孔式接线柱的连接

在针孔式接线柱上接线时，如果单股芯线与接线柱插线孔大小相适应，只要把芯线插入针孔，旋紧螺钉即可。如果单股芯线较细，则要把芯线折成双根，插入孔，如图 2-7-16(a)所示。如果是多根细丝的软线芯线，必须先绞紧，再插入针孔，切不可有细丝露在外面，以免发生短路事故。

（2）线头与螺钉平压式接线柱的连接

线头与螺钉平压式接线柱连接时，如果是较小截面积单股芯线，则必须把线头弯成羊眼圈，羊眼圈弯曲的方向应与螺钉拧紧的方向一致，如图 2-7-16(b)所示。较大截面积单股芯线与螺钉平压式接线头连接时，线头须接上接头（接线耳），由接线耳与接线柱连接，如图 2-7-17所示。

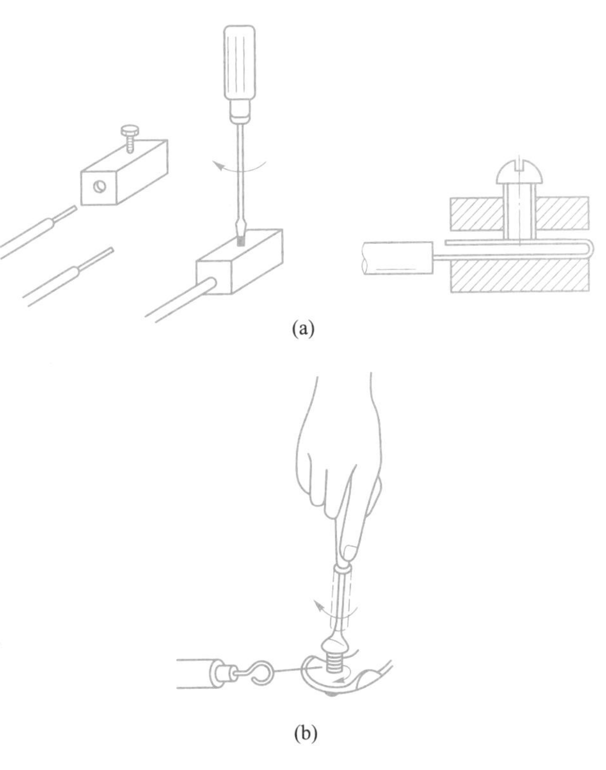

图 2-7-16　线头与接线柱的连接

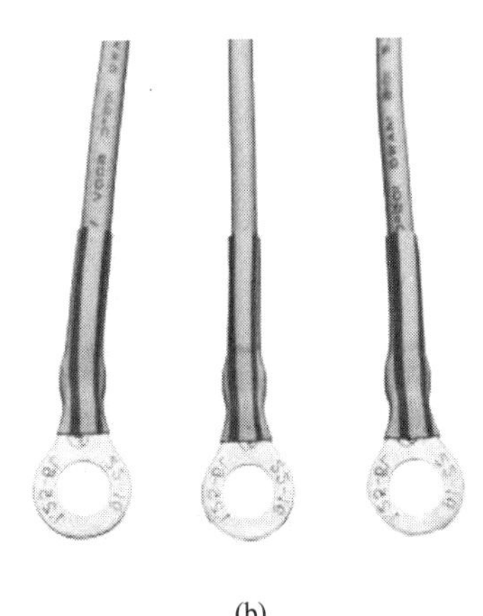

图 2-7-17　线头需装接线耳

4. 导线绝缘层的恢复

导线绝缘层破损后必须恢复绝缘，导线连接后，也必须恢复绝缘。恢复后的绝缘强度不应低于原来的绝缘层。通常用黄蜡带、涤纶薄膜和黑胶布作为恢复绝缘层的材料，黄蜡带和黑胶布一般宽为 20 mm 较适中，包扎也方便。

（1）绝缘带的包扎方法

将黄蜡带从导线左边完整的绝缘层上开始包扎，包扎两根带宽后方可进入无绝缘层的芯线部分，如图 2-7-18(a)所示。包扎时，黄蜡带与导线保持一定的倾斜角，每圈压叠带宽的 1/2，如图 2-7-18(b)所示。

包扎 1 层黄蜡带后，将黑胶布接在黄蜡带的尾端，按另一斜叠方向包扎 1 层黑胶布，每圈与压叠带宽 1/2，如图 2-7-18(c)(d)所示。

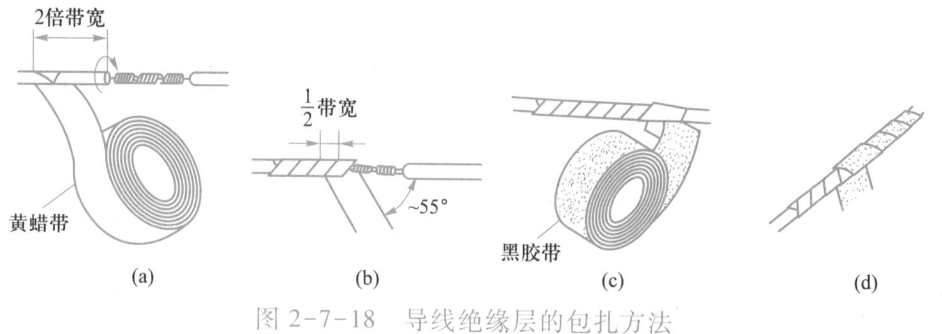

图 2-7-18　导线绝缘层的包扎方法

（2）注意事项

① 在 380 V 线路上恢复导线绝缘时，必须包扎 1~2 层黄蜡带，然后再包扎 1 层黑胶布。

② 在 220 V 线路上恢复导线绝缘时，先包扎 1~2 层黄蜡带，然后再包扎 1 层黑胶布或者只包扎 2 层黑胶布。

③ 绝缘带包扎时，各包层之间应紧密相接，不能稀疏，更不能露出芯线。

④ 存放绝缘带时，不可放在温度很高的地方，也不可被油浸染。

5. 导线的接线总连接

对于一般以传输电能为主的导线，若电流较小，可以采取导线缠绕方式；但若电流较大，则因为缠绕方式的温升较高，则应当采用接线器连接的方式进行导线的连接，常用的接线器如图 2-7-19(a)所示，接线器连接方式如图 2-7-19(b)所示。

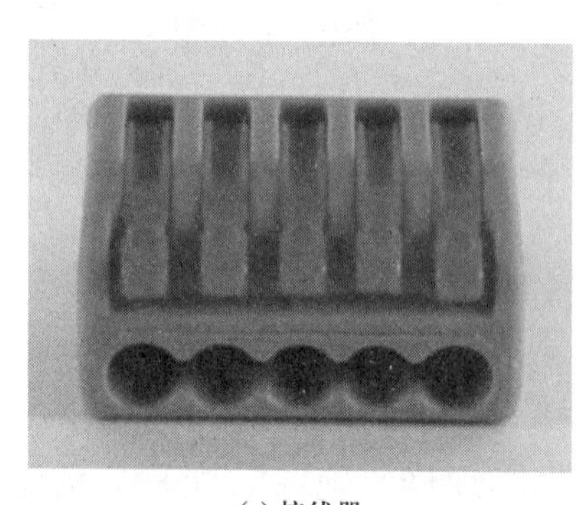

(a) 接线器

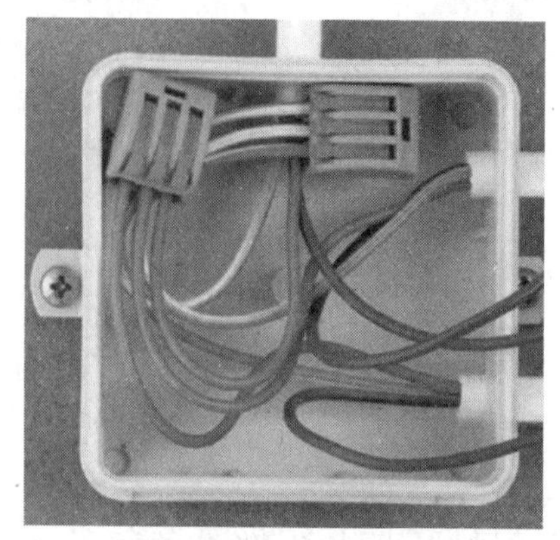

(b) 连接方式

图 2-7-19　接线器及其连接方式

技能训练

1. 训练任务

(1) 导线的直线与T形连接。

(2) 恢复绝缘层。

(3) PVC线管的敷设与转弯。

2. 材料及工具准备

铜芯绝缘电线(BV-4 mm^2 或自定)2 m,BV-16 mm^2(7/1.7)塑料铜芯电线2 m,PVC线管若干,绝缘带1卷,黑胶布1卷,塑料胶带1卷,电工通用工具1套,绝缘鞋、工作服等。

3. 训练步骤

(1) 剥削绝缘层。

(2) 直线连接。

(3) 恢复绝缘层。

(4) PVC线管的拼接与固定。

导线的连接与绝缘恢复技能训练评价见表2-7-8。

表2-7-8 技能训练评价表

班级		姓名		学号		成绩	
项目	考核内容	配分	评分标准				得分
导线连接	正确剥削导线,连接方法正确,导线缠绕紧密,切口平整,线芯不得损伤	40分	1. 剥削绝缘导线方法不正确,扣20分 2. 缠绕方法不正确,扣20分 3. 密排并绕不紧有间隙,每处扣5分 4. 导线缠绕不整齐,扣10分 5. 切口不平整,每处扣5分				
绝缘恢复	在导线连接处包缠两层绝缘带,方法正确,质量符合要求	30分	1. 包扎方法不正确,扣15分 2. 包扎质量达不到要求,扣15分				
PVC线管的拼接与固定	PVC线管拼接与固定方法正确,质量符合要求	20分	1. 拼接方法不正确,扣10分 2. 固定质量达不到要求,扣10分				

续表

项目	考核内容	配分	评分标准	得分
安全操作，无事故发生	安全文明，符合操作规程	10 分	1. 操作过程中损坏导线，每次扣 5 分 2. 经提示后再次损坏导线，扣 10 分	
合计				
教师签名：				

复习与思考题

1. 单相三眼插座应如何正确接入线路中？
2. 请说一说 PVC 线管布线的工艺与方法。
3. 照明灯具安装有哪些基本原则？
4. 二控一综合照明电路通电前应如何进行自检？常见故障有哪些？应如何排除故障？
5. 请说出各种导线连接与绝缘恢复的方法。

项目八

荧光灯照明线路的安装与排故

项目目标　学习本项目后，应能：

- 描述荧光灯的工作原理、组成部件、各部分作用及安装要点。
- 解释荧光灯电路中的常见故障与排除方法。
- 叙述荧光灯控制线路的接线方法。

荧光灯又称日光灯，是应用较普遍的一种照明灯具。荧光灯照明线路广泛用于家居、办公室、会议和商店等场所，本项目通过荧光灯照明线路的安装与排故，学习荧光灯照明线路及安装等相关知识与技能。

任务一　阅读分析电气原理图

图 2-8-1 所示为荧光灯照明线路电气原理图。

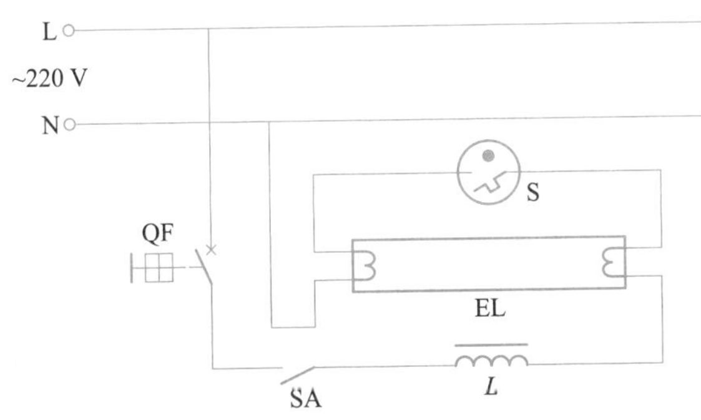

图 2-8-1　荧光灯照明线路电气原理图

该线路由低压断路器 QF、开关 SA、荧光灯 EL、镇流器 *L*、启辉器 S 以及导线组成，其中，L

为相线，N 为中性线。

任务二　识别选用电气元件

荧光灯照明线路所用电气元件并不多，在线路安装前读者可对所有电气元件逐一进行识别和选择。荧光灯照明线路所用电气元件及电工工具、仪表清单见表 2-8-1。

表 2-8-1　荧光灯照明线路所用电气元件及电工工具、仪表清单

名称	规格（型号）	数量
单相电源插头	10 A、250 V	1 个
单极低压断路器（QF）	DZ47-63	1 只
开关/开关盒（SA）	单联（10 A、250 V）	1 套
荧光灯（EL）	8 W、220 V 可自定	1 套
网孔板	600 mm×600 mm	1 块
塑铜硬线	BV，1 mm^2，颜色自定	若干
钢钉线卡	7 mm	若干
自攻螺钉	ϕ 4 mm×18 mm	若干
	ϕ 4 mm×25 mm	若干
常用电工工具		1 套
万用表	数字万用表	1 只

单极低压断路器、单相电源插头等电气元件的识别与选用具体可参见前面相关项目内容。

1. 荧光灯及其附件

荧光灯及其附件主要包括灯管、启辉器、启辉器座、镇流器、灯架和灯座（灯脚）等，如图 2-8-2 所示。

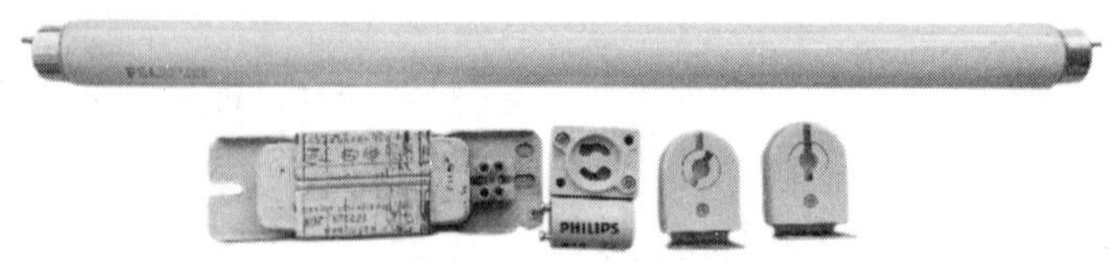

图 2-8-2　荧光灯及其附件

① 灯管。由玻璃管、灯丝、灯头、灯脚等组成，其外形如图 2-8-3 所示，玻璃管内抽成真空后充入少量汞（水银）和氩等惰性气体，管壁涂有荧光粉，在灯丝上涂有电子粉。灯管常

用的规格有 6 W、8 W、12 W、15 W、20 W、30 W、40 W 等。灯管外形除直线形外，还有环形、U 形等。

图 2-8-3 灯管外形

② 启辉器。启辉器由氖泡(也称为跳泡)、纸介质电容、出线脚和外壳等组成，氖泡内装有∩形动触片和静触片，其外形如图 2-8-4 所示。常用规格有 4~8 W、15~20 W 和 30~40 W，以及通用型 4~40 W 等。

③ 启辉器座。常用塑料或胶木制成，用于放置启辉器。

④ 镇流器。主要由铁心和线圈等组成，如图 2-8-5 所示。使用时镇流器的功率必须与灯管的功率及启辉器的规格相符。

图 2-8-4 启辉器

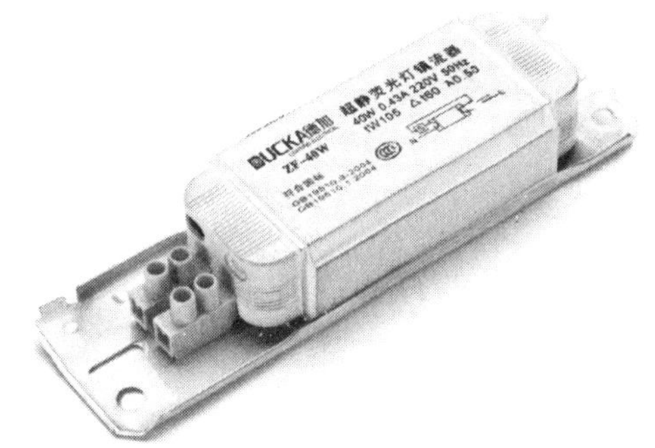

图 2-8-5 镇流器

⑤ 灯座。灯座有开启式和弹簧式两种。灯座规格有大型的，适用于 15 W 及以上的灯管；有小型的，适用于 6~12 W 的灯管。

⑥ 灯架。有木制和铁制两种，规格应与灯管相配套。

2. **荧光灯的工作原理**

荧光灯的工作原理如图 2-8-6 所示。闭合开关接通电源后，电源电压经镇流器、灯管两端的灯丝，加在启辉器的∩形动触片和静触片之间，引起辉光放电。放电时产生的热量使得用双金属片制成的∩形动触片膨胀并向外伸展，与静触片接触，使灯丝预热并发射电子。在∩形动触片与静触片接触时，两者间电压为零而停止辉光放电，∩形动触片冷却收缩并复原而与静触片分离。在动、静触片断开瞬间，镇流器两端产生一个比电源电压高得多的感应电动势，这感应电动势与电源电压串联后加在灯管两端，使灯管内惰性气体被电离而引起弧光放电。随着灯管内温度升高，液态汞气化游离，引起汞蒸气弧光放电而发出肉眼看不见的紫外线，紫外线激发灯管内壁的荧光粉后，

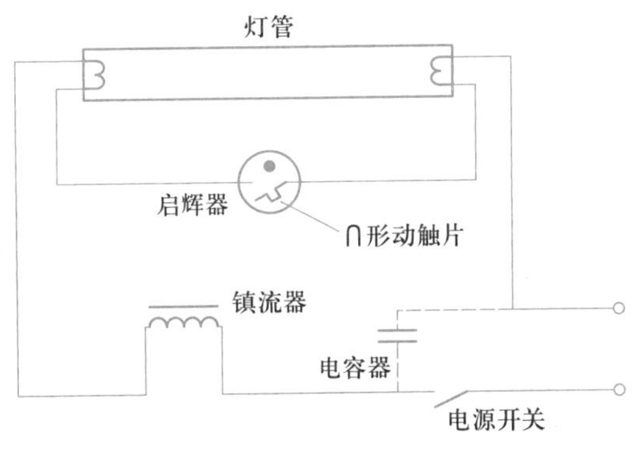

图 2-8-6 荧光灯的工作原理

发出近似日光的可见光。

3. **镇流器的作用**

镇流器在电路中有两个作用:一是在灯丝预热时限制灯丝所需的预热电流,防止预热电流过大而烧断灯丝,保证灯丝电子的发射能力;二是在灯管启辉后,维持灯管的工作电压和限制灯管的工作电流在额定值,以保证灯管稳定工作。

4. **启辉器内电容器的作用**

并联在启辉器氖泡上的电容器有两个作用:一是与镇流器线圈形成 *LC* 振荡电路,能延长灯丝的预热时间并维持感应电动势;二是能吸收干扰收音机和电视机的交流噪声。

任务三　元件定位与线路安装

1. **定位与画线**

根据图 2-8-7 所示的接线图,确定电源进线、接地线、熔断器、开关、灯座及插座的位置,并用笔做好记号。实际安装时,开关离地面高度应为 1.3 m,与门框的距离一般为 150~200 mm。根据确定的位置和线路走向画线,画线时要根据横平竖直的原则。

实训采用在网孔板上进行模拟安装,如图 2-8-8 所示。

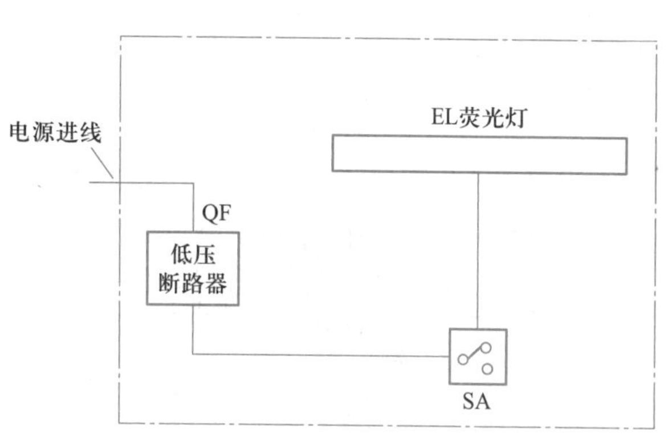

图 2-8-7　荧光灯照明线路接线图

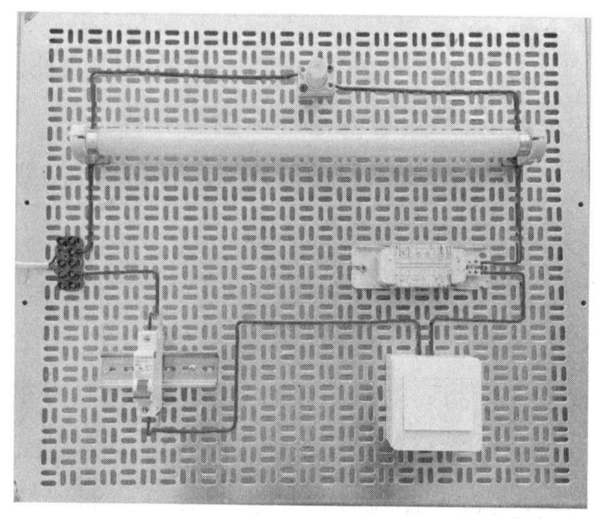

图 2-8-8　荧光灯照明线路模拟安装

2. **荧光灯照明线路的安装**

(1) 荧光灯照明线路的安装操作

模拟进行荧光灯照明线路的安装操作,见表 2-8-2。

表 2-8-2　荧光灯照明线路的安装操作

序号	示意图	说明
1		安装荧光灯灯脚。灯脚用于固定荧光灯灯管，目前，整套荧光灯灯架中的灯脚都采用固定方便、不需要使用任何工具就可以直接插入槽内的开启式，接线采用焊接方式
2		灯脚的安装步骤如下： （1）根据荧光灯灯管的长度画出两灯脚的固定位置。 （2）旋下灯脚支架与灯脚间的紧固螺钉，使两者分离。 （3）用螺钉分别固定两灯脚支架
3		（1）按 2/3 灯管的长度截取 4 根导线。 （2）旋下灯脚接线端上的螺钉。将导线线端的绝缘层去除，绞紧线芯，沿螺钉边缘打圈。 （3）将螺钉旋入灯脚的接线端
4		注意两灯脚中一个内有弹簧，接线时应先旋松灯脚上方的螺钉，使灯脚与外壳分离，接线完毕恢复原状，导线应串在弹簧内；恢复灯脚支架与灯脚的连接：将灯脚引线沿灯脚下端缺口引出，旋紧灯脚与灯脚的紧固螺钉
5		安装荧光灯镇流器，连接荧光灯内部线路。根据荧光灯照明线路原理图，将一端灯脚中的一根引线接入镇流器的接线端，另一根引线与电源接线相连
6		根据荧光灯照明线路原理图，分别从两个灯脚中分出一根导线与启辉器连接
7		用螺钉沿启辉器座的固定孔旋入，将其固定
8		安装启辉器：将启辉器插入启辉器座内，顺时针方向旋转约 60°

（2）荧光灯灯具的安装

荧光灯灯具的安装形式应根据荧光灯灯具的用途来选择，一般有吊装式、吸顶式和嵌入式三种，见表 2-8-3。

表 2-8-3 荧光灯灯具的安装

安装形式	示意图	安装方法
吊装式		根据荧光灯灯架吊钩的宽度，在安装位置安装吊钩，在荧光灯灯架上放出一定长度的吊线或吊杆（注意，灯具离地高度不应低于 2.5 m），将吊线或吊杆与灯具连接即可
吸顶式		将吸顶式荧光灯灯具中的灯架与灯罩分离，在安装灯具位置处将灯架吸顶，在灯架固定孔内画出记号，经钻孔、预设木榫后，用螺钉将灯架吸顶固定，接上电源后固定上灯罩
嵌入式		嵌入式荧光灯灯具应安装在吊顶装饰的房屋内。吊顶时应根据嵌入式荧光灯灯具的安装尺寸预留出嵌入位置，待吊顶基本完工后将灯具嵌入并固定

3. 其他电气元件的安装与布线

低压断路器、开关等电气元件的安装及布线可参照前面相关项目内容。

为使实训方便，可在一块网孔板上进行模拟安装接线。

任务四　通电检验与排故测试

1. 通电检验

通电前，检验照明线路有无短路，检验方法如下：用万用表电阻 200 Ω挡，将任一表笔置于低压断路器的出线端，另一表笔置于中性线位置。正常情况下，开关处于闭合位置时应有阻值（阻值大小取决于负载大小）；开关处于断开位置（即开路）时，电阻应为无穷大。检验正常后，接通电源。合上开关 SA，荧光灯亮；切断开关 SA，荧光灯灭。

2. 排故测试

荧光灯照明线路的常见故障及检修方法见表 2-8-4。

表 2-8-4　荧光灯照明线路的常见故障及检修方法

故障现象	产生原因	检修方法
荧光灯不能发光	1. 灯座或启辉器底座接触不良	1. 转动灯管，使灯管四极和灯座接触，转动启辉器使启辉器两极与底座两铜片接触，找出原因并修复
	2. 灯管漏气或灯丝断	2. 用万用表检查或观察荧光粉是否变色，如确认灯管已坏，可换新灯管
	3. 镇流器线圈断路	3. 修理或调换镇流器
	4. 电源电压过低	4. 不必修理
	5. 新装荧光灯接线错误	5. 检查线路
荧光灯灯光抖动或两头发光	1. 接线错误或灯座灯脚松动	1. 检查线路或修理灯座
	2. 启辉器氖泡内动、静触片不能分开或电容器击穿	2. 将启辉器取下，用两把螺丝刀的金属头分别触及启辉器底座两块铜片，然后将两根金属杆相碰并立即分开，如灯管能跳亮，则说明启辉器坏了，应更换启辉器
	3. 镇流器配用规格不合格或接头松动	3. 调换镇流器或加固接头
	4. 灯管陈旧，灯丝上的电子发射将尽，放电作用降低	4. 调换灯管
	5. 电源电压过低或线路电压降得过大	5. 如有条件，升高电压或加粗导线
	6. 气温过低	6. 用热毛巾对灯管进行加热
灯管两端发黑或生黑斑	1. 灯管陈旧，寿命将终	1. 调换灯管
	2. 如果灯管是新的，可能因为启辉器损坏，使灯丝发射物质加速挥发	2. 调换启辉器
	3. 灯管内汞凝结	3. 灯管工作后即能蒸发或将灯管旋转 180°
	4. 电源电压太高或镇流器配用不当	4. 调整电源电压或调换镇流器
灯光闪烁或灯光在管内滚动	1. 新灯管暂时现象	1. 开关几次或对调灯管两端
	2. 灯管质量不好	2. 换一根灯管，试一试有无闪烁
	3. 镇流器配用规格不符或接线松动	3. 调换镇流器或加固接头
	4. 启辉器损坏或接触不好	4. 调换启辉器或加固启辉器

续表

故障现象	产生原因	检修方法
灯管光度降低或色彩转差	1. 灯管陈旧	1. 调换灯管
	2. 灯管上积垢太多	2. 清除灯管积垢
	3. 电源电压太低或线路电压降得太大	3. 调整电压或加粗导线
	4. 气温太低或有冷风直吹灯管	4. 加防护罩或避开冷风
灯管寿命短或发光后立即熄灭	1. 镇流器配用规格不当，或质量较差或镇流器内部线圈短路，致使灯管电压过高	1. 调换或修理镇流器
	2. 受到剧振，使灯丝振断	2. 调换安装位置或更换灯管
	3. 新装灯管因接线错误将灯管烧坏	3. 检修线路
镇流器有噪声或电磁声	1. 镇流器质量较差或其铁心的硅钢片未夹紧	1. 调换镇流器
	2. 镇流器过载或其内部短路	2. 调换镇流器
	3. 镇流器受热过度	3. 检查受热原因
	4. 电源电压过高引起镇流器发出声音	4. 如有条件设法降压
	5. 启辉器不好，开启有噪声	5. 调换启辉器
	6. 镇流器有微弱声，但影响不大	6. 可用橡胶垫衬垫，以减少振动

项目实训评价

荧光灯照明线路的安装与排故操作项目实训评价见表 2-8-5。

表 2-8-5　项目实训评价表

班级		姓名		学号		成绩	
项目	考核内容	配分	评分标准				得分
元件定位	元件定位尺寸	20 分	1. 元件定位尺寸 1~2 处不正确，扣 4 分 2. 元件定位尺寸 3~4 处不正确，扣 8 分 3. 元件定位尺寸多处不正确或不能定位，扣 20 分				
元件安装	元件安装牢固	20 分	1. 元件安装 1~2 处不牢固，扣 4 分 2. 元件安装 3~4 处不牢固，扣 8 分 3. 元件安装多处不牢固，扣 20 分				

续表

项目	考核内容	配分	评分标准	得分
线路布线	线路布线 平直、美观	20 分	1. 线路布线 1~2 处不美观,扣 4 分 2. 线路布线 3~4 处不美观,扣 8 分 3. 线路布线多处不美观,扣 20 分	
通电调试	通电调试, 完全正确	30 分	1. 调试未达到要求,能自行修改后结果基本正确,扣 6 分 2. 调试未达到要求,经提示 1 次后修改结果基本正确,扣 12 分 3. 通电调试失败或未能通电调试,扣 30 分	
安全操作, 无事故发生	安全文明, 符合操作规程	10 分	1. 操作过程中损坏元件 1~2 只,扣 2 分 2. 经提示后再次损坏元件,扣 4 分 3. 未经允许擅自通电,造成设备损坏,扣 10 分	
合计				
教师签名:				

知识链接一　电子镇流器

随着电子技术的发展,电子镇流器代替普通电感式镇流器和启辉器的节能型荧光灯已广泛使用,电子镇流器外形如图 2-8-9 所示,接线图如图 2-8-10 所示。

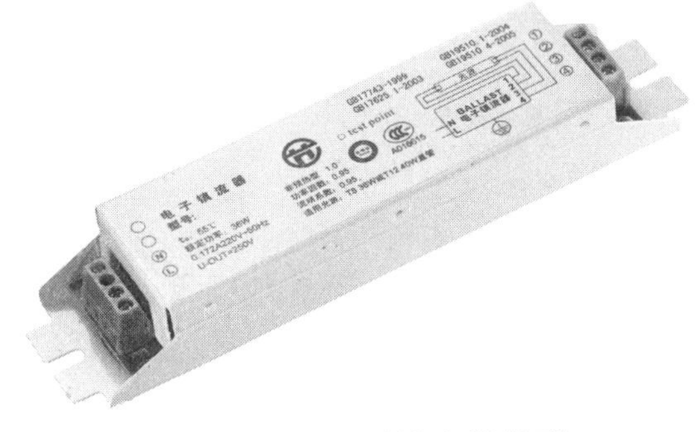

图 2-8-9　电子镇流器外形

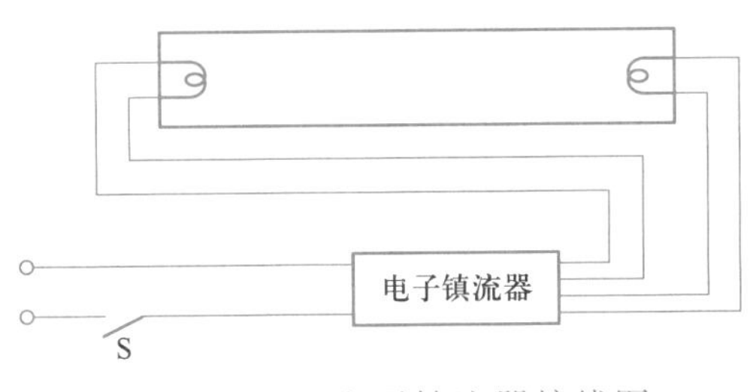

图 2-8-10　电子镇流器接线图

电子镇流器具有功率因数高、低压起动性能好、噪声小等优点,其电路图如图 2-8-11 所示。电子镇流器由四部分组成:

① 桥式整流电容滤波电路由 VD1~VD4 和 C_1 组成,把 220 V 单相交流电变为 300 V 左右

直流电。

② 触发电路由 R_1、C_2 和 VD5 组成。

③ 高频振荡电路由晶体管 VT1、VT2 和高频变压器等元件组成，其作用是在灯管两端产生高频正弦电压。

④ 串联谐振电路由 C_4、C_5、L 及荧光灯灯丝电阻组成，其作用是产生起动点亮灯管所需的高压。荧光灯起辉后灯管的内阻减小，串联谐振电路处于失谐状态，灯管两端的高起辉电压下降为正常工作电压，线圈 L 起稳定电流作用。

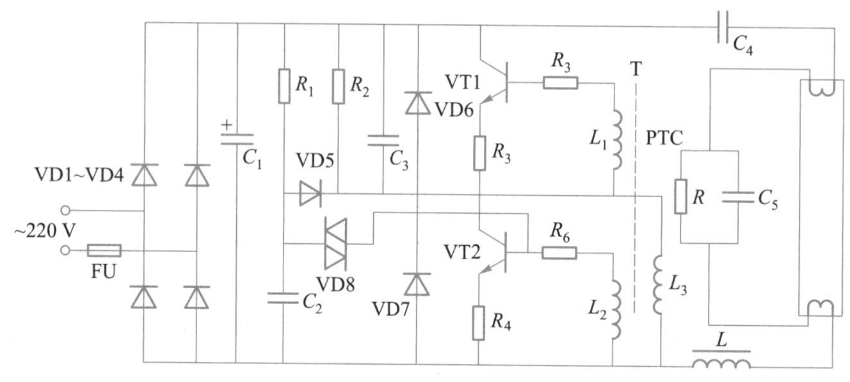

图 2-8-11 电子镇流器电路图

知识链接二 室内电气线路故障寻迹图

在室内电器使用过程中，难免发生各种故障，这时应仔细观察、认真分析，才能及时排除。图 2-8-12 所示为灯具线路故障寻迹图。图 2-8-13 所示为灯具故障寻迹图。

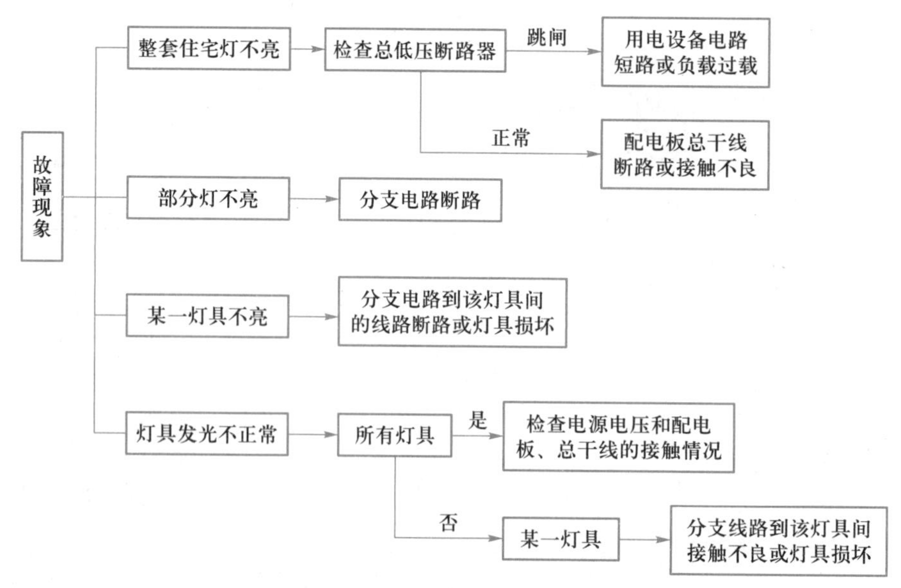

图 2-8-12 灯具线路故障寻迹图

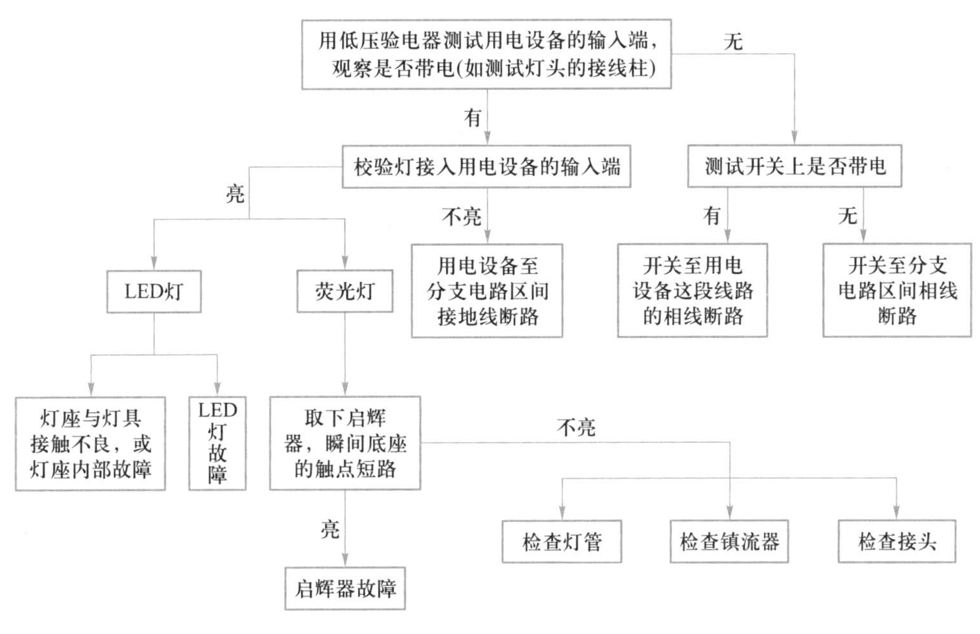

图 2-8-13　灯具故障寻迹图

知识链接三　基本照明控制线路的接线方法

在日常线路中，除了一只单联开关控制一盏灯线路外，还会经常遇到两只单联开关分别控制两盏灯线路、一只单联开关同时控制两盏灯线路、两只双联开关在不同地方控制一盏灯线路、一只电源插座与一盏灯的接线、电源插座与两盏及以上灯的接线等方法，下面分别介绍这些线路的接线方法。为了用电安全，一定要牢记相线(俗称火线)进开关、中性线(俗称零线)进灯头的法则。

1. 一只单联开关控制一盏灯线路接线方法

一只单联开关控制一盏灯线路接线方法见表 2-8-6。

2. 两只单联开关分别控制两盏灯线路接线方法

两只单联开关分别控制两盏灯线路接线方法见表 2-8-7。

表 2-8-6　一只单联开关控制一盏灯线路接线方法

接线步骤	示意图	接线说明
1 (灯头线的连接)	N　d1　d2　a1　a2　S　A	连接灯头线：把电源线的中性线 N 接到灯头 A 的接线柱 d2 上

续表

接线步骤	示意图	接线说明
2 （开关线的连接）	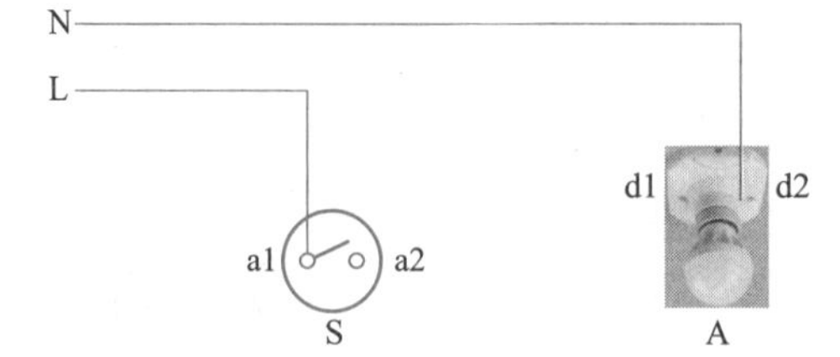 N L d1 d2 a1 a2 S A	连接开关线：把电源线的相线 L 接到开关 S 的接线柱 a1 上
3 （开关与灯头的连接）	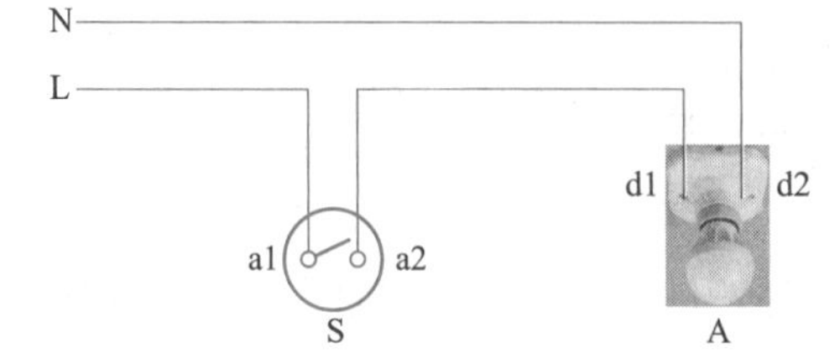 N L d1 d2 a1 a2 S A	连接开关与灯头：用导线连接灯头 A 的接线柱 d1 和开关 S 的接线柱 a2

注：表图中，L 表示相线，N 表示中性线；a1、a2 表示单联开关接线柱；d1、d2 为灯头 A 的接线柱。

表 2-8-7　两只单联开关分别控制两盏灯线路接线方法

接线步骤	示意图	接线说明
1 （灯头线的连接）	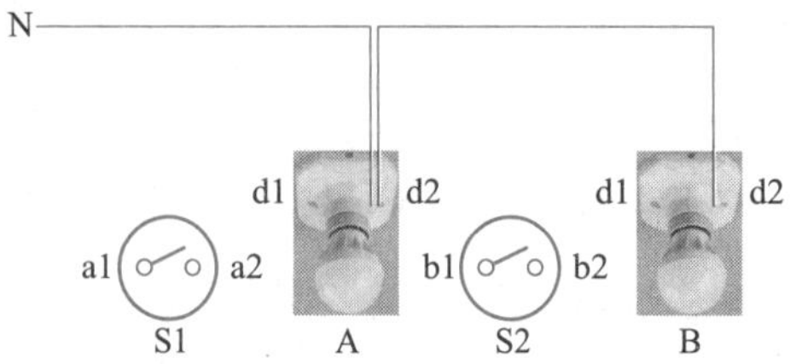 N d1 d2 d1 d2 a1 a2 b1 b2 S1 A S2 B	连接灯头线：先把中性线 N 从电源上引接到灯头 A 的接线柱 d2 上，然后用另一段导线也接在灯头 A 的 d2 上，接妥后，引接到灯头 B 的接线柱 d2 上旋紧，如左图所示。这就是电工师傅们习惯上说的“灯头线始终进灯头”
2 （开关线的连接）	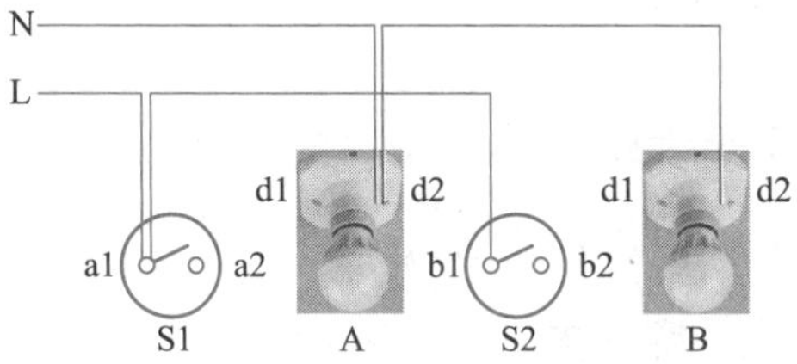 N L d1 d2 d1 d2 a1 a2 b1 b2 S1 A S2 B	连接开关线：把相线 L 自电源上引来接在开关 S1 的接线柱 a1 上，然后用另一段线也接在开关 S1 的 a1 上，接妥后，引到开关 S2 的接线柱 b1 上旋紧，如左图所示。这就是电工师傅们习惯说的“开关线始终进开关”
3 （开关与灯头的连接）	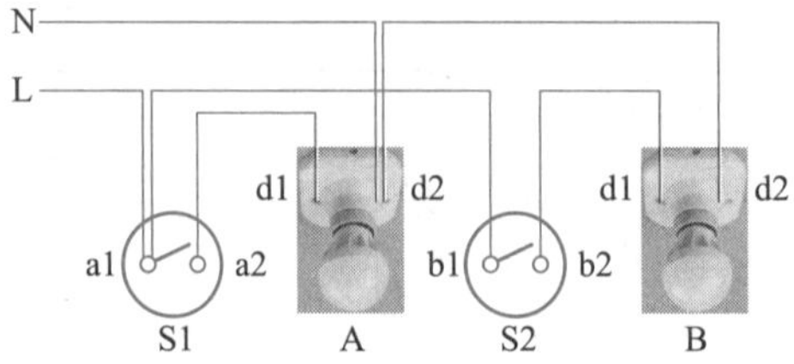 N L d1 d2 d1 d2 a1 a2 b1 b2 S1 A S2 B	连接开关与灯头：方法是先测量开关和灯头的距离，截取两段导线，然后把一段导线自开关 S1 的 a2 接线柱引到灯头 A 的 d1 接线柱上。另一段导线自开关 S2 的 b2 接线柱引到灯头 B 的接线柱上即可

注：表图中，L 表示相线，N 表示中性线；a1、a2 表示单联开关 S1 接线柱；b1、b2 表示单联开关 S2 接线柱；d1、d2 为灯头 A 的接线柱。

3. 一只单联开关同时控制两盏灯线路接线方法

一只单联开关同时控制两盏灯线路接线方法见表 2-8-8。

表 2-8-8　一只单联开关同时控制两盏灯线路接线方法

接线步骤	示意图	接线说明
1 （灯头线的连接）	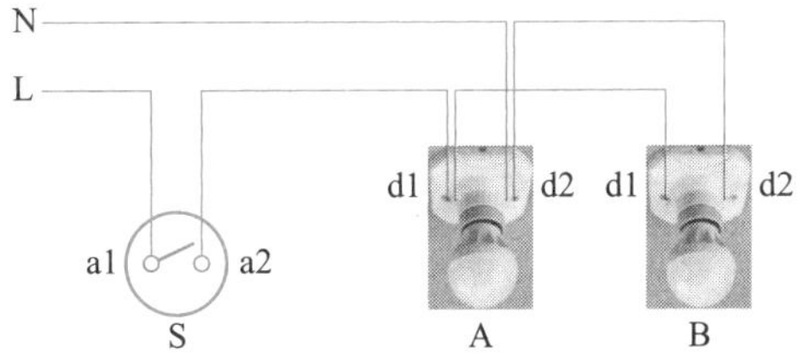 N L d1 d2 d1 d2 a1 a2 S A B	把电源的中性线 N 连接到 A 灯头的接线柱 d2 与 B 灯头的接线柱 d2 上
2 （开关线的连接）		把电源线的相线 L 接到开关 S 的接线柱 a1 上
3 （开关与开关的连接）		用导线从开关 S 的接线柱 a2 按灯头的顺序连接 A 灯头的接线柱 d1，再连接到 B 灯头的接线柱 d1 上

注：一只单联开关控制两盏以上灯线路的接线方法，也可照此法进行。

4. 两只双联开关在不同地方控制一盏灯线路接线接法

两只双联开关在不同地方控制一盏灯线路接线方法见表 2-8-9。

表 2-8-9　两只双联开关在不同地方控制一盏灯线路接线方法

接线步骤	示意图	接线说明
1 （灯头线的连接）	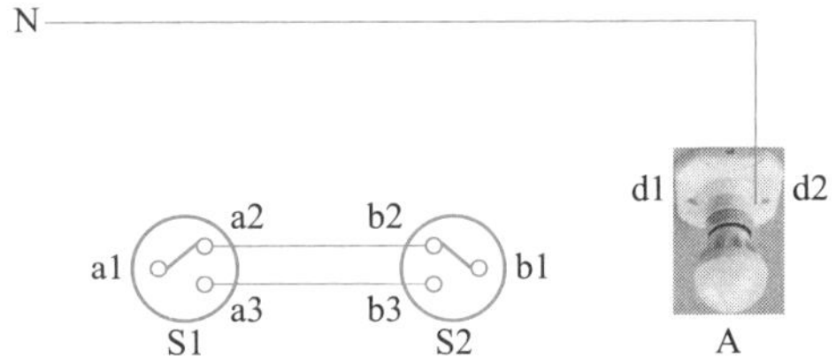 N d1 d2 a2 b2 a1 b1 a3 b3 S1 S2 A	把电源线的中性线 N 连接到 A 灯头的接线柱 d2 上
2 （开关线的连接）	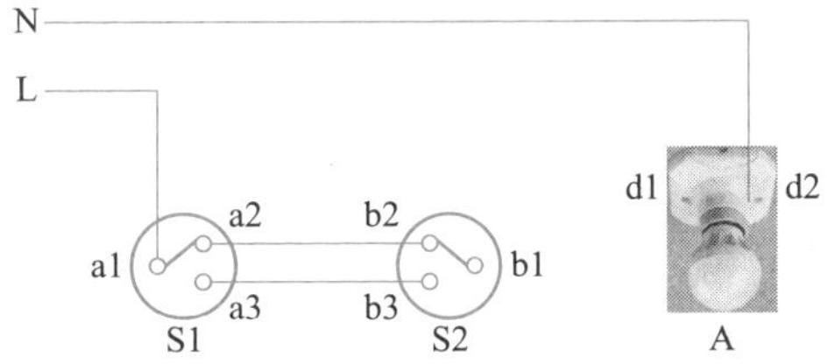 N L d1 d2 a2 b2 a1 b1 a3 b3 S1 S2 A	把电源线的相线 L 连接到开关 S1 的接线柱 a1 上，然后用导线分别将开关 S1 的接线柱 a2 与开关 S2 的接线柱 b2 连接，开关 S1 的接线柱 a3 与开关 S2 的接线柱 b3 连接
3 （开关与灯头的连接）	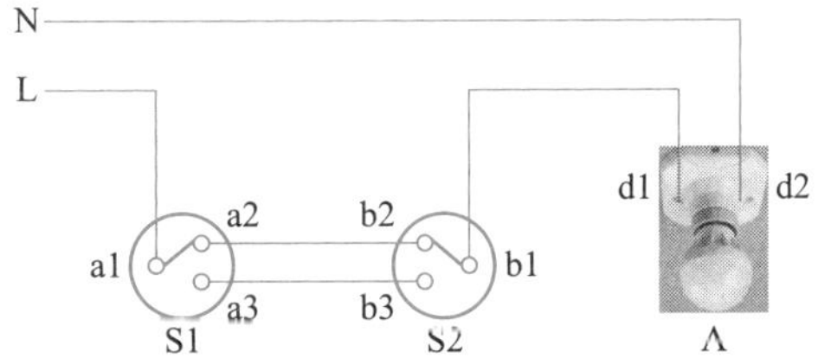 N L d1 d2 a2 b2 a1 b1 a3 b3 S1 S2 A	用导线将 A 灯头的接线柱 d1 与开关 S2 的接线柱 b1 连接上即可

注：表图中，L 表示相线，N 表示中性线；a1、a2、a3 表示双联开关 S1 接线柱，其中 a1 为动触点，a2、a3 为静触点；b1、b2、b3 表示双联开关 S2 接线柱，其中 b1 为动触点，b2、b3 为静触点；d1、d2 为灯头 A 的接线柱。

5. 一只电源插座与一盏灯线路接线方法

一只电源插座与一盏灯线路接线方法见表 2-8-10。

表 2-8-10　一只电源插座与一盏灯线路接线方法

接线步骤	示意图	接线说明
1	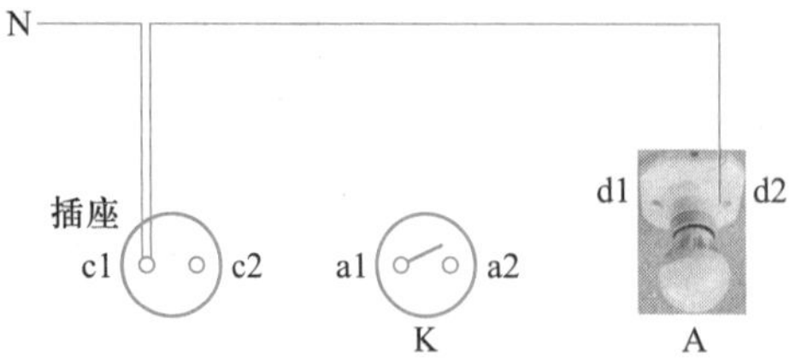 N 插座 c1 c2 a1 a2 K d1 d2 A	把电源的中性线接在 A 灯头的接线柱 d2 和插座接线柱 c1 上
2	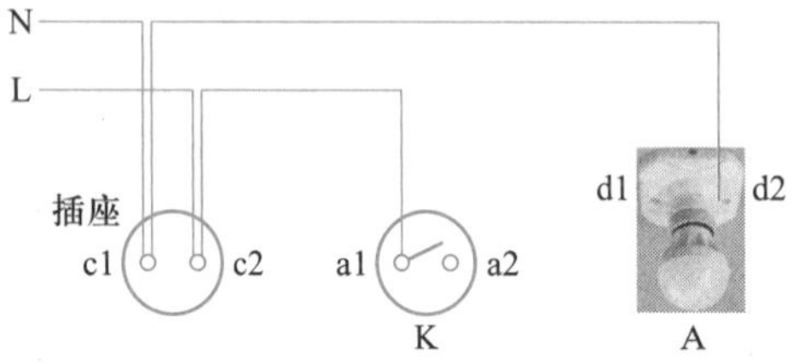 N L 插座 c1 c2 a1 a2 K d1 d2 A	把电源线的相线 L 连接到插座的接线柱 c2 和开关的接线柱 a1 上
3	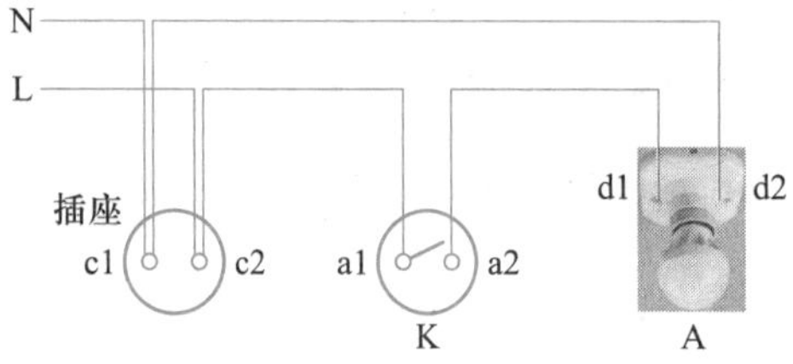 N L 插座 c1 c2 a1 a2 K d1 d2 A	连接开关接线柱 a2 与灯头接线柱 d1

注：表图中，L 表示相线，N 表示中性线；c1、c2 表示电源插座接线柱；a1、a2 表示单联开关接线柱；d1、d2 为灯头 A 的接线柱。

复习与思考题

1. 说一说荧光灯电路的组成与工作原理。
2. 镇流器与启辉器分别有什么作用？荧光灯启辉后能拿掉启辉器吗？
3. 荧光灯综合照明线路通电前应如何进行自检？常见故障有哪些？应如何排除故障？
4. 说出室内照明线路出现故障时的排除方法与步骤。

项目九

电能表及照明配电装置线路的安装

项目目标　学习本项目后，应能：

- 把电能表、低压断路器及漏电断路器正确接入照明配电线路中。
- 描述低压断路器与漏电断路器的作用、工作原理、技术参数及安装要点。
- 根据实际线路合理选择低压断路器与漏电断路器的型号与规格。
- 叙述配电板的安装及配线要求。
- 说明家庭配电器件与导线的估算和选用方法。

电能表又称电度表、瓦时计，俗称火表，是计量电功（电能）的仪表。最常用的是一种交流感应式电能表，可分为单相电能表和三相电能表。

配电装置是一种连接电源和用电设备的电气装置。它按用途可分为动力配电装置和照明配电装置两种。本实训项目通过对单相电能表和照明配电装置的安装，学习电能表及照明配电装置安装的相关知识和技能。

任务一　阅读分析电气原理图

图 2-9-1 所示为电能表及照明配电装置线路的配线图。

图 2-9-2 所示为电能表及照明配电装置线路的接线参考图。

该线路由熔断器、电能表、两极低压断路器、漏电断路器、单极断路器（分路开关）及若干连接导线组成。我们把它分成两部分：第一部分为电能表，即由熔断器、电能表组成；第二部分为照明配电装置，即由两极低压断路器、漏电断路器、若干单极低压断路器（分合开关）等组成。电源线通过熔断器接电能表的进线，电能表的出线接下一级两极低压断路器。

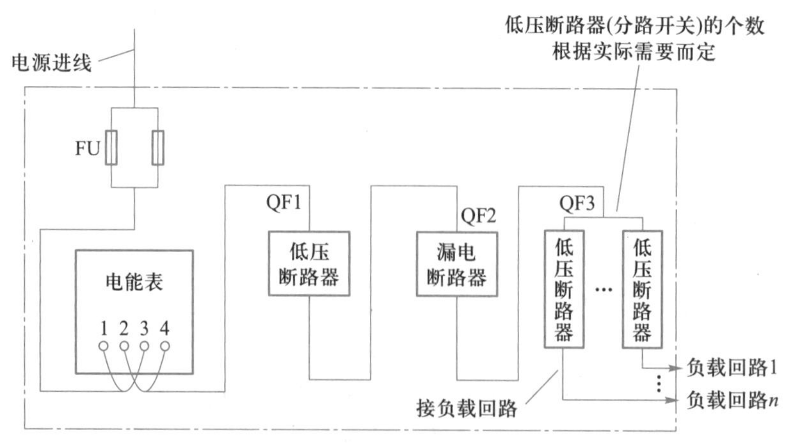

图 2-9-1　电能表及照明配电装置线路的配线图

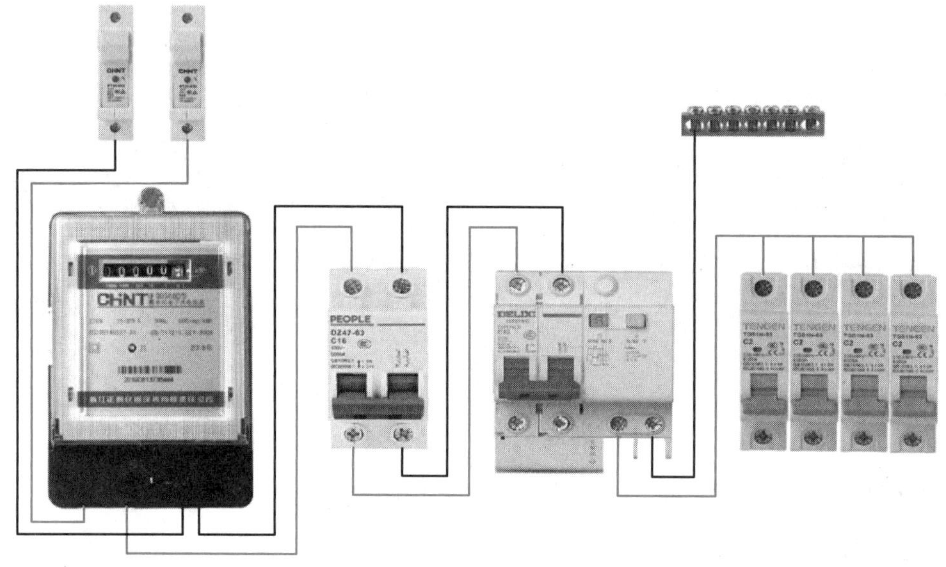
图 2-9-2　电能表及照明配电装置线路的接线参考图

负载回路的配置一般可分为三类:照明回路、插座回路和空调器回路。负载回路的配置个数可根据实际情况进行,一般二室一厅至少要配置 5~6 个回路,空调器回路无论安装一台空调器,还是安装多台空调器,都必须单独设置用电回路,导线截面积以 2.5 mm^2以上为宜;照明回路、厨房电源插座回路导线截面积为 1.5 mm^2;卫生间电源插座回路导线截面积以 1.5 mm^2以上为宜。

任务二　识别选用电气元件

电能表及照明配电装置线路所用电气元件并不多,在线路安装前读者可对所有电气元件逐一进行识别和选择。电能表及照明配电装置线路所用电气元件及电工工具、仪表见表 2-9-1。

表 2-9-1　电能表及照明配电装置线路所用电气元件及电工工具、仪表清单

名称	规格(型号)	数量
单相电源插头	32 A、250 V	1 个
熔断器/熔体(FU)	RT18-32(配 10 A 熔体)	2 只
单相电子式电能表	DDS777	1 只
两极低压断路器(QF1)	DZ47-63	1 只
两极漏电断路器(QF2)	DZ47sLE,2P,40 A	1 只
单极低压断路器(QF3)	DZ47-20	4 只
网孔板	600 mm×600 mm	1 块
塑铜硬线	红、绿,1.5 mm^2	若干
铜导轨		若干
接线端子排		1 条
自攻螺钉	ϕ4 mm×30 mm	若干
	ϕ4 mm×25 mm	若干
常用电工工具		1 套
万用表	数字万用表	1 只

低压断路器、塑铜硬线及单相电源插头等电气元件的识别与选用具体可参见前面相关项目内容。

本项目主要学习熔断器、电能表和漏电断路器(保护器)的识别与选用。

1. 熔断器

熔断器的功能是在电路短路和过载时起保护作用。当电路上出现过大电流或短路故障时,则熔体熔断,切断电路,避免发生事故。常用的熔断器有插入式熔断器、螺旋式熔断器、圆筒帽形熔断器等。家用配电板多用插入式和圆筒帽形小容量熔断器。熔断器由外壳和熔体两部分组成,其外形、结构及符号如图 2-9-3 所示。本项目采用 RT18-32 型圆筒帽形熔断器。

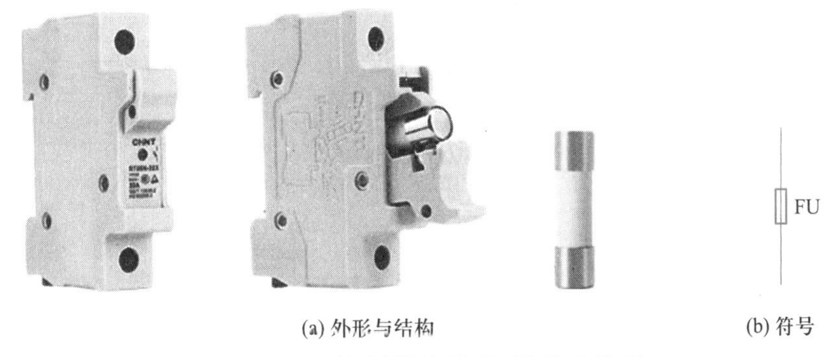

(a) 外形与结构　　(b) 符号

图 2-9-3　熔断器的外形、结构及符号

常见低压熔断器的主要技术参数见表 2-9-2。

表 2-9-2　常见低压熔断器的主要技术参数

类别	型号	额定电压/V	额定电流/A	额定熔断电流等级/A	极限分断能力/kA	功率因数
螺旋式熔断器	RL1	500	15	2、4、6、10、15		≥0.3
			60	20、25、30、35、40、50、60		
			100	60、80、100		
			200	100、125、150、200		
	RL2	500	25	2、4、6、10、15、20、25		
			60	25、35、50、60		
			100	80、100		
圆筒帽形熔断器	RT18	380	32	2、4、6、8、10、12、16、20、25、32	100	0.1～0.2
			63	2、4、6、8、10、16、20、25、32、40、50、63		

2. **电能表**

电能表俗称火表，有单相式电能表和三相式电能表。本实训项目使用电子式单相电能表，如图 2-9-4 所示。

(1) 电能表结构

电能表由驱动元件、转动元件、制动元件、计数机构、支座和接线盒等组成。单相电能表结构如图 2-9-5 所示。

图 2-9-4　电子式单相电能表

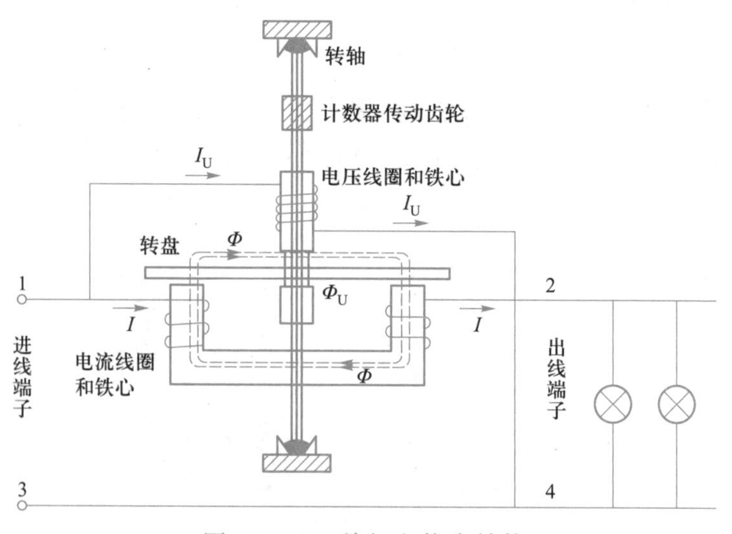

图 2-9-5　单相电能表结构

① 驱动元件。驱动元件包括两个电磁元件，即电流元件和电压元件。转盘下面是电流元件，由铁心及绕在上面的电流线圈组成。电流线圈匝数少、线径粗，与用电设备串联。转盘上

面是电压元件，由铁心及绕在上面的电压线圈组成。电压线圈匝数多、线径细，与照明线路的用电器并联。

② 转动元件。转动元件由铝制转盘及转轴组成。

③ 制动元件。制动元件是一块永久磁铁，在转盘转动时产生制动力矩，使转盘转动的转速与用电器的功率大小成正比。

④ 计数机构。计数机构由蜗轮蜗杆、齿轮机构组成。

⑤ 支座。支座用于支承驱动元件、制动元件和计数机构等部件。

⑥ 接线盒。接线盒用于连接电能表内外线路。

（2）电能表的接入方式

电能表分为单相电能表和三相电能表，都有两个回路，即电压回路和电流回路，其连接方式有直接接入方式和间接接入方式。

① 电能表的直接接入方式。在低压较小电流线路中，电能表可采用直接接入方式，即电能表直接接入线路，如图 2-9-6 所示。电能表的接线图一般粘贴在接线盒盒盖的背面。

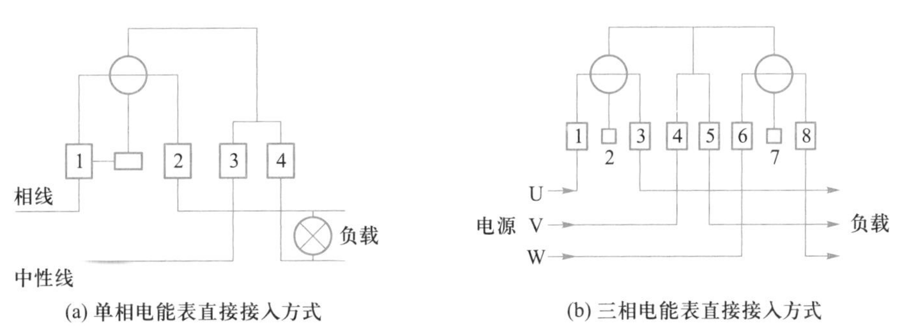

图 2-9-6　电能表的直接接入方式接线图

② 电能表的间接接入方式。在低压大电流线路中，若线路负载电路超过电能表的量程，必须经电流互感器将电流变小，即将电能表以间接接入方式接在线路上，如图 2-9-7 所示。在计算用电量时，只要把电能表上的耗电数值乘以电流互感器的倍数，就是实际耗电量。

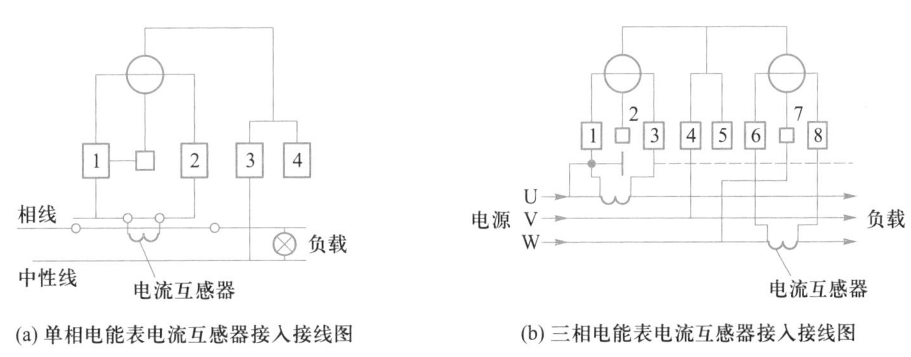

图 2-9-7　电能表的间接接入方式接线图

（3）电能表的选用

单相电能表的选用必须与用电器总功率相适应。在 220 V 电压的情况下，根据公式

$P=UI\cos\varphi$ 可以计算出不同规格电能表可装用电器的最大功率，见表 2-9-3。

表 2-9-3　不同规格电能表可装用电器的最大功率

电能表的规格/A	3	5	10	20	25	30
可装用电器的最大功率/W	660	1 100	2 200	4 400	5 500	6 600

由于用电器不一定同时使用，因此，在实际使用中，电能表应根据实际情况加以选择。

本项目选用 DDS777 型单相电子式电能表。

3. 漏电断路器

漏电断路器由低压断路器和漏电保护器组成，除具有低压断路器的控制作用外，还可对漏电进行有效保护，主要用于当发生人身触电或漏电时，迅速切断电源，保障人身安全，防止触电事故。

（1）漏电断路器的分类

① 按极数可分为单极、两极、三极和四极，其外形见表 2-9-4。

表 2-9-4　漏电断路器按极数分类

按极数分类	单极	两极	三极	四极
外形图				

② 按控制容量可分为小型漏电断路器、塑料外壳式漏电断路器，其外形、主要功能及适用场合见表 2-9-5。

表 2-9-5　漏电断路器按控制容量分类

类型	外形图	主要功能	适用场合
小型漏电断路器		过载保护、短路保护、人身间接接触保护	适用于交流 50 Hz 、单相 230 V 或三相 400 V 的线路中，当电路泄漏电流超过规定值时，漏电断路器能在 0.1 s 内自动切断电源，用于对人体间接接触保护和防止设备因泄漏电流造成的事故

续表

类型	外形图	主要功能	适用场合
塑料外壳式漏电断路器		过载保护、短路保护、欠电压保护、人身间接接触保护、接地故障保护	适用于交流 50 Hz 、额定电压 400 V 及以下、额定电流 630 A 及以下的电路中作不频繁转换之用。按其分断能力分为两种类型：M 型（较高分断型）、H 型（高分断型）

（2）漏电断路器的结构及工作原理

电磁式电流型漏电断路器由主开关、测试回路、电磁式漏电脱扣器和零序电流互感器组成，其工作原理如图 2-9-8 所示。

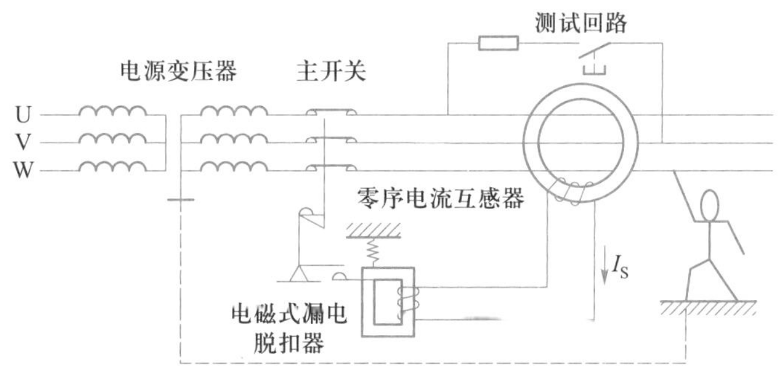

图 2-9-8　电磁式电流型漏电断路器工作原理

当正常工作时，不论三相负载是否平衡，通过零序电流互感器的主电路三相电流相量之和等于零，故其二次绕组中无感应电动势产生，漏电断路器工作于闭合状态。如果发生漏电或触电事故，三相电流之和不再等于零，而等于某一电流值 I_S。I_S会通过人体、大地、变压器中性点形成回路，这样零序电流互感器二次侧产生与 I_S对应的感应电动势加到电磁式漏电脱扣器上，当达到一定值时，电磁式漏电脱扣器动作，推动主开关的锁扣，分断主电路。

本项目选用 DZ47sLE 型小型漏电断路器。

任务三　元件定位与线路安装

1. 定位与画线

根据图 2-9-1 所示的配线图，确定电源进线、熔断器、电能表、两极低压断路器、漏电断路器及单极低压断路器等元件的位置，并用笔做好记号。

实训采用在网孔板上进行模拟安装，如图 2-9-9 所示。

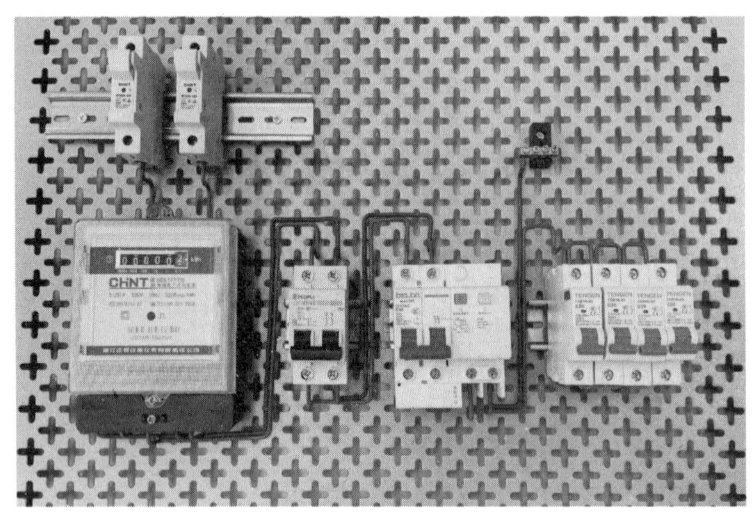

图 2-9-9　电能表及照明配电装置线路模拟安装

2. 典型电气元件的安装

本项目重点介绍电能表、漏电断路器及低压断路器的安装。

（1）电能表安装

单相电能表共有 4 个接线柱，从左到右编号为 1、2、3、4。接线方法一般是 1、3 接电路进线，2、4 接电路出线，如图 2-9-10 所示。

图 2-9-10　单相电能表接线与配电板安装

也有些单相电能表的接线方法是按 1、2 接电路进线，3、4 接电路出线，所以具体的接线方法应参照电能表上粘贴的接线图。

安装要求和注意事项：

① 电能表总线必须采用塑铜硬线，其最小截面积不得小于 1.5 mm^2，中间不准有接头，自总熔断器至电能表之间沿线敷设长度不宜超过 10 m。

② 电能表总线必须明线敷设，采用线管安装时，线管也必须明装，在进入电能表时，一般以“左进右出”的原则接线。

③ 电能表应按设计装配图规定的位置进行安装，不能安装在高温、潮湿、多尘及有腐蚀气体的地方。

④ 电能表应安装在不易受振动的墙上或开关板上，表的中心离地面 1.4~1.5 m 为宜。这样不仅安全，而且便于检查和“抄表”。

⑤ 电能表在使用时，电路不允许短路及过载（不超过额定电流的 125%）。

（2）低压断路器的安装

① 低压断路器应垂直安装。低压断路器底板应垂直于水平方向，固定后，低压断路器应安装平整。

② 板前接线的低压断路器允许安装在金属支架上或金属底板上，但板后接线的低压断路器必须安装在绝缘板上。

③ 电源进线应接在低压断路器的上母线上，而负载出线则应接在下母线上，如图 2-9-11 所示。

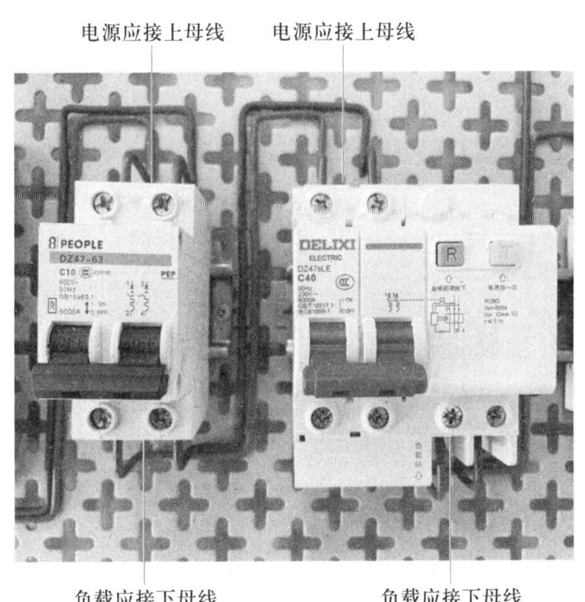

图 2-9-11　低压断路器安装接线

④ 当低压断路器用作电源总开关或电动机的控制开关时，在低压断路器的电源进线侧必须加装隔离开关、刀开关或熔断器，作为明显的断开点。

⑤ 为防止发生飞弧，安装时应考虑低压断路器的飞弧距离，并注意灭弧室上方接近飞弧距离处不跨接母线。

注：漏电断路器（保护器）的安装要点与低压断路器相同。

3. **其他电气元件的安装与布线**

熔断器的安装及布线可参考前面相关项目内容。为使实训方便，可把熔断器、电能表、漏电断路器及低压断路器固定在配电板上。实训所需的负载回路可安装于另一块网孔板上。电能表、配电装置及负载布线实物如图 2-9-12 所示。

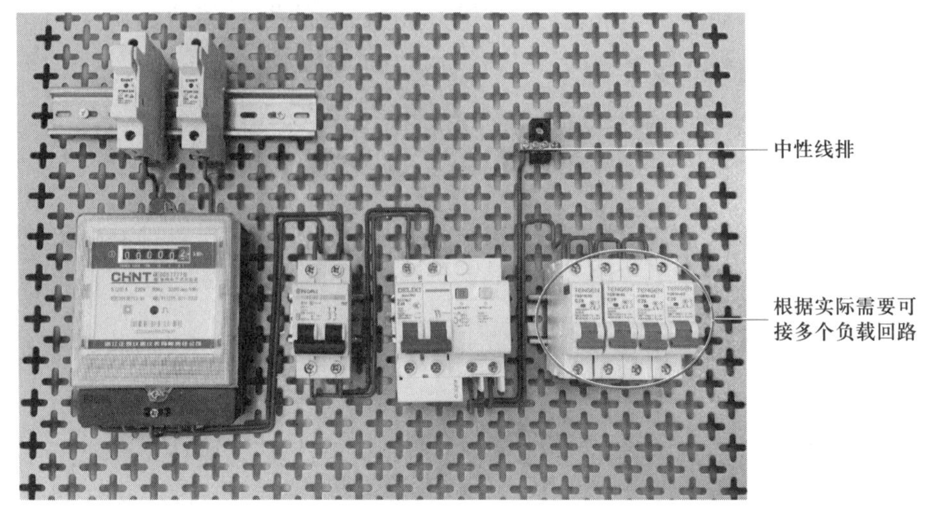

图 2-9-12　电能表、配电装置及负载布线实物

任务四　通电检验与排故测试

1. **通电检验**

① 通电前应检查线路有无短路或开路。检查方法同前面相关实训项目。

② 漏电断路器的通电试验。检查正常后，接通电源，按下漏电断路器的试验开关，若能正常跳闸，切断线路，说明正常。

③ 接 LED 灯负载回路进行试验。接通电源，可接上 LED 灯负载回路进行试验，同时观察电能表有无异样。

2. **排故测试**

常见故障及检修方法可参照前面相关项目内容。

项目实训评价

电能表及照明配电装置线路安装与排故操作项目实训评价见表 2-9-6。

表 2-9-6　项目实训评价表

班级		姓名		学号		成绩	
项目	考核内容	配分	评分标准				得分
元件定位	元件定位尺寸	20 分	1. 元件定位尺寸 1~2 处不正确,扣 4 分 2. 元件定位尺寸 3~4 处不正确,扣 8 分 3. 元件定位尺寸多处不正确或不能定位,扣 20 分				
元件安装	元件安装牢固	20 分	1. 元件安装 1~2 处不牢固,扣 4 分 2. 元件安装 3~4 处不牢固,扣 8 分 3. 元件安装多处不牢固,扣 20 分				
线路布线	线路布线 平直、美观	20 分	1. 线路布线 1~2 处不美观,扣 4 分 2. 线路布线 3~4 处不美观,扣 8 分 3. 线路布线多处不美观,扣 20 分				
通电调试	通电调试, 完全正确	30 分	1. 调试未达到要求,能自行修改后结果基本正确,扣 6 分 2. 调试未达到要求,经提示 1 次后修改结果基本正确,扣 12 分 3. 通电调试失败或未能通电调试,扣 30 分				
安全操作, 无事故发生	安全文明, 符合操作规程	10 分	1. 操作过程中损坏元件 1~2 只,扣 2 分 2. 经提示后再次损坏元件,扣 4 分 3. 未经允许擅自通电,造成设备损坏,扣 10 分				
合计							
教师签名:							

知识链接一　配电板的安装及配线要求

测量装置通常由进户总熔断器、电能表和电流互感器等部分组成;照明配电装置一般由控制开关、过载及短路保护电器等组成,容量较大的还装有隔离开关。

一般将熔断器装在进户线的墙上,而将电流互感器、电能表、控制开关、短路和过载保护电器均安装在同一块配电板上。

配电板的安装及配线要求:

① 控制箱内外所有电气设备和电气元件的编号,必须与电气原理图上的编号完全一致。

② 安装接线时为了防止差错,主、辅电路要分开先后接地,控制线路应一个小回路一个小回路地接线,安装好一部分,检测一部分,就可避免在接线中出现差错。

③ 接线时要注意,不可把主电路用线和辅电路用线搞错。

④ 为了使今后不会因一根导线损坏而全部更新导线,在导线穿管时,应多穿入 1~2 根备用线。

⑤ 配电板明配线时,要求线路整齐美观、导线去向清楚,便于查找故障。当板内空间较大时可采用塑料线槽配线方式。塑料线槽布置在配电板四周和电气元件上下。塑料线槽用螺钉固定在底板上。

⑥ 配电板暗配线时,在每一个电气元件的接线端处钻出比连接导线外径略大的孔,在孔中插进塑料套管即可穿线。

⑦ 连接线的两端根据电气原理图或接线图套上相应的线号。线号的制作方法有:用压印在异型塑料管上压制线号;在白色塑料套管上印制数字或字母;人工书写线号。

⑧ 根据接线端子的要求,将削去绝缘的导线线头按螺钉拧紧方向弯成圆环或直接接上,多股线压头处应镀上焊锡。

⑨ 同一接线端子上压两根以上不同截面积导线时,截面积大的放在下层,截面积小的放在上层。

⑩ 所有压接螺栓需配置镀锌的平垫圈、弹簧垫圈,并要牢固压紧,以防止松动。

⑪ 接线完毕,应根据原理图、接线图仔细检查各元件与接线端子之间及它们相互之间的接线是否正确。

知识链接二　电力线及其选用

电力线是供电系统中输送和分配电能的主要导线,需要消耗大量的有色金属,因此,选择时要保证供电系统安全、可靠运行,充分利用导线的载荷能力,节约有色金属,降低综合投资。

1. 电力线的结构

常用电力线有铜芯线和铝芯线。铜导线电阻率小,导电性能较好;铝导线电阻率比铜导线稍大些,但价格低,也广泛应用。

电力线有单股和多股两种:一般截面积在 6 mm^2 及以下的为单股线;截面积在 10 mm^2 及以上的为多股线。多股线是由几股或几十股线芯绞合在一起形成的,有 7 股、19 股、37 股等。

电力线又分为软线和硬线。

电力线还分裸导线和绝缘导线。常用绝缘导线在导线线芯外面包有绝缘材料,如橡胶、塑料、棉纱、玻璃丝等。

2. 电力线的系列及应用范围

电力线分为三个系列:B、R、Y。

(1) B 系列橡胶塑料绝缘导线(B 表示绝缘)

该系列导线结构简单、重量轻、价格较低，电气和力学性能好。它适用于各种动力、配电和照明电路以及大中型电气设备的安装。交流工作电压为 500 V，直流工作电压为 1 000 V。

（2）R 系列橡胶塑料软导线（R 表示软线）

该系列软导线的线芯是由多根细铜线绞合而成，它除具备 B 系列绝缘线的特点外，其线体比较柔软，有较好的移动使用性。该线广泛用于日用电器、仪表仪器的电源线，小型电气设备和仪器仪表内部安装线，以及照明线路中的灯头、灯管线。其交流工作电压同样为 500 V，直流工作电压为 1 000 V。

（3）Y 系列通用橡套电缆（Y 表示移动电缆）

它是以硫化橡胶作绝缘层，以非燃氯丁橡胶作护套，具有抗砸、抗拉和能承受较大机械应力的特点，同时还具有很好的移动使用性。适用于在一般场合下作各种电气设备、电动工具仪器和照明电器等移动式电源线。长期最高工作温度均为 65 ℃。

要准确选用导线，首先通过负载的大小，得出负载电流值；然后根据应用范围选出电力线的系列；最后由电力线的安全载流量表，获得电力线的规格。

3. 电力线的安全载流量

表 2-9-7 所示为塑料绝缘线安全载流量，表2-9-8所示为绝缘线安全载流量的温度校正系数，表 2-9-9 所示为橡胶绝缘线安全载流量，表 2-9-10 所示为护套线和软导线安全载流量，使用时查表即可。

表 2-9-7　塑料绝缘线安全载流量　　单位：A

导线截面积/mm²	线芯股数/单股直径/mm	明线安装		穿钢管（一管）安装						穿塑料管（一管）安装					
				双根		三根		四根		双根		三根		四根	
		铜	铝	铜	铝	铜	铝	铜	铝	铜	铝	铜	铝	铜	铝
1.0	1/1.13	17		12		11		10		10		10		9	
1.5	1/1.17	21	16	17	13	15	11	14	10	14	11	13	10	11	9
2.5	1/1.76	28	22	23	17	21	16	19	13	21	16	18	14	17	12
4.0	1/2.24	35	28	30	23	27	21	24	19	27	21	24	19	22	17
6.0	1/2.73	48	37	41	30	36	28	32	24	36	27	31	23	28	22
10.0	7/1.33	65	51	56	42	49	38	43	33	49	36	42	33	38	29
16.0	7/1.70	91	69	71	55	64	49	59	43	62	48	56	42	49	38
25.0	7/2.12	120	91	93	70	82	61	74	57	82	63	74	56	65	50
35.0	7/2.50	147	113	115	87	100	78	91	70	104	78	91	69	81	61
50.0	19/1.83	187	143	143	108	127	96	113	87	130	99	114	88	102	78
70.0	19/2.14	230	178	178	135	159	124	143	110	160	126	145	113	128	100
95.0	19/2.50	282	216	216	165	195	148	173	132	199	151	178	137	160	121

说明：表 2-9-7 中所列的安全载流量是根据线芯最高允许温度为 65 ℃，周围空气温度为 35 ℃而定的。在实际空气温度超过 35℃的地区（指当地最热月份的平均最高温度），导线的安全载流量应乘以表 2-9-8 中所列的校正系数。表 2-9-9、表 2-9-10也都应考虑校正系数。

表 2-9-8　绝缘线安全载流量的温度校正系数

环境最高平均温度/℃	35	40	45	50	55
校正系数	1.00	0.91	0.82	0.71	0.58

表 2-9-9　橡胶绝缘线安全载流量　　单位:A

导线截面积/mm²	线芯股数/单股直径/mm	明线安装		穿钢管(一管)安装						穿塑料管(一管)安装					
				双根		三根		四根		双根		三根		四根	
		铜	铝	铜	铝	铜	铝	铜	铝	铜	铝	铜	铝	铜	铝
1.0	1/1.13	18		13		12		10		11		10		10	
1.5	1/1.17	23	16	17	13	16	12	15	10	15	12	14	11	12	10
2.5	1/1.76	30	24	24	1	22	17	20	14	22	17	19	15	17	13
4.0	1/2.24	32	30	32	24	25	22	26	20	29	22	26	20	23	17
6.0	1/2.73	50	39	43	27	37	38	34	26	37	29	33	25	30	23
10.0	7/1.33	74	57	59	45	52	40	46	34	51	38	45	35	31	32
16.0	7/1.70	95	74	75	57	67	51	66	45	66	50	59	45	52	40
25.0	7/2.12	126	96	98	75	87	66	78	59	87	67	78	59	69	52
35.0	7/2.50	156	120	121	92	106	82	95	72	109	83	96	73	85	64
50.0	19/1.83	200	152	151	115	134	102	119	91	139	104	121	94	107	82
70.0	19/2.14	247	191	186	143	167	130	150	115	169	133	152	117	135	104
95.0	19/2.50	300	230	225	174	203	156	182	139	208	160	186	143	169	130
120.0	37/2.00	346	268	260	200	233	182	212	165	242	182	217	165	197	147
150.0	37/2.24	407	312	294	226	268	208	243	191	277	217	152	197	230	178

表 2-9-10　护套线和软导线安全载流量　　单位:A

导线截面积/mm²	护套线								软导线(芯线)		
	双极芯线				三根或四根芯线				单根	双根	双根
	塑料绝缘		橡胶绝缘		塑料绝缘		橡胶绝缘		塑料绝缘		橡胶绝缘
	铜	铝	铜	铝	铝	铜	铜	铝	铜	铝	铜
0.50	7		7		4		4		8	7	7
0.75									13	10	9
0.80	11		10		9		9		14	11	10
1.00	13		11		10		10		17	13	11
1.50	17	13	14	12	10	8	10	8	21	17	14
2.00	19		17		13		12	12	25	18	17
2.50	23	17	18	14	17	14	16	16	29	21	18
4.00	30	23	28	21	18	19	21				
6.00	37	29		8	28	22					

4. 电力线的选用

(1) 线芯材料的选用

作为线芯的金属材料,必须具备的特点是:电阻率较低;有足够的机械强度;在一般情况下有较好的耐腐蚀性;容易进行各种形式的机械加工;价格较便宜。铜和铝基本符合这些特点,因此,常用铜或铝作导线的线芯。当然,在某些特殊场合,需要用其他金属作为线芯材料。

(2) 导线截面积的选择

选择导线截面积时,一般考虑以下因素:长期工作允许电流和线路电压降。

① 根据长期工作允许电流选择导线截面积:由于导线存在电阻,当电流通过导线时电阻会发热,如果导线发热超过一定限度,其绝缘物会老化、损坏、甚至发生火灾。根据导线敷设方式不同、环境温度不同,导线允许的载流量也不同。通常把允许通过的最大电流值称为安全载流量。在选择导线时,可依据用电负荷,参照导线的规格及敷设方式来选择导线截面积。

② 根据线路电压降选择导线截面积:对于住宅用户,由变压器低压侧至线路末端,电压损失应小于 6%。对于电动机,在正常情况下,电动机端电压与其额定电压不得相差±5%。

按照以上条件选择导线截面积的结果,在同样的负载电流下可能得出不同的截面积数据。此时,应选择其中最大的截面积。确定导线截面积后,先要根据用途选定导线的系列和型号,再由负载的性质及大小来确定负载的电流值,最后选定导线的规格。

知识链接二　家庭配电线路及器材选用的估算

在对一套完整住宅配电线路进行安装的过程中,除了对线路的布局、用电设备的位置进行设计外,不可避免的是如何根据该家庭用电设备的功率、电压等级等选择电能表、导线、开关、熔断器、插座等的型号规格。特别是对于“清水房”(未经装修的成套住房),用户接到房屋的首要任务是装修,装修中电路的设计和安装则是住房装修工程中的重要内容之一。现代住房线路装修的要求是安全、耐用、美观。为了满足这些要求,在用电材料型号、规格等的选择上应满足下面三点要求:

① 电能表、供电线路、开关、熔断器、插座等的载流量必须满足用电设备的要求。导线的材质、截面积以及开关、熔断器、插座的导电部分能承受长时间通电运行,其发热后温度不超过允许值。

② 导线及器材的耐压等级应符合民用照明电压的要求,即它们的绝缘层在 220 V 照明电压下能长时间工作而不会被击穿。

③ 线路的机械强度应能满足室内布线的要求,即线路在施工及使用过程中不会被拉断、扭伤。

在室内布线线路中，导线和其他材料耐压等级不难解决，因目前市场上供应的产品耐压多在 500 V 以上，可直接选购。室内布线对导线机械强度要求较低，因现代家庭的线路安装多用管道在墙体、天棚或地秤下暗装，导线不会受到明显的机械应力，所以不用过多考虑。在家庭线路的安装中，必须认真、仔细地根据家庭用电设备功率测算导线及其他用电器材的载流量，从表2-9-11中查出其规格型号，方能在市场上选购。

1. 家庭配电主线路、电能表、熔断器容量的选择

统计出该家庭用电设备耗电的功率（功率数），按单相供电中每千瓦功率对应的电流为 4.5 A，从而计算出该家庭用电的总电流。在估算中应考虑现代家庭家用电器中电动机的使用情况。家用电器和灯具中，电热器具如电饭煲、电炒锅、电炉、LED 灯等功率因数可视为 1；而电冰箱、空调器、洗衣机、电风扇、吸尘器等的动力都用电动机，这些单相电动机以及荧光灯的功率因数在 0.8 左右，通常按 0.8 进行估算，其家庭总用电电流由如下两部分组成：

（1）非电感类设备（电热器具及 LED 灯）用电电流

$$\text{非电感类设备总功率(kW)}\times 4.5\ \text{A}$$

（2）电感类设备（电动器具与荧光灯）用电电流

$$\frac{\text{电感类设备总功率(kW)}}{0.8}\times 4.5\ \text{A}$$

以上两项的电流之和为该家庭用电电流总和，通过该数据查表选择导线规格。在市场上直接选购其载流量大于该数据的电能表、开关及熔断器等。

2. 家庭各支路导线、开关、熔断器和插座的选择

家庭支路是指从总开关出线后，分别送往客厅、餐厅、厨房、洗手间及各卧室的电路，其计算方法与上述主线路部分相同。但因这些地方常有较大功率用电器，如客厅、餐厅、卧室有空调器，厨房有电冰箱、电饭煲、电炒锅、抽油烟机（或排气扇）等，洗手间有浴霸，有的还有洗衣机，在这些房间供电线路、开关、熔断器、插座的选择上，除了按上述公式计算外，还应留有一定裕量。

［例］ 设某家庭用电设备功率统计如下：

① 客厅：照明灯功率为 80 W，柜式空调器功率为 3 P（3.0×0.736 kW），电视机功率为 150 W，音响功率为 300 W。

② 餐厅：照明灯功率为 35 W。

③ 两间卧室每间照明灯功率为 60 W，1.5 P（1.5×0.736 kW）壁挂式空调器 2 台，1 台电视机功率为 100 W。

④ 厨房内照明灯功率为 35 W，电烤箱功率为 1 000 W，电饭煲功率为 700 W，微波炉功率为 800 W。

⑤ 洗手间因照明灯用电太少，可忽略，浴霸功率为 1 000 W，洗衣机功率为 300 W。

表 2-9-11　500 V 铜芯绝缘导线长期连续负载允许通过的电流

材料	导线截面积/mm²	线芯结构			导线明敷设时允许负载电流/A				橡皮绝缘导线多根同穿在一根管内时允许负载电流/A												塑料绝缘导线多根同穿在一根管内时允许负载电流/A											
		股数	单芯直径/mm	成品外径/mm	25℃		30℃		25℃						30℃						25℃						30℃					
					橡皮	塑料	橡皮	塑料	穿金属管			穿塑料管			穿金属管			穿塑料管			穿金属管			穿塑料管			穿金属管			穿塑料管		
									双根	三根	四根	双根	三根	四根	双根	三根	四根	双根	三根	四根	双根	三根	四根	双根	三根	四根	双根	三根	四根	双根	三根	四根
铜芯	1.0	1	1.30	4.4	21	19	20	18	15	14	12	13	12	11	14	13	11	12	11	10	14	13	11	12	11	10	13	12	10	11	10	9
	1.5	1	1.37	4.6	27	24	25	22	20	18	17	17	16	14	19	17	16	16	16	13	19	17	16	16	15	13	18	16	15	15	14	12
	2.5	1	1.76	5.0	35	32	33	30	28	25	23	25	22	20	26	23	22	23	21	19	26	24	22	24	21	19	24	22	21	22	19	18
	4.0	1	2.24	5.5	45	42	42	39	37	33	30	33	30	26	35	31	28	31	28	24	35	31	28	31	28	25	33	29	26	29	26	23
	6.0	1	2.73	6.2	58	55	54	51	49	43	39	43	38	34	46	40	36	40	36	32	47	41	37	41	36	32	44	38	35	38	34	30
	10.0	7	1.33	7.8	85	75	80	70	68	60	53	59	52	46	64	56	50	55	49	43	65	57	50	56	49	44	61	53	47	52	46	41
	16.0	7	1.68	8.8	110	105	103	96	86	77	69	76	68	68	80	72	64	71	64	56	82	73	65	72	65	57	77	68	61	67	61	53
	25.0	19	1.28	10.6	145	138	136	129	113	100	90	100	90	80	106	94	84	94	84	75	107	95	85	95	85	75	100	89	80	89	80	70
铝芯	2.5	1	1.76	5.0	27	25	25	23	21	19	16	19	17	15	20	18	15	18	16	14	20	18	15	18	16	14	19	17	14	17	16	13
	4.0	1	2.24	5.5	35	32	33	30	28	25	23	25	23	20	26	23	22	23	22	19	27	24	22	24	22	19	25	22	21	22	21	20
	6.0	1	2.73	6.2	45	42	42	39	37	34	30	33	29	26	35	32	28	31	27	24	35	32	28	31	27	25	33	30	26	29	28	24
	10.0	7	1.33	7.8	65	59	61	55	52	46	40	44	40	35	49	43	37	41	38	33	49	44	38	42	38	33	46	41	36	39	38	34
	16.0	7	1.68	8.8	85	80	80	75	66	59	52	58	52	46	62	55	49	54	49	43	63	56	50	55	49	44	59	52	47	51	49	44
	25.0	7	2.11	10.6	110	105	103	98	86	76	68	77	68	60	80	71	64	72	64	56	80	70	65	73	65	57	75	65	61	68	61	57

试通过计算，确定该家庭主线路导线截面积，电能表、开关、熔断器等的规格，再计算各房间所用导线、开关、插座等的规格（照明灯按非电感类设备处理）。

解：本题有两种解题方式，第一种先求整套房屋用电设备总千瓦数，从而确定其进户主线路导线规格及电能表、开关、熔断器规格。再通过求各房间用电千瓦数计算其电流，确定各房间所用导线以及开关、熔断器、插座规格。第二种方式相反，即先计算各房间用电电流，再计算整套房屋的用电电流，从而确定其电气材料规格。最后计算电能表、主线路的导线、总开关、总熔断器规格。

下面以第一种方式为例进行计算：

（1）非电感类设备千瓦数（含电视机）

$$\text{客厅 } 530\ \text{W}+\text{餐厅 } 35\ \text{W}+\text{卧室 } 220\ \text{W}+\text{厨房 } 2\ 535\ \text{W}+\text{浴霸 } 1\ 000\ \text{W}=4\ 320\ \text{W}=4.32\ \text{kW}$$

$$\text{用电电流}: I_{\text{总}1}=4.32\times4.5\ \text{A}=19\ \text{A}$$

（2）电感类设备千瓦数

$$\text{客厅 } 3\times0.736\ \text{kW}+\text{卧室 } 2\times1.5\times0.736\ \text{kW}+\text{洗衣机 } 0.3\ \text{kW}=4.716\ \text{kW}$$

$$\text{用电电流}: I_{\text{总}2}=\frac{4.716\times4.5\ \text{A}}{0.8}\approx27\ \text{A}$$

$$\text{全套房屋总电流 } I_{\text{总}}=I_{\text{总}1}+I_{\text{总}2}=19\ \text{A}+27\ \text{A}=46\ \text{A}$$

导线的选择：按三根导线穿塑料管敷设，查表 2-9-13，可选择 10 mm^2 的塑料铜芯绝缘导线。

电能表、开关、熔断器均可选择额定电流为 60 A 挡级的相应器材。其余各房间所用电气材料的估算方法与此相同。

复习与思考题

1. 单相电能表应如何正确接入线路中？安装时要注意哪些事项？

2. 低压断路器和漏电断路器分别有什么作用？在线路中如何进行正确安装？它们有哪些主要技术参数？在实际使用中应如何进行合理选用？

3. 配电板的安装与布线有哪些要求？

4. 在家庭照明线路中应如何合理选择电力线？

5. 请说一说家庭配电线路与电气元件的估算方法。

第三单元

电动机的拆装、维护和运行

职业综合素养提升目标

认识三相异步电动机的结构、铭牌和接线方式。理解三相异步电动机和单相电容式异步电动机的工作原理。知道刀开关的技术参数、合理选用及安装的要点。会分析三相异步电动手动正转控制线路的工作原理。

学会三相异步电动机的拆装、维护和运行。会用兆欧表测量电动机的绝缘电阻;用钳形电流表测量电动机的空载电流。能判别三相异步电动机定子绕组的首尾端。

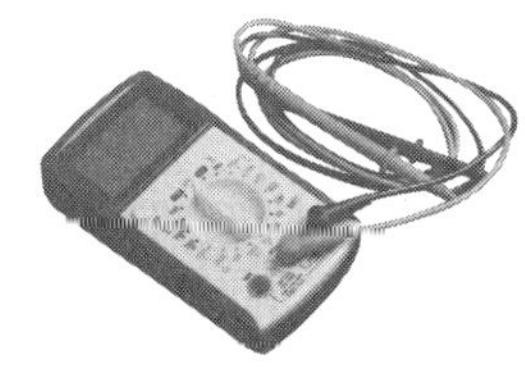

项目十

三相笼型异步电动机的认识

项目目标　学习本项目后,应能:

- 描述三相笼型异步电动机的工作原理、结构及各部分的作用。
- 解释电动机的铭牌。
- 根据要求对电动机定子绕组作星形联结和三角形联结。
- 用兆欧表测量电动机的绝缘电阻。

电动机是利用电磁感应原理,将电能转换为机械能并拖动生产机械工作的动力机。电动机按使用的电源相数不同分为三相电动机和单相电动机。在三相电动机中,笼型电动机结构简单、价格低廉、运行可靠,使用极为广泛。在笼型电动机中,中小型电动机占使用总量的70%以上,本项目将主要讨论中小型三相笼型异步电动机的结构、运行、拆装与维修。

本项目通过对三相笼型异步电动机的认识,了解和学习三相笼型异步电动机的结构、铭牌及接线等相关知识和技能。

任务一　了解电动机的结构

三相异步电动机与同步电动机及直流电动机的区别之一是它的转子绕组不需要与其他的电源相连接,定子电流直接取自交流电网。图 3-10-1 所示为一种常见的小型三相笼型异步电动机的外形及部件图。

三相笼型异步电动机主要由两个基本部分组成,固定不动的部分称为定子(定子铁心、定子绕组、机壳和端盖),转动部分称为转子(转子铁心、转子绕组和转轴)。定子和转子之间留有很小的空气间隙。

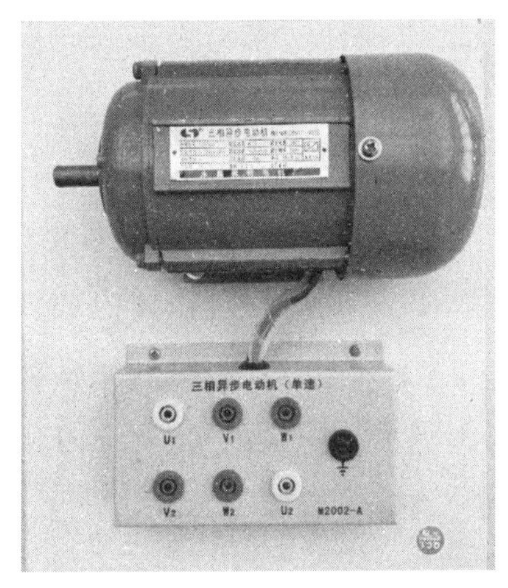

(a) 外形

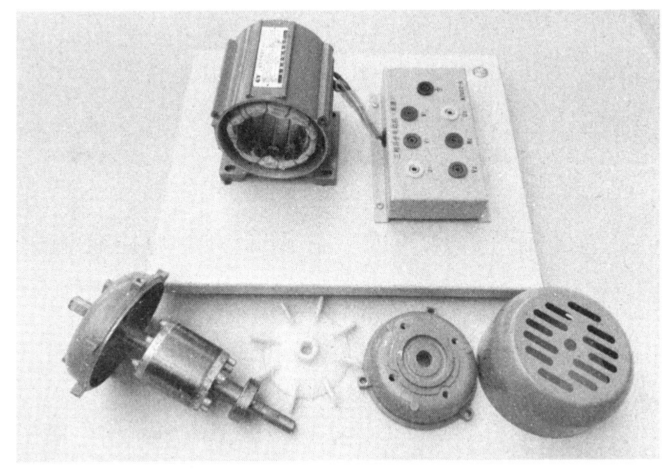

(b) 部件

图 3-10-1　常见的小型三相笼型异步电动机的外形及部件图

1. 定子

(1) 定子铁心

定子铁心由互相绝缘的0.35~0.5 mm厚的硅钢片叠压而成,为减小磁滞和涡流损耗,硅钢片表面有绝缘漆和氧化膜。硅钢片内圆冲有均匀分布的槽,以便在叠压成铁心后嵌放线圈,常见的有24槽、36槽,如图3-10-2所示。

(2) 定子绕组

定子绕组是电动机电路的组成部分。它是由若干线圈组成的三相绕组,在定子圆周上均匀分布,按一定的空间角度嵌放在定子铁心槽内。

定子中的三个(三相)绕组是对称的,三相绕组共有6个引出端,其中,三个首端分别用U1、V1、W1表示,三个末端分别用U2、V2、W2表示。通常将它们接在接线盒内,如图3-10-3所示。

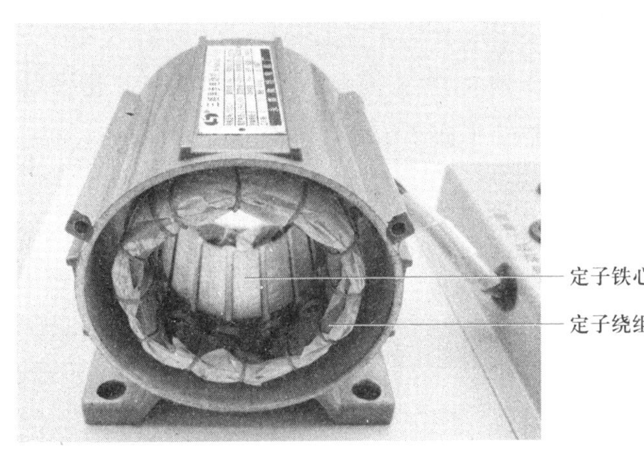

图 3-10-2　定子铁心与定子绕组

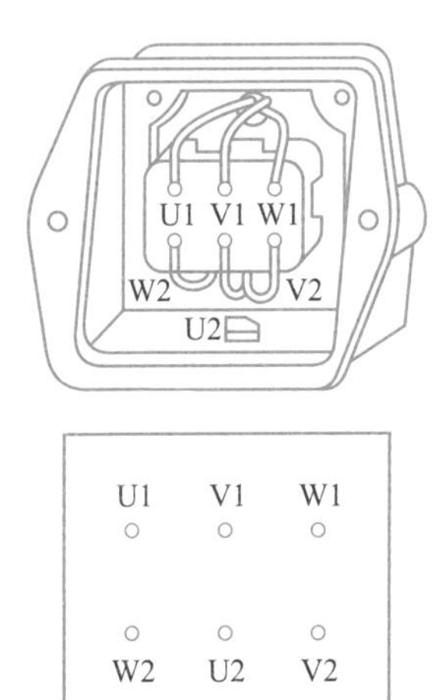

图 3-10-3　定子绕组接线盒

(3) 机壳和端盖

机壳和端盖一般由铸铁制成。机壳表面铸有凸筋,称为散热片,起发散热量、降低电动机温升的作用。端盖分前端盖和后端盖,安装在机壳的前后两端,以保证转子与定子之间有一定的空气间隙(称为气隙),如图 3-10-4 所示。

2. 转子

转子主要由转轴、铁心和绕组等组成。转子铁心是一个圆柱体,也是由互相绝缘的 0.35~0.5 mm 厚的硅钢片叠压而成。硅钢片的外圆冲有均匀分布的槽,叠成铁心后在槽内放转子绕组。为了节省铜材,现在中小型异步电动机一般采用铸铝的笼型转子,即把熔化的铝液浇铸在转子铁心的槽内,两个端环和风叶也一并铸成,如图 3-10-5 所示。采用铸铝转子简化了工艺,降低了成本。

3. 其他附件

电动机除定子、转子两个主体部分外,还有轴承、风扇、风罩和接线盒等部件。

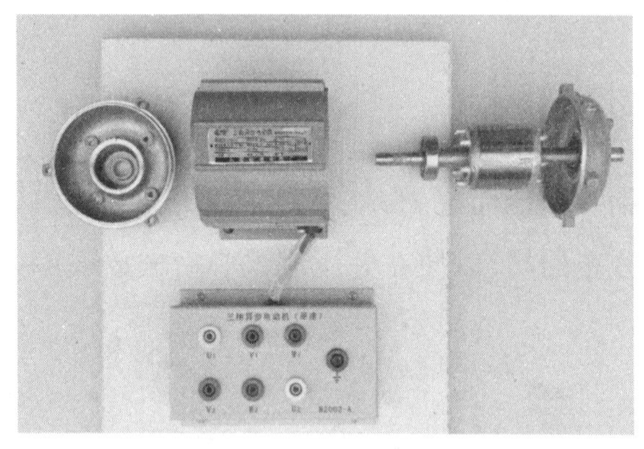

图 3-10-4　机壳和端盖

图 3-10-5　转子

任务二　阅读电动机的铭牌

新出厂的电动机一般在机座上装有铭牌,简要地标明了该电动机的类型、主要性能、技术指标和使用条件,为用户使用和维修这台电动机提供了重要依据,如图 3-10-6 所示。

三相异步电动机			
型号	Y112M-4	额定频率	50 Hz
额定功率	4 kW	绝缘等级	E 级
接法	Δ	温升	60℃
额定电压	380 V	定额	连续
额定电流	8.6 A	功率因数	0.85
额定转速	1440 r/min	质量	59 kg
××电机厂			

图 3-10-6　三相异步电动机的铭牌

1. 型号

型号表示电动机的品种、规格,由字母和数字组成,其含义如下:

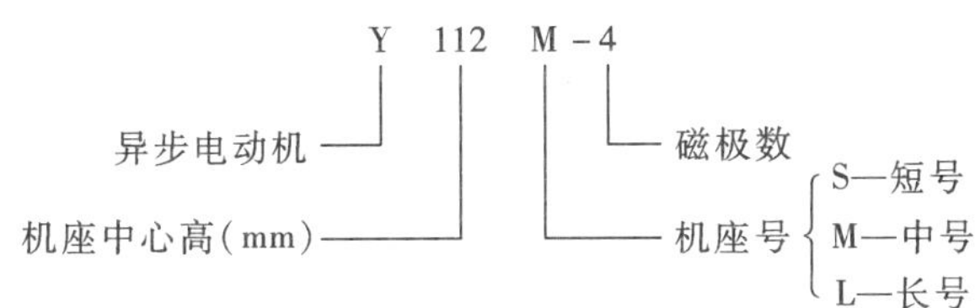

2. 额定功率

电动机按铭牌所给条件运行时,轴端所能输出的机械功率,单位为 kW(千瓦)。

3. 额定电压

电动机在额定运行状态下加在定子绕组上的线电压,单位为 V(伏)。

4. 额定电流

电动机在额定电压和额定频率下运行,输出功率达额定值时,电网注入定子绕组的线电流,单位为 A(安)。

5. 额定频率

额定频率是指电动机所用电源的频率。铭牌注明 50 Hz,表明该电动机只能在 50 Hz 电源上使用。

6. 额定转速

额定转速是指电动机转了输出额定功率时的转速。通常额定转速比同步转速(旋转磁场转速)低 2%~6%,即转差率为 0.02~0.06。

7. 绕组的接法

绕组的接法是指电动机三相绕组六个线端的连接方法,星形(Y 形)联结和三角形(Δ 形)联结两种。

8. 定额

电动机定额分连续、短时和断续三种。连续是指电动机连续不断地输出额定功率而温升不超过铭牌允许值。短时表示电动机不能连续使用,只能在规定的较短时间内输出额定功率。断续表示电动机只能短时输出额定功率,但可多次断续重复起动和运行。

9. 温升

电动机运行中,部分电能转换成热能,使电动机温度升高,经过一定时间,电能转换的热能与机身散发的热能平衡,机身温度达到稳定。在稳定状态下,电动机温度与环境温度之差,称为电动机温升。而环境温度规定为 40 ℃。如果温升为 60 ℃,表明电动机温度不能超过 100 ℃。

10. 绝缘等级

绝缘等级是指电动机绕组所用绝缘材料按它的允许耐热程度规定的等级,这些级别为:A

级,105 ℃;E 级,120 ℃;B 级,130 ℃;F 级,155 ℃;H 级,180 ℃。

11. 功率因数

功率因数是指电动机从电网所吸收的有功功率与视在功率的比值。视在功率一定时,功率因数越高,有功功率越大,电动机对电能的利用率也越高。

任务三　熟悉电动机的接线端子

三相异步电动机的定子绕组引出线端一般接在接线盒的接线端子上。三相异步电动机的定子绕组有六个接线端,有星形(Y 形)和三角形(Δ 形)两种连接方法。

将三相绕组首端 U1、V1、W1 接电源,末端 U2、V2、W2 连接在一起,称为星形(Y 形)联结如图 3-10-7(a)所示。若将 U1 接 W2、V1 接 U2、W1 接 V2,再将这三个交点接在三相电源上,称为三角形(Δ 形)联结,如图 3-10-7(b)所示。

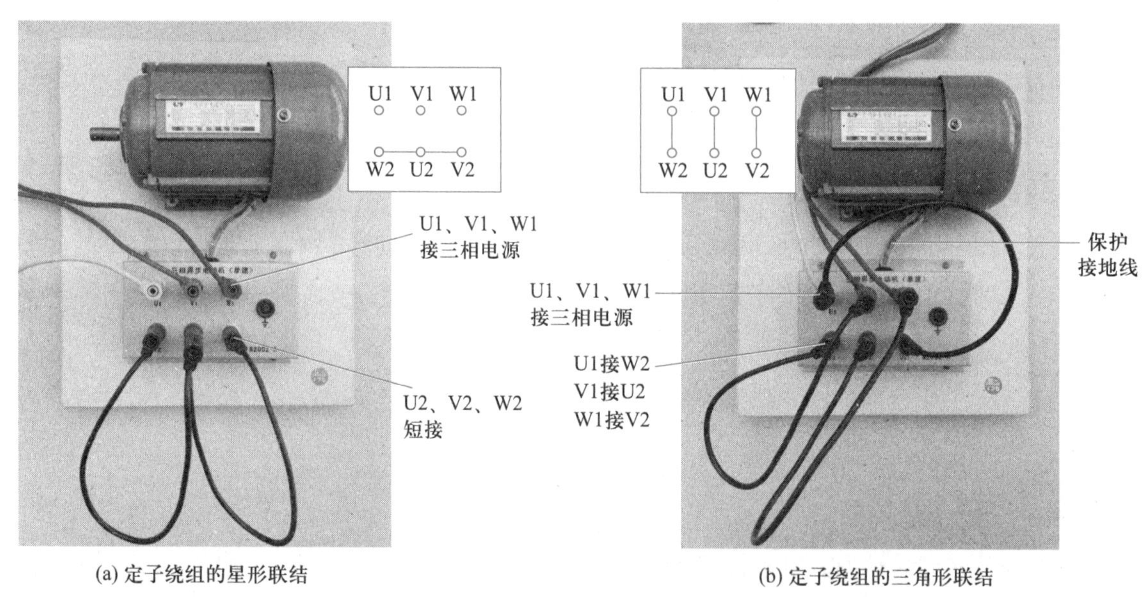

(a) 定子绕组的星形联结　　(b) 定子绕组的三角形联结

图 3-10-7　三相定子绕组联结方式

定子绕组的连接方法应与电源电压相对应,如电动机铭牌上标注 220 V/380 V-Δ/Y 字样,其含义是:当电源线电压为 220 V 时定子绕组为三角形联结,当电源线电压为 380 V 时定子绕组为星形联结。接线时不能弄错,否则会损坏电动机。

另外,三相异步电动机运行时,必须进行保护接地。

任务四 测量电动机绝缘电阻

电动机绕组的绝缘电阻(即三相绕组每相对地绝缘电阻和相间绝缘电阻)是电动机正常运行前必须检测的一个重要参数,正常情况下,其阻值不得小于 0.5 MΩ。检测电动机的绝缘电阻一般用兆欧表。

1. 兆欧表外形

兆欧表又称摇表。它的用途很广泛,不但可以测量高阻值电阻,而且还可以用来测量电气设备和电气线路的绝缘程度。兆欧表主要由三部分组成:手摇直流发电机(有的用交流发电机加整流器)、磁电式流比计及接线柱(L、E、G),其外形如图 3-10-8 所示。

2. 兆欧表使用前的准备

(1) 放置要求

兆欧表应放置在平稳的地方,以免在摇动手柄时,因表身抖动和倾斜产生测量误差。兆欧表有三个接线端子(线路“L”端子、接地“E”端子、屏蔽“G”端子),这三个接线端按照测量对象不同来选用。

(2) 开路试验

先将兆欧表的两接线端分开,再摇动手柄。正常时,兆欧表指针应指向“∞”,如图 3-10-9 所示。

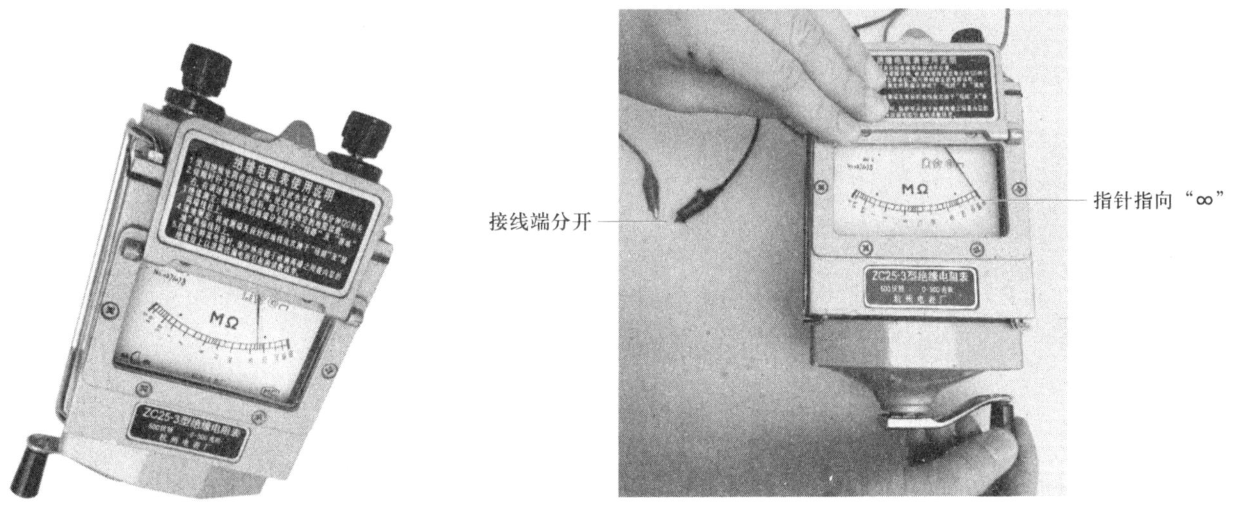

图 3-10-8 兆欧表外形

图 3-10-9 开路试验

(3) 短路试验

先将兆欧表的两接线端接触,再摇动手柄。正常时,兆欧表指针应指向“0”,如图 3-10-10 所示。注意在摇动手柄时不得让 L 和 E 短接时间过长,否则将损坏兆欧表。

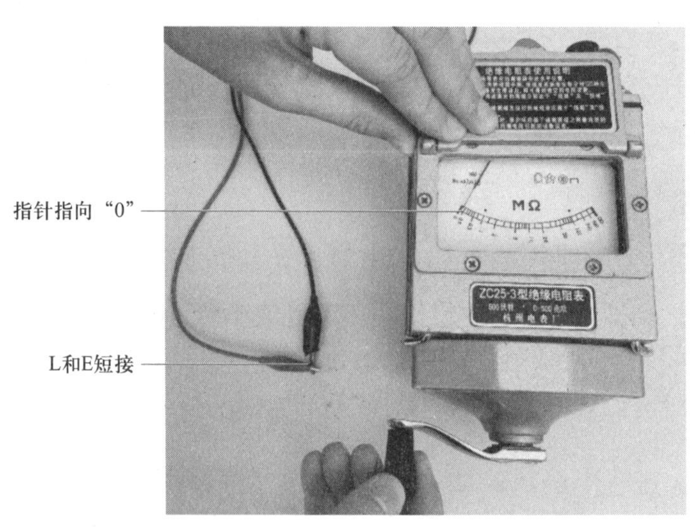

图 3-10-10 短路试验

3. **兆欧表测绝缘电阻**

(1)测量每相对地绝缘电阻

用单股导线将“L”端和设备(如电动机)的待测部位连接,“E”端接设备外壳,摇动手柄的转速要均匀,一般规定为 120 r/min,允许有±20%的变化,如图 3-10-11 所示。

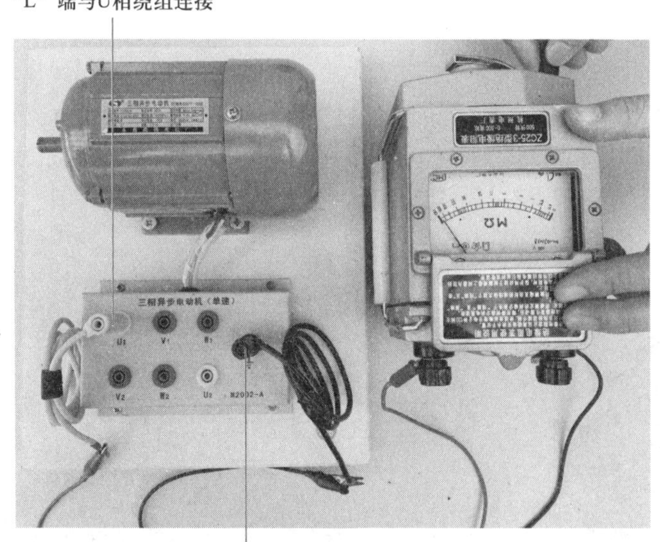

图 3-10-11 测量绕组对地绝缘电阻

(2)测量相间绝缘电阻

用单股导线将“L”端和“E”端分别接在电动机两绕组的接线端,摇动手柄的转速要均匀,一般规定为 120 r/min,允许有±20%的变化,如图 3-10-12 所示。

对额定电压在 380 V 及以下的电动机,用 500 V 以上的兆欧表检查三相定子绕组对地绝缘电阻和相间绝缘电阻,其电阻值热态时不应小于 0.5 MΩ。如果绝缘电阻值偏低,应进行烘

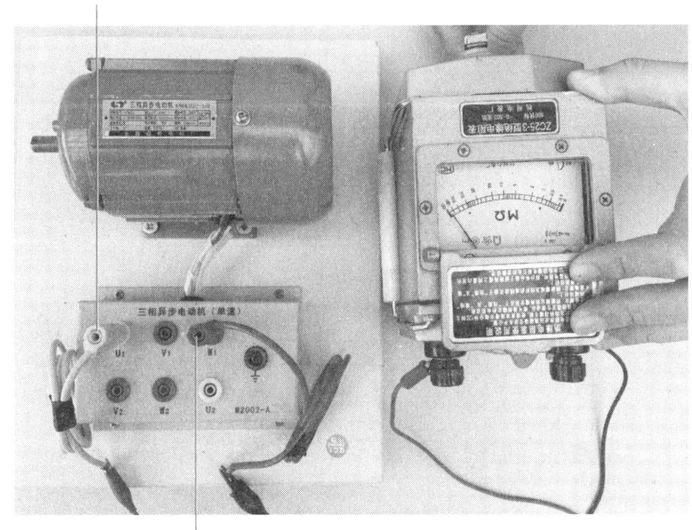

图 3-10-12　测绕组间绝缘电阻

烤后再测。

4. **兆欧表使用后注意事项**

兆欧表使用后，将"L""E"两端短接，对兆欧表进行放电，以免发生触电事故，如图 3-10-13 所示。

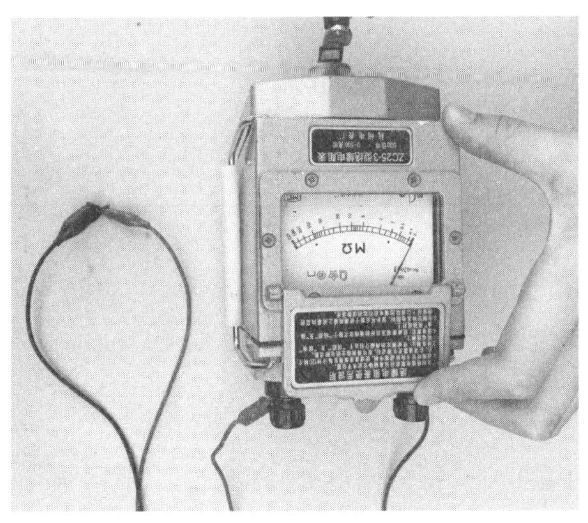
图 3-10-13　兆欧表使用后放电

项目实训评价

电动机接线及绝缘电阻的测量项目实训评价见表 3-10-1。

表 3-10-1　项目实训评价表

班级		姓名		学号		成绩	
项目	考核内容	配分	评分标准				得分
星形联结	连接正确	20 分	1. 绕组连接不正确,扣 20 分 2. 绕组连接质量不符合要求,扣 1~10 分				
三角形联结	连接正确	20 分	1. 绕组连接不正确,扣 20 分 2. 绕组连接质量不符合要求,扣 1~10 分				
兆欧表开路与短路试验	操作方法正确	20 分	1. 开路试验操作不正确,扣 1~10 分 2. 短路试验操作不正确,扣 1~10 分				
对地绝缘电阻	测量方法正确	15 分	1. 对地绝缘电阻测量方法不正确,扣 15 分 2. 对地绝缘电阻测量方法不符合要求,扣 1~10 分				
相间绝缘电阻	测量方法正确	15 分	1. 绕组间绝缘电阻测量方法不正确,扣 15 分 2. 绕组间绝缘电阻测量方法不符合要求,扣 1~10 分				
安全操作无事故发生	安全文明,符合操作规程	10 分	1. 操作过程中损坏仪表,扣 10 分 2. 操作过程中损坏电动机,扣 1~10 分 3. 未按规范进行操作,扣 1~10 分				
合计							
教师签名:							

知识链接一　三相异步电动机的工作原理

当在电动机定子绕组内通入三相交流电时,即产生一个同步转速(旋转磁场转速)为 n_0 的旋转磁场,在 t_0 瞬时其磁场分布如图 3-10-14 所示。当磁场以 n_0 速度顺时针方向旋转时,由于转子导体与旋转磁场间存在着相对运动,转子导体切割旋转磁场,从而产生感应电动势。其方向可用右手定则判定。在应用右手定则时注意,右手定则指的磁场是静止的,导体切割磁感线的运动,而异步电动机却相反,因此要把磁场看作不动,导体以逆时针方向(即反向运动)切割磁感线。这样,用右手定则可判断转子导

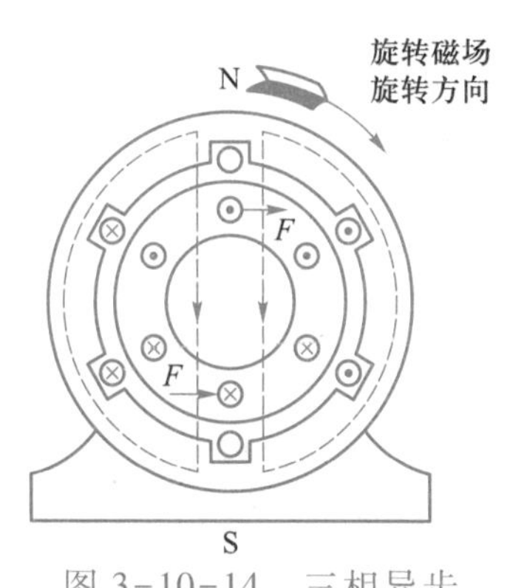

图 3-10-14　三相异步电动机的工作原理

体上半部分的感应电动势方向是由里向外的，导体下半部分的感应电动势方向是由外向里的。由于转子导体是被短路环短路的，在感应电动势的作用下，转子导体内将产生与感应电动势方向基本一致的感应电流（由于转子导体中有感抗，故两者将相差一个 φ 角）。这些载有电流的导体在旋转磁场中又会受到作用力，其方向可用左手定则来判定。这些作用于转子导体上的电磁力，在转子的轴上形成转矩，称为电磁转矩，其作用方向与旋转磁场方向一致。因此，转子就顺着旋转磁场的方向转动起来。

转子的速度 n 永远小于旋转磁场的转速 n_0，若 $n=n_0$，转子导体也就不切割磁感线，因此，就不产生感应电动势、感应电流和电磁转矩。可见，转子总是紧跟着旋转磁场以小于同步转速 n_0 的转速旋转，所以这类交流电动机称为异步电动机。因为这种电动机的转子电流是由电磁感应产生的，所以又称感应电动机。

通常把同步转速 n_0 与转子转速 n 之差与同步转速 n_0 之比值，称为异步电动机的转差率，其表达式为

$$s=\frac{n_0-n}{n_0}$$

转差率 s 是异步电动机的一个重要参数，当转子刚起动时，$n=0$，此时转差率 $s=1$。理想空载下 $n\approx n_0$。因此，转差率的变化范围为 0~1。转子转速越高，转差率就越小。异步电动机在正常使用时其转差率为 0.02~0.08。

知识链接二　三相异步电动机的选择

在选用三相异步电动机时，应根据电源电压、使用条件、拖动对象、安装位置、安装环境等，并结合工矿企业的具体情况选择。

1. 防护形式的选用

电动机带动的机械多种多样，其安装场所的条件也各不相同，因此对电动机防护形式的要求也有所区别。

（1）开启式电动机

开启式电动机的机壳有通风孔，内部空气同外界相流通。与封闭式电动机相比，其冷却效果良好，电动机形状较小。因此，在周围环境允许条件下应尽量采用开启式电动机。

（2）封闭式电动机

封闭式电动机有封闭的机壳，电动机内部空气与外界不流通。与开启式电动机相比，其冷却效果差，电动机外形较大且价格高。但是封闭式电动机适用性较强，具有一定的防爆、防腐蚀和防尘等作用，被广泛应用于工农业生产。

2. 功率的选择

各种机械设备对电动机的功率要求不同，如果电动机功率过小，有可能带不动负载，即使能起动，也会因电流超过额定值而使电动机过热，影响其使用寿命甚至烧毁电动机。如果电动机的功率过大，就不能充分发挥作用，电动机的效率和功率因数都会降低，从而造成电力和资金的浪费。根据经验，一般应使电动机的额定功率比其带动机械的功率大 10%左右，以补偿传动过程中的机械损耗，防止意外的过载情况发生。

3. 转速的选择

三相异步电动机的同步转速:2 极为 3 000 r/min,4 极为 1 500 r/min,6 极为 1 000 r/min 等，电动机(转子)的转速比同步转速要低 2%~5%，一般 2 极为 2 900 r/min 左右,4 极为 1 450 r/min 左右,6 极为 960 r/min 左右等。在功率相同的条件下，电动机转速越低，体积越大，价格也越高，而且功率因数和效率较低。因此，选用 2 900 r/min 左右的电动机较好，但由于其转速高，起动转矩小，起动电流大，电动机的轴承也容易磨损。因此，在工农业生产中选用 1 450 r/min 左右的电动机较多，其转速较高，适用性强，功率因数与效率也较高。

4. 其他要求

除了防护形式、功率和转速外，有时还有其他一些要求，例如，电动机轴头的直径和长度、电动机安装位置等。

知识链接三　三相异步电动机的安装

1. 安装地点的选择

电动机的安装正确与否，不仅关系到电动机能否正常工作，而且关系到安全运行问题。因此应安装在干燥、通风、灰尘较少和不致遭受水淹的地方，其安装场地的周围应留有一定的空间，以便于电动机的运行、维护、检修、拆卸和运输。对于安装在室外的三相异步电动机，要采取防止雨淋日晒的措施，以便于电动机的正常运行和安全工作。

2. 安装基础确定

电动机的安装基础有永久性、流动性和临时性等形式。

(1) 永久性基础

永久性的电动机基础一般在生产、修配、产品加工或电力排灌站等处电动机机组上采用。这种基础可用混凝土、砖、石条或石板等做成。基础的面积应根据机组底座确定，每边一般比机组大 100~150 mm；基础顶部高出地面 100~150 mm；基础的重量大于机组的重量，一般不小于机组重量的 1.5~2.5 倍。

(2) 流动性和临时性基础

临时的抗旱排涝或建筑工地等流动性或临时性机组,宜采用这种简单的基础,可以把机组固定在坚固的木架上。木架一般用 100 mm×100 mm×2 000 mm 的方木制成。为了可靠起见,可把方木底部埋在地下,并打木桩固定。

(3) 电动机机组的校正方法

校正电动机机组时,可用水平仪对电动机作横向和纵向两个方向的校正,包括基础的校正和传动装置的校正。

① 校正基础水平。电动机安装基础不平时,应用薄铁皮把机组底座垫平,然后拧紧底脚螺母。图 3-10-15 所示为用水平仪对电动机基础的水平校正。

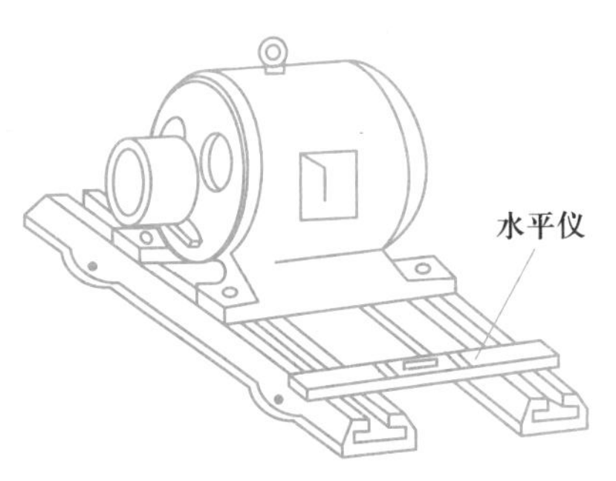

图 3-10-15　用水平仪对电动机基础的水平校正

② 校正传动装置。对于带传动,必须使两带轮的轴互相平行,并且使两带轮在宽度方向上的中心线在同一直线上。当两带轮宽度一样时,可通过测带轮的侧面校正轴的平行,校正方法如图 3-10-16(a)所示,拉直一根细绳,可以看出两个带轮的端面必定在同一平面上,这根细绳应同时碰到两个带轮侧面的 1、2、3、4 各点;如果两个带轮的宽度不同,应按照如图 3-10-16(b)所示,先准确画出两个带轮的中心线,然后拉直一根细绳,一端对准与 1—2 那条中心线平行的两个轴,细绳的另一端就和 3—4 那条中心线重合,如果不重合,说明两轴不平行,应以大轮为准,调整小轮,直到重合为止。

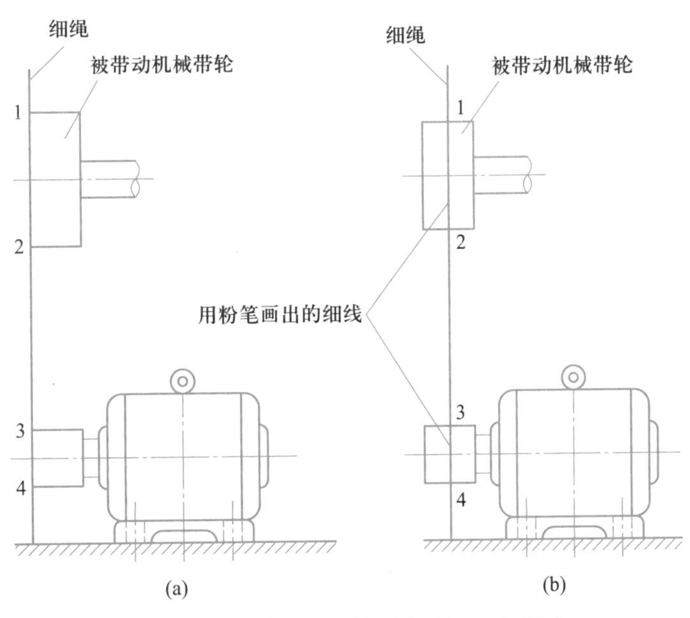

图 3-10-16　带轮轴平行校正示意图

对交叉带传动,也可以参照上述方法进行校正。

技能训练

1. 技能训练要求

① 根据要求,熟练完成三相异步电动机定子绕组的星形和三角形联结。

② 正确进行兆欧表的开路与短路试验。

③ 会正确使用兆欧表测电动机的绝缘电阻。

2. 技能训练步骤

① 按要求把三相异步电动机定子绕组作星形联结。

② 按要求把三相异步电动机定子绕组作三角形联结。

③ 兆欧表的开路与短路试验。

④ 用兆欧表测电动机绕组对地的绝缘电阻。

⑤ 用兆欧表测电动机绕组间的绝缘电阻。

复习与思考题

1. 三相笼型异步电动机主要由哪些部件组成?各部分有什么作用?
2. 什么是星形联结和三角形联结?
3. 三相异步电动机的铭牌包含哪些内容?分别有什么含义?
4. 三相异步电动机的工作原理怎样?什么是转差率?
5. 写出兆欧表开路与短路试验的方法与步骤。如何用兆欧表测量电动机的绝缘电阻?

项目十一

三相笼型异步电动机的运行

项目目标　学习本项目后，应能：

- 描述刀开关的作用、技术参数及安装要点。
- 根据实际线路合理选择刀开关的型号与规格。
- 叙述三相异步电动机手动正转控制线路的工作原理。
- 用钳形电流表测量电动机的空载电流。
- 根据原理图画出相应的线路接线与布置图。

对于三相笼型异步电动机的运行(起动和停止)，将通过低压开关来进行控制。合上开关，接通电源，电动机就起动运行；断开开关，切断电源，电动机就断电停转。工厂中常用来控制三相电风扇和砂轮机等设备。

本项目通过对三相笼型异步电动机刀开关正转控制线路的装接，学习和掌握三相笼型异步电动机运行(手动正转控制线路)的相关知识和技能。

任务一　阅读电气原理图

图 3-11-1 所示为三相笼型异步电动机手动正转控制线路的四种电气原理图。

线路的工作原理如下：

起动：合上低压开关 QS 或 QF，电动机 M 接通电源起动运转。

停止：拉开低压开关 QS 或 QF，电动机 M 脱离电源断电停转。

其中，图(a)用开启式负荷开关控制；图(b)用封闭式负荷开关控制；图(c)用组合开关控制；图(d)用低压断路器控制。本项目以开启式负荷开关控制为例来进行线路的装接。

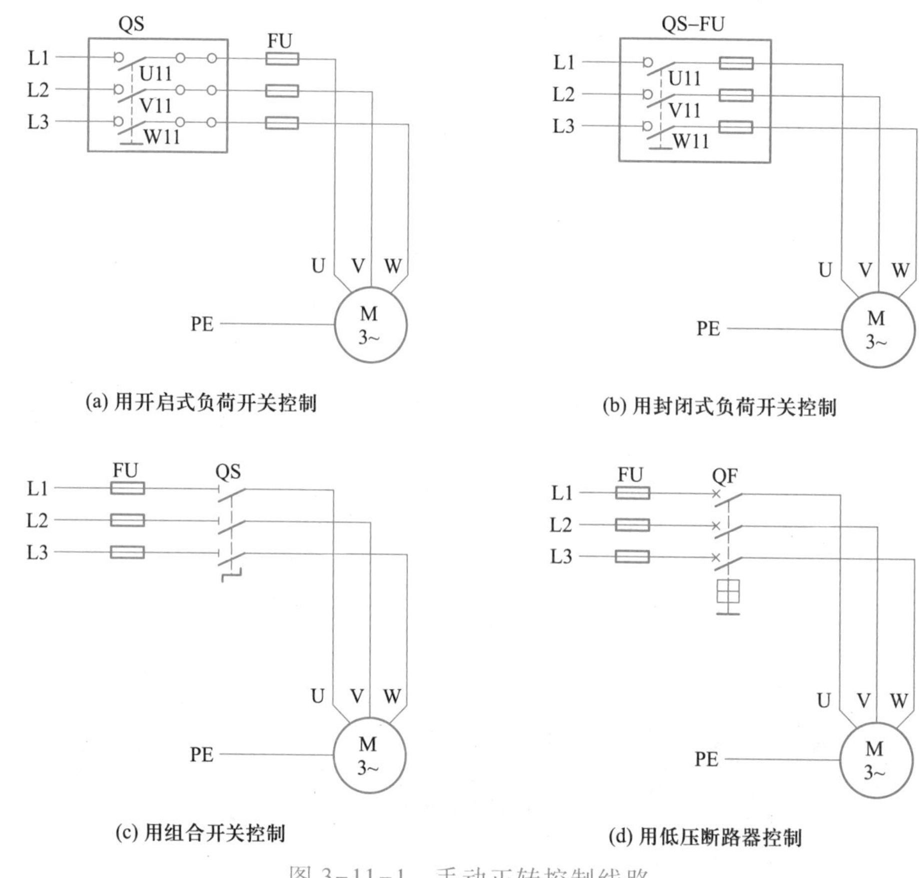

图 3-11-1 手动正转控制线路

任务二 识别与检测电气元件

三相笼型异步电动机手动正转控制线路所用电气元件及电工工具、仪表见表 3-11-1。

表 3-11-1 三相笼型异步电动机手动正转控制线路所用电气元件及电工工具、仪表清单

名称	规格(型号)	数量
三相异步电动机(M)	YS5024,60 W、380 V	1 台
熔断器(FU)	RT28N-32X(配 10 A 熔体)	3 只
开启式负荷开关(QS)	HK8B-15/3,380 V,15 A	1 只
接线端子排(XT)	TD-1525	1 条
网孔板	600 mm×600 mm	一块
软、硬塑铜线	1 mm^2,颜色自定	若干
接地线	RV,0.75 mm^2,软线(黄绿双色)	若干
三相四线电源插头	~3×380 V/220 V、20 A	1 根

续表

名称	规格(型号)	数量
常用电工工具		1套
万用表	数字万用表	1台
兆欧表	型号可自定	1台
钳形电流表	MG28	1台

三相异步电动机、插入式熔断器、兆欧表等电气元件与仪表的识别和选用具体可参见前面相关项目内容。

本项目主要学习识别与选用的电气元件与仪表为三相四线电源插头、开启式负荷开关、接线端子排及钳形电流表等。

1. 三相四线电源插头

三相笼型异步电动机正常运行时需接三相对称电源,同时其外壳必须可靠接地,因此,三相异步电动机正常运行时必须接三相对称电源。实训中使用的三相四线电源插头如图3-11-2所示。

2. 接线端子排

接线端子排是为了方便导线的连接而应用的一种电气配件产品,它其实就是一段封在绝缘塑料里面的金属片,两端都有孔可以插入导线,有螺钉用于紧固或者松开,如对于需要随时连接和断开的两根导线,可以用端子把它们连接起来。在电力行业就有专门的接线端子排,适应大量的导线互连。

本项目中使用的接线端子排如图3-11-3所示。

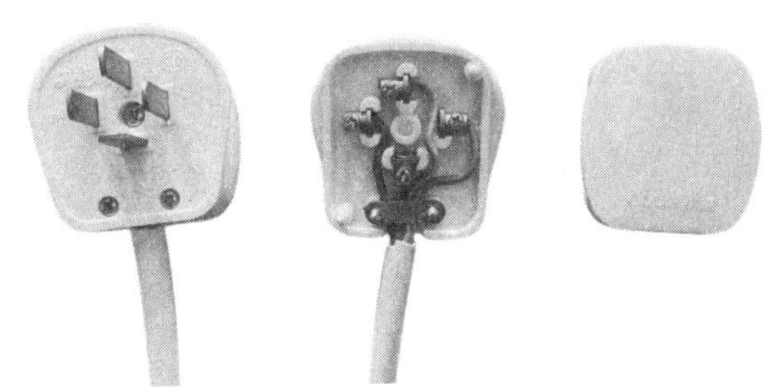

图3-11-2 三相四线电源插头

图3-11-3 接线端子排

3. 开启式负荷开关

开启式负荷开关又称为刀开关或闸刀开关(以下简称刀开关),主要用来接通和分断电路,起控制、转换、保护和隔离作用,一般用于接通和断开动力电源。刀开关是应用最广泛的开关电器之一,分双极和三极两种。按手柄投掷方式,可分为单掷和双掷。其外形与结构如图3-11-4(a)所示,符号如图3-11-4(b)所示。

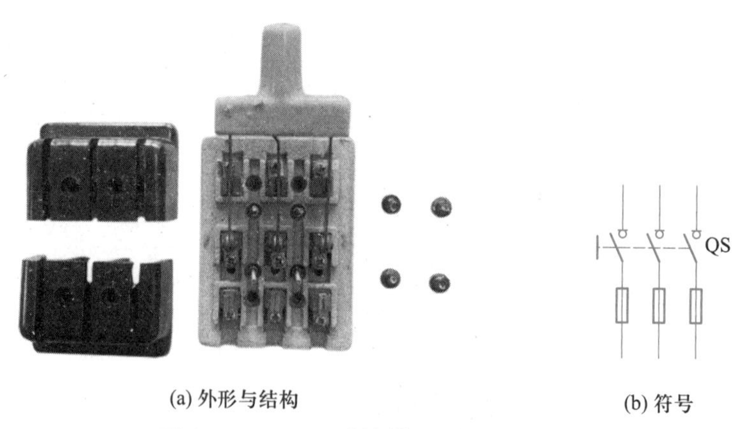

图 3-11-4　刀开关外形、结构与符号

（1）刀开关的主要技术数据

① 额定电压：刀开关长期正常工作能承受的最大电压。

② 额定电流：刀开关在合闸位置允许长期通过的最大工作电流。

③ 分断能力：刀开关在额定电压下能可靠分断的最大电流。

④ 电动稳定性电流：刀开关短路时产生电动力的作用不会使其变形、损坏或触刀自动弹出的最大电流。

⑤ 热稳定性电流：刀开关短路时产生的热效应不会使其温度升高发生熔焊的最大短路电流。

⑥ 电寿命：刀开关在额定电压下能可靠地分断一定电流的总次数。

HK1 系列刀开关基本技术参数见表 3-11-2。

表 3-11-2　**HK1** 系列刀开关基本技术参数

型号	极数	额定电流 /A	额定电压 /V	可控制电动机最大容量 /kW	配用熔体规格			
					熔体成分			熔体线径 /mm
					铅	锡	锑	
HK1-15	2	15	220	1.5	98%	1%	1%	1.45～1.59
HK1-30	2	30	220	3.0				2.30～2.52
HK1-60	2	60	220	4.5				3.36～4.00
HK1-15	3	15	380	2.2				1.45～1.59
HK1-30	3	30	380	4.0				2.30～2.52
HK1-60	3	60	380	5.5				3.36～4.00

（2）刀开关的选用

刀开关的选用一般考虑额定电压、额定电流这两项参数，其他参数只有在特殊要求时才考虑。

① 刀开关的额定电压应不小于线路实际工作的最高电压。

② 根据刀开关用途的不同，其额定电流的选择方法也有所不同。

当用于隔离开关或一般照明、电热等电阻性负载时，其额定电流应等于或略高于负载的额定电流。

当用于直接控制时，刀开关只能用于控制容量小于 5.5 kW 的电动机，其额定电流应大于电动机的额定电流。

本项目选用 HK1-15 型刀开关。

4. **钳形电流表**

钳形电流表是一种在不断开电路的情况下测量电流的专用仪表，常用来测量交流电流，其外形如图 3-11-5 所示。

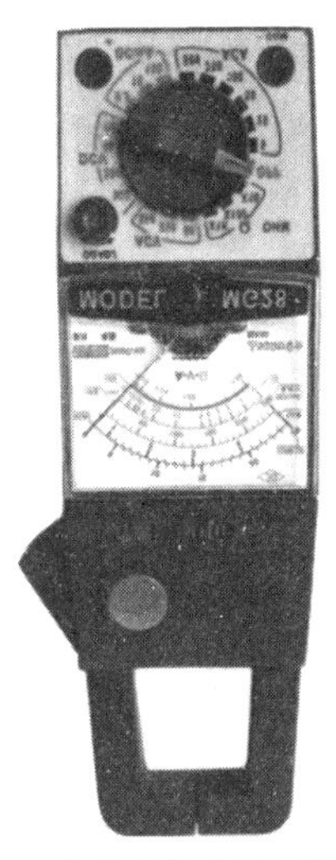

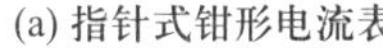

(a) 指针式钳形电流表

(b) 数字式钳形电流表

图 3-11-5　钳形电流表外形

钳形电流表的使用及操作步骤如下：

① 机械调零。使用前，检查钳形电流表的指针是否指向零位，可用小螺丝刀轻轻旋动机械调零旋钮，使指针回到零位。

② 清洁钳口。测量前，要检查钳口的开合情况以及钳口面上有无污物。若钳口面有污物，可用溶剂洗净，并擦干；若有锈斑，应轻轻擦去。

③ 选择量程。估计被测电流的大小，选择合适的量程。若无法估计被测电流的大小，则应先从最大量程开始，逐步换成合适的量程。转换量程应在退出导线后进行。

④ 测量数值。紧握钳形电流表把手和扳手，按动扳手打开钳口，将被测线路的一根载流导线置于钳口内中心位置，以免增大误差，再松开扳手使两钳口表面紧紧贴合，将表放平，然后读数，即测得电流值。

⑤ 测量 5 A 以下较小电流时，可将被测导线多绕几圈后再放入钳口测量，被测的实际电流值就等于仪表读数除以放进钳口中的导线的圈数。

⑥ 高量程挡位存放。测量完毕，退出被测导线。将量程选择旋钮置于高量程挡位上，以免下次使用时不慎损坏仪表。

任务三　手动正转控制线路装接

1. **绘制接线图**

根据图 3-11-1(a)所示手动正转控制线路原理图，绘制其接线图，如图 3-11-6 所示。

2. **固定电气元件**

根据接线图在网孔板上安装电气元件。电气元件应安装牢固,并符合工艺要求。

① 刀开关安装时应做到垂直安装,使闭合操作时的手柄操作方向应从下向上合,断开操作时的手柄操作方向应从上向下分。不允许采用平装或倒装,以防止产生误合闸。

② 接线时,电源进线应接在开关上面的进线端上,用电设备应接在开关下面,熔体上不带电。

③ 当刀开关用作电动机的开关时,应将刀开关的熔体部分用导线直连,并在出线端另外加装熔断器做短路保护。

④ 安装后应检查刀开关和静插座的接触是否紧密或成直线。

⑤ 更换熔体必须按原规格在刀开关断开的情况下进行。

3. **连接导线**

读者可对照手动正转控制线路的电气原理图和接线图,进行合理美观的接线。

先接网孔板内接线端子排与刀开关、刀开关与熔断器、熔断器与接线端子排之间的导线;然后再连接接线端子排与电源及电动机之间的连线,最后连好电动机的接地线。

手动正转控制线路实物如图 3-11-7 所示。

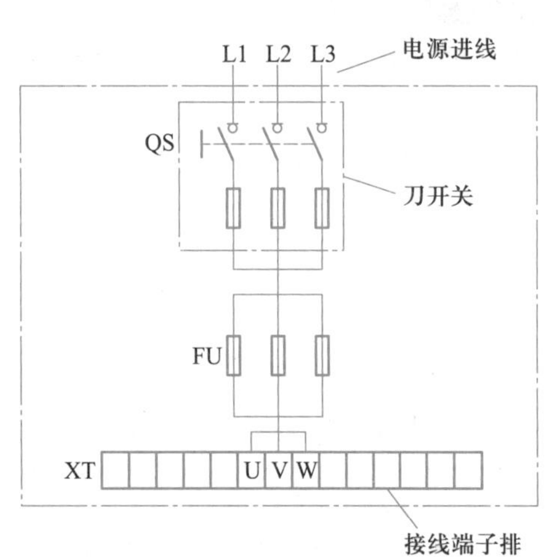

图 3-11-6 手动正转控制线路接线图

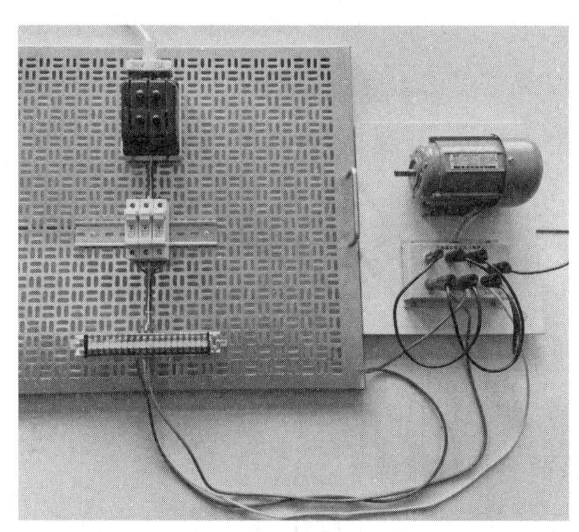

图 3-11-7 手动正转控制线路实物

任务四 自检并通电试运行(钳形电流表)

装接好的手动正转控制线路在通电试运行前必须进行自检。

1. **自检**

① 检查电气元件安装是否符合要求。

② 用万用表的电阻挡检测线路是否正常(即短路与开路检测)。

③ 用兆欧表检测电动机的绝缘电阻及线路的绝缘电阻是否符合要求，一般不得小于0.5 MΩ。

④ 电动机是否连好接地线等。

2. 通电试运行

检查无误后通电试运行。试运行前应检查有关电气设备是否有不安全的因素存在，若有应立即改正，然后才能试运行。在通电试运行时，要认真执行安全操作规程的有关规定，一位同学监控，另一位同学操作，并在教师指导下进行操作。

3. 测量空载电流

用钳形电流表测量三相交流异步电动机的空载电流，如图 3-11-8 所示。测量三相空载电流是否平衡，测量空载电流与额定电流的百分比是否超过一定范围等。

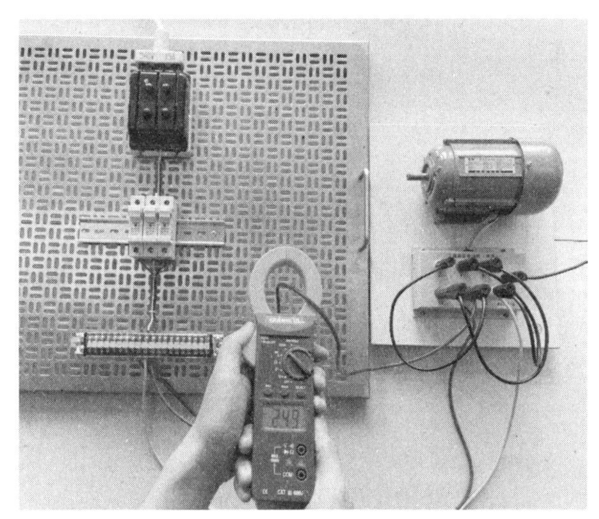

图 3-11-8　用钳形电流表测量三相交流异步电动机的空载电流

项目实训评价

手动正转控制线路操作项目实训评价见表 3-11-3。

表 3-11-3　项目实训评价表

班级		姓名		学号		成绩	
项目	考核内容	配分	评分标准				得分
装前检查	认真检查电动机和低压电器质量	10 分	1. 电动机质量漏检查，每处扣 3 分 2. 低压电器质量漏检查，每处扣 2 分				
元件安装	元件布置合理，安装准确紧固	20 分	1. 元件布置不整齐、不匀称、不合理，每只扣 1 分 2. 元件安装不牢固，安装元件时漏装螺钉，每只扣 1 分 3. 损坏元件每只 2 分 4. 电动机安装不符合要求扣 5 分 5. 网孔板或开关不符合要求扣 5 分				

续表

项目	考核内容	配分	评分标准	得分
布线	按电路图接线并符合工艺要求	40分	1. 不按电路图接线扣20分 2. 布线不符合要求每根扣2分 3. 接点不符合要求,每个接点扣1分 4. 损伤导线绝缘或线芯,每根扣5分 5. 漏接接地线扣10分	
通电试运行	在保证人身安全的前提下,通电试运行要一次成功	20分	一次试运行不成功扣10分;二次试运行不成功扣15分;三次试运行不成功扣20分	
安全文明操作	安全文明,符合操作规程	10分	违反安全文明操作规程扣5~10分	
合计				
教师签名:				

知识链接一　三相异步电动机运行前的准备

1. 运行前准备

对新安装或停用三个月以上的电动机,在运行前必须按使用条件进行必要的检查,检查合格方能通电运行。应检查的项目如下:

① 检查电动机绕组绝缘电阻。对额定电压在380 V及以下的电动机,用500 V以上的兆欧表检查三相定子绕组对地绝缘电阻和相间绝缘电阻,其电阻值热态时不应小于0.5 MΩ。如果绝缘电阻值偏低,应进行烘烤后再测。

② 检查电动机绕组的连接、所用电源电压是否与铭牌规定相符。检查该电动机供电电网上的电压是否稳定,其波动值不得超出+10%~-5%范围。

③ 对反向运行可能损坏设备的单向运行电动机,必须首先判断通电后的可能旋转方向。判断方法是在电动机与生产机械连接之前通电检查,并按正确转向连接电源线,此后不得再更换电源相序。

④ 检查电动机的起动、保护设备是否符合要求,检查内容包括:起动、保护设备的规格是

否与电动机配套,接线是否正确;所配熔体规格是否恰当,熔断器安装是否牢固;这些设备和电动机外壳是否妥善接地。

⑤ 检查电动机的安装情况,检查电动机端盖螺钉、地脚螺钉、与联轴器连接的螺钉和销子是否紧固;带连接是否牢固,松紧度是否合适,联轴器或带轮中心线是否校准;机组的转动是否灵活以及有无非正常的摩擦、卡塞、窜动和异响等。

2. 起动注意事项

① 通电后密切注意电动机的起动状态,如电动机不转或转速很低或有嗡嗡声,必须迅速拉闸断电,否则会导致电动机烧毁,甚至危及线路及其他设备。断电后,查明电动机不能起动的原因,排除故障后再重新试起动。

② 电动机起动后,留心观察电动机、传动机构、生产机械等的动作状态是否正常,电流表、电压表读数是否符合要求。如有异常,应立即停机,检查并排除故障后重新起动。

③ 注意限制电动机连续起动的次数。通常电动机能连续起动的允许次数为:空载 3~5 次;长时间工作后停机再连续起动,不得超过 2~3 次;因起动电流很大,若连续起动次数太多,可能损坏绕组。

④ 通过同一电网供电的几台电动机,尽可能避免同时起动,最好按容量不同从大到小逐一起动。因同时起动的大电流将使电网电压严重下降,不仅不利于电动机的起动,还会影响电网对其他设备的正常供电。

知识链接二 电动机运行中的巡视

1. 电动机运行中的巡视

电动机运行是否正常,可从线路的电压、电流、电动机温升、声响等情况是否正常进行判断。

(1) 观察电动机电源电压

运行中的电动机对电源电压的稳定度要求较高。电源电压允许值不得高于额定值的 10%,不得低于额定值的 5%。三相电压要对称,不对称值也不得超过 5%。否则应减轻负载,有条件时,可对电源电压进行调整。

(2) 观察电动机工作电流

在线路电压为额定值时,电动机的工作电流直接反映负荷的大小。只有在额定负载下运行时,电动机的线电流才接近于铭牌上的额定值,这时电动机工作状态最好,温升也符合要求。

(3) 检查电动机温升

电动机温升是否正常,是判断电动机运行是否正常的重要依据之一。电动机的温升不得超过铭牌规定值。在实际应用中，如果电动机电流过大、三相电压和电流不平衡、电动机出现有关机械故障等均会导致温升过高，影响其使用寿命。对于没装电流表、电压表和过载保护装置的小电动机的温升在要求不高的场合一般不需要较准确的测量，可用皮肤感觉估测：用手背贴在电动机外壳上（检验外壳不带电后进行），若没有烫得要缩手的感觉，则电动机不过热，若烫得需要立即缩手，说明电动机已经过热。也可在机壳上滴水滴检验，如果水滴只冒热汽而没有声音，表明电动机不过热；如果既冒热汽又伴有“咝咝”声，则表明已经过热。

2. 观察有无故障现象

对运行中的电动机，应随时检查紧固件是否松动、松脱，有无异常振动、异响，有无温升过高、异味和冒烟，若有，应立即停机检查。

运行中的电动机若发出较大的“嗡嗡”声，不是电流过大就是缺相运行；如果出现异常摩擦声，可能是转子扫膛（摩擦定子铁心）。用螺丝刀一端抵住轴承位，另一端紧贴人耳，若有“咕噜”声，则轴承中滚珠破碎，有“咝咝”声，是轴承缺油；电动机振动加大，可能是基础不稳，地脚螺钉松动，或与生产机械之间传动装置配合不良，定子绕组部分开路、短路或转子断条。若有焦臭味或冒烟，说明电动机长时间大电流运行引起温升过高，将绝缘材料烧焦。

运行中的电动机，一旦出现下列严重故障，必须立即断电，紧急停机：

① 发生人身触电事故。

② 电动机或有关设备、线路冒烟、起火。

③ 电动机剧烈振动。

④ 轴承剧烈发热和明显异响。

⑤ 电动机所拖动的生产机械损坏。

⑥ 电动机发生窜轴冲击、扫膛、转速突然下降、温度迅速上升。

复习与思考题

1. 试简述三相异步电动机手动正转控制线路的运行过程。

2. 刀开关的主要作用是什么？它的主要技术参数有哪些？在线路中安装时应注意哪些事项？怎样合理选用刀开关？

3. 接线端子排的作用是什么？

4. 钳形电流表有什么特点？如何用钳形电流表测电动机的空载电流？当被测电流值很小时，应采取什么办法？

5. 电动机在运行前和运行中应注意什么问题？

项目十二

三相笼型异步电动机的拆装

项目目标　学习本项目后，应能：

- 描述三相异步电动机拆装前的准备、拆装过程及拆装中的注意事项。
- 用兆欧表和钳形电流表对拆装后的电动机进行绝缘与空载电流的检测。
- 叙述三相异步电动定期维修与检测的方法。

在检查、清洗、修理电动机内部或换润滑油、拆换轴承时，经常要把电动机拆开。如果拆卸不得法，不是拆坏，就是把零部件及装配位置弄错，给装配造成困难，甚至为今后的使用留下隐患。因此在电动机检修中，应首先较熟练地掌握拆卸与装配技术。

本项目通过对三相笼型异步电动机的拆装，来学习和掌握三相笼型异步电动机拆装的相关知识和技能。

任务一　拆卸前的准备

为了能顺利地拆装电动机，在拆卸前要做好以下准备工作：

(1) 备齐拆装工具，特别是拉具、套筒、铜棒等专用工具，如图 3-12-1 所示。

(2) 选好电动机拆装的合适地点，并事先清洁和整理好现场环境。

(3) 熟悉被拆电动机的结构特点、拆装要领及所存在的缺陷。

(4) 做好标记。

① 标出电源线在接线盒中的相序。

② 标出联轴器或带轮与轴台的距离。

③ 标出端盖、轴承、轴承盖和机座的负荷端与非负荷端。

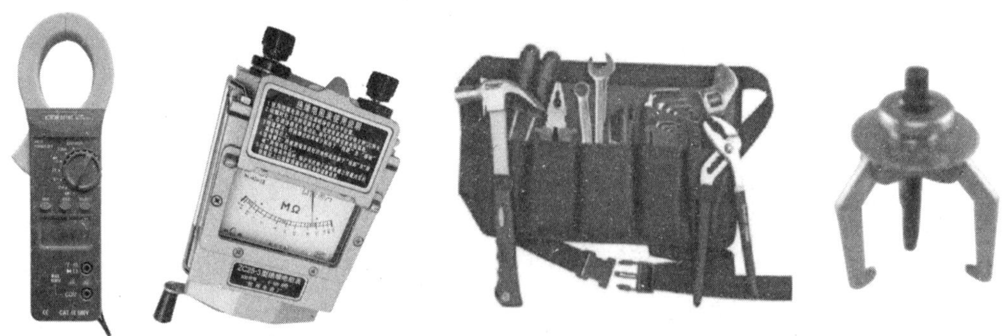

图 3-12-1　仪器仪表和拆装工具

④ 标出机座在基础上的准确位置。

⑤ 标出绕组引出线在机座上的出口方向。

（5）拆除电源线和保护接地线。

（6）拆下地脚螺母，将电动机拆离基础并运至解体现场，若机座与基础之间有垫片，应做好记录并妥善保存。

任务二　电动机的拆卸

三相异步电动机的拆装步骤如下：

基本步骤描述：切断电源→拆卸带轮→拆卸风扇→拆卸轴伸端端盖→拆卸前端盖→抽出转子→重新装配→检查绝缘电阻→检查接线→通电试运行

主要零件部件的拆卸方法见表 3-12-1。

表 3-12-1　主要零件部件的拆卸方法

序号	示意图	说明
1	(a) 步骤1　(b) 步骤2 (c) 步骤3　(d) 步骤4 (e) 步骤5	首先在带轮或联轴器的轴伸端上做好尺寸标记，再将带轮或联轴器上的定位螺钉或销子松开取下，装上拉具（顶拔器）的丝杠顶端要对准电动机轴端的中心，使其受力均匀，转动丝杠，把带轮或联轴器慢慢拉出。如拉不出，不要硬卸，可在定位螺钉内注入煤油，过一段时间再拉。注意，在此过程中不能用锤子直接敲出带轮或联轴器，否则会使带轮或联轴器碎裂、转轴变形或端盖受损等

续表

<table>
<tr><th>序号</th><th>示意图</th><th>说明</th></tr>
<tr><td>2</td><td>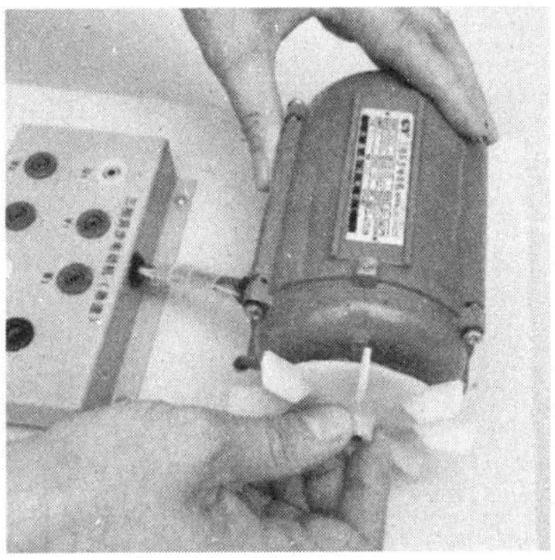</td><td>把外风罩螺钉松开，取下风罩；然后把转轴尾部风叶上的定位螺栓或销子松开、取下，用金属棒或锤子在风叶四周均匀地轻敲，风叶就可松脱下来。小型异步电动机的风叶一般不用卸下，可随转子一起抽出。但如果后端盖内的轴承需要加油或更换时，就必须拆卸。对于采用塑料风叶的电动机，可用热水使塑料风叶膨胀后卸下</td></tr>
<tr><td>3</td><td>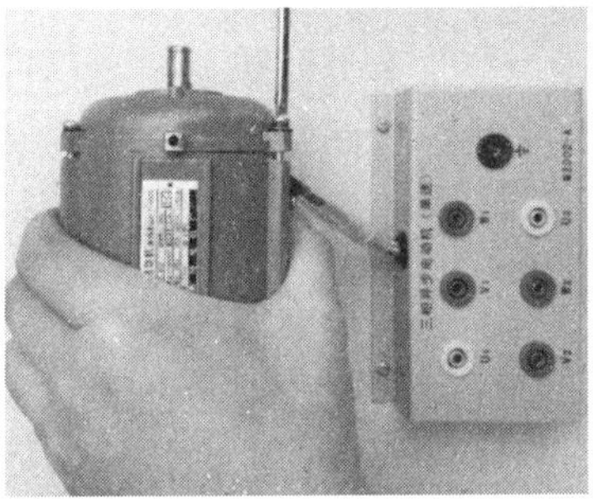</td><td rowspan="2">把轴承的外盖螺栓卸下，拆轴承外盖。为便于装配时复位，在端盖与机座接缝处的任意位置做好标记，然后松开端盖螺栓，随后用锤子均匀地敲打端盖四周（需衬上垫木），取下端盖。对于小型电动机，可先把轴伸端的轴承外盖卸下，再松开后端盖的固定螺栓（如风叶装在轴伸端的，则需先把后端盖外面的轴承外盖取下），然后用木槌敲打轴伸端，这样可把转子连同后端盖一起取下</td></tr>
<tr><td>4</td><td>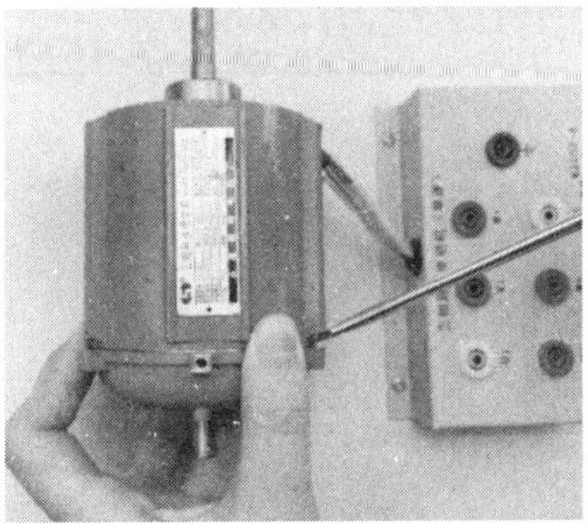</td></tr>
<tr><td>5</td><td>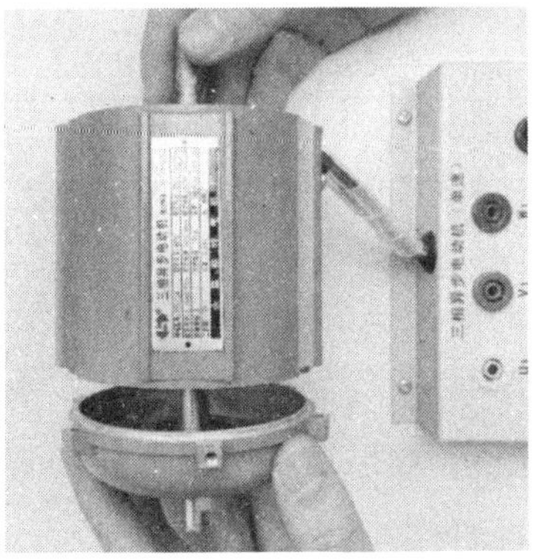</td><td>抽出转子时，应小心谨慎、动作缓慢，要求不可歪斜，以免碰上定子绕组</td></tr>
</table>

续表

序号	示意图	说明
6		用锤子击打木槌取下前端盖
7		目前轴承的拆卸方法包括采用拉具(顶拔器)拆卸,用铜棒拆卸,放在圆筒上拆卸,加热拆卸,轴承在端盖内的拆卸。拆卸时应根据轴承的规格及型号,选用适宜的顶拔器,顶拔器的脚爪应扣在轴承的内圈上,切勿放在外圈上,以免拉坏轴承。顶拔器的丝杠顶点要对准转子轴端中心,动作要慢,用力要均匀,慢慢拉出

任务三　电动机的装配

装配步骤原则上与拆卸步骤相反。主要零部件的装配方法见表 3-12-2。

表 3-12-2　主要零部件的装配方法

序号	示意图	说明
1		将轴承和轴承盖先用煤油清洗干净,清洗后应检查轴承内、外圈有无裂纹等。再用手转动轴承外圈,观察其转动是否灵活、平稳。如果遇到卡阻或松动现象,要用塞尺检查轴承磨损情况,再决定是否更换

续表

序号	示意图	说明
2		如果不需要更换轴承,可将轴承用汽油洗干净,用干净的布擦干。如果需要更换轴承,应将新轴承放置在70~80℃的变压器油中加热5 min左右,再用汽油洗干净,用干净的布擦干;对于2极电动机,加入新的润滑脂应为轴承空腔容积的1/3~1/2,对于4极或4极以上电动机,加入新的润滑脂应为轴承空腔容积的2/3,轴承内外盖加入新的润滑脂应为盖内容积的1/3~1/2。新的润滑脂要求洁净、无杂质、无水分。加入时要求填入均匀,同时防止外界的灰尘、水和铁屑等异物落入
3		将轴承装到轴颈上。目前,有冷装法和热装法两种,在一般情况下用冷装法。冷装法是把轴承装到轴上,对准轴颈,用一段铁管(内径略大于轴的直径,外径略小于轴承内圈的外径)的一端顶在轴承内圈上,用铁锤慢慢地敲打另一端
4		将轴伸端朝下垂直放置,将后端盖装在后轴承上,用木槌敲打,把后端盖敲进去后,装轴承外盖。紧固轴承盖的螺栓时要逐步拧紧,不能先拧紧一个,再拧紧另一个
5		安装转子时,把转子对准定子内圈中心,小心地往里放,后端盖要对准机座的标记,旋上后盖螺栓,但不要拧紧
6		将前端盖与机座的标记对准,用木槌均匀敲击端盖四周,如左图所示。不可单边用力,并拧上端盖的紧固螺栓
最后,安装风叶、风罩和带轮。安装时要注意对准键槽或螺孔。对于小型电动机,应在带轮或联轴器的端面上垫上木块,用锤子打入。若打入困难,应在轴的另一端垫上木块顶在墙上,再打入带轮或联轴器		

对于绕线转子异步电动机的拆装、接线和调试,除按笼型异步电动机的拆装、接线和调试的操作步骤进行操作外,还应特别注意以下几点:

① 拆装绕线转子异步电动机时,应在刷握处做好标记。

② 拆卸轴承盖时,应先提起和拆除电刷、电刷架和引出线。

③ 抽出转子时,要注意不要损伤滑环面和刷架等。

④ 装配后还要检查转子绕组之间、转子绕组与地之间的绝缘电阻,其值应不低于 0.5 MΩ。

⑤ 检查绕线转子的刷架位置是否安装正确,电刷与滑环的接触是否良好,电刷在刷握内是否有卡阻现象。

任务四　检测与接线

① 调试前应进一步检查电动机的装配质量。如各部分螺栓是否拧紧,引出线的标记是否正确,转子转动是否灵活,轴伸端径向有无偏摆的情况等。

② 用兆欧表测量电动机相间和每相与地之间的绝缘电阻应符合技术要求。

③ 根据电动机的铭牌技术数据(如电压、电流和接线方式等)进行接线,注意为了安全,一定要将电动机的接地线接好、接牢。

④ 测量电动机的空载电流。空载时用钳形电流表测量三相空载电流是否平衡,如图 3-12-2所示。在 1 h 内,空载电流与额定电流的百分比不超过一定范围。同时观察电动机是否有振动及噪声,如果有应立即停车,进行检修。

⑤ 测量电动机转速。用转速表测量电动机转速,并与电动机的额定转速进行比较,如图 3-12-3所示。

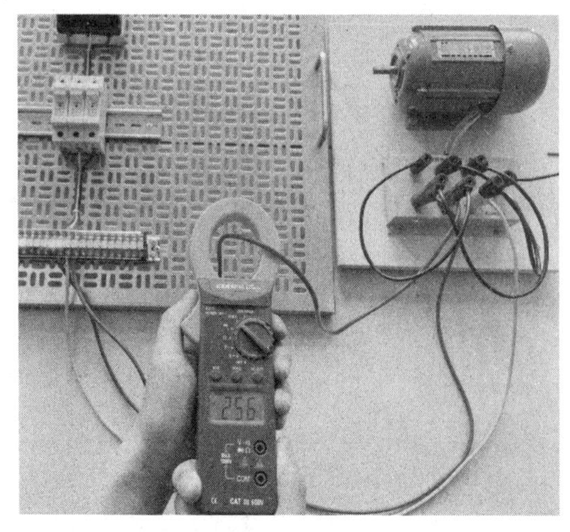

图 3-12-2　测量电动机空载电流

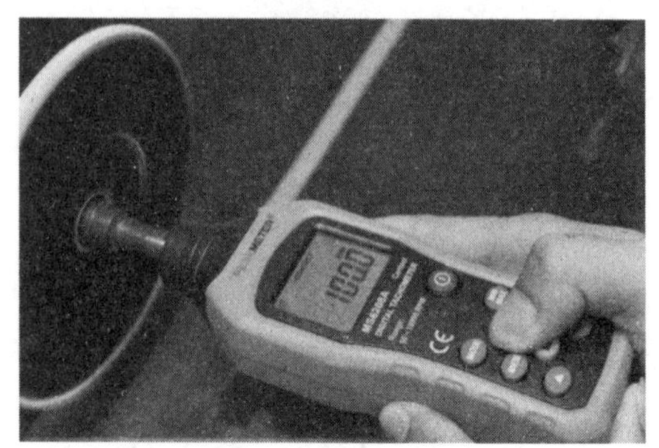

图 3-12-3　测量电动机转速

项目实训评价

电动机拆装、接线、检测和调试操作项目实训评价见表 3-12-3。

表 3-12-3　项目实训评价表

班级		姓名		学号		成绩	
项目	考核内容	配分	评分标准				得分
拆装前的准备	准备到位	10 分	1. 拆除电动机电源电缆头及电动机外壳保护接地工艺不正确，电缆头没有保护措施，扣 5 分 2. 拉联轴器方法不正确，扣 5 分				
拆卸	拆卸正确	30 分	1. 拆卸方法和步骤不正确，每次扣 5 分 2. 碰伤绕组，扣 10 分 3. 损坏零部件，每次扣 5 分 4. 装配标记不清楚，每次扣 5 分				
装配	装配正确	30 分	1. 装配步骤方法错误，每次扣 5 分 2. 碰伤绕组，扣 10 分 3. 损坏零部件，每次扣 5 分 4. 轴承清洗不干净、加润滑脂不适量，每个扣 5 分 5. 紧固螺钉未拧紧，每个扣 5 分 6. 装配后转动不灵活，扣 5 分				
接线	接线正确	10 分	1. 接线不正确，扣 5 分 2. 不熟练，扣 2 分 3. 电动机外壳接地不好，扣 3 分				
电气测量及试行	测量及试行正确	10 分	1. 测量电动机绝缘电阻不合格，扣 3 分 2. 不会测量电动机的空载电流，扣 3 分 3. 空载试验方法不正确，扣 2 分 4. 根据试验结果不会判定电动机是否合格，扣 2 分				
安全操作，无事故发生	安全文明，符合操作规程	10 分	1. 操作过程中损坏元件 1~2 只，扣 2 分 2. 经提示后再次损坏元件，扣 4 分 3. 未经允许擅自通电，造成设备损坏，扣 10 分				
合计							
教师签名：							

知识链接一　电动机的定期维修

电动机除了在运行中应进行必要的维护外，无论是否出现故障，都应定期维修。这是消除隐患、减少和防止故障发生的重要措施。定期维修分为小修和大修两种。小修只进行一般检查，对电动机和附属设备不进行大的拆卸，大约每半年或更短的时间进行一次；大修则应全面解体检查，彻底清扫和处理，大约一年进行一次。

1. 定期小修项目

① 清洁电动机机壳，除去污物和油垢。

② 检测绕组绝缘电阻，测完后按要求连接好绕组接头。

③ 检查接线端子，检查接线盒紧固螺钉是否松动，盒内有无烧伤和杂物，接线螺母有无松动。

④ 检查紧固件及接地线，检查端盖螺钉、地脚螺钉、轴承盖螺钉是否紧固，保护接地线是否良好、牢固。

⑤ 检查电动机和生产机械之间的传动装置是否正常，传动良好。

⑥ 检查轴承是否磨损、松旷，润滑油是否干涸、变质、变脏。

⑦ 检查电动机附属设备是否完好、清洁；擦拭外壳，检查触点是否良好，检测绕组及带电部分对地绝缘电阻是否符合要求。

2. 定期大修项目

① 检查各零部件有无机械损伤和丢失，如有应修理或配齐。

② 对电动机和起动设备进行解体，清除灰尘、油垢。注意检查绕组的绝缘状况，若已老化或变色、变脆，应特别注意保护，如有剥落，应进行局部绝缘处理。

③ 拆下轴承并洗掉废油，检查转动是否灵活，是否有磨损和松旷。检查后对不能使用的应当更换，对能用的加足钠基润滑脂或钙钠基润滑脂等，再按要求组装复位。

④ 检查定子和转子绕组。检查定子绕组有无绝缘性能下降，对地短路，相间短路、开路，接错等故障；检查转子绕组有无断条，并针对检查中发现的问题进行修理。

⑤ 检查定子和转子铁心有无磨损和变形，应特别注意检查定子、转子气隙中有无突出物及发亮点，这是引起扫膛的隐患或是已发生扫膛的标志，应锉平或刮低，对变形的部位进行修复。

⑥ 检查电动机附属设备。检查起动设备、保护装置、指示测定仪表等是否完好，并应清除脏物，检查、打磨触点和接线端子，更换已损坏的零部件。

⑦ 检查电动机的装配。检查电源线,与起动设备、保护装置等的连接,接地装置等的安装是否符合要求。

⑧ 检查电动机与生产机械之间的传动装置。检查带轮、联轴器的紧固和校准状况,紧固件的紧固状况,带的连接状况等是否符合要求。

⑨ 对上述内容检验无误后的电动机应通电试运行。先用手扳动转动部分看运转是否灵活,确认没有问题后通电空载运行 30 min,再带负荷试运行。试运行合格说明该电动机及附属设备大修任务完成。

知识链接二　电动机的检测

凡大修过的或存放过久的电动机,在投入使用前应进行必要的检测,其检测内容包括机械部件、绝缘性能、空载状态和负载状态等。

1. 机械部件的检查

机械部件的检查指电动机解体前的直观检查,包括:检查机械部件(机座、端盖、轴承盖、转轴、风罩、风叶等)是否完好,有无破损、裂纹、锈蚀、变形,紧固件是否松动、锈死;检查转动部分是否灵活自如,有无松旷、噪声、卡阻、抖动;检查与生产机械的传动装置之间的配合,看是否配合良好、传动灵活。

2. 绝缘性能检测

电动机绕组的绝缘性能一般用兆欧表检测。将兆欧表 L 端用单股导线与绕组一端连接,E 端与机壳裸露部分连接,用 120 r/min 的转速摇动手柄,逐相检测绕组对地绝缘电阻值(也可将 E 接线柱接其他相绕组测相间绝缘电阻值),在热态下,各绝缘电阻值均不得低于 0.5 MΩ 为合格,若对地绝缘电阻值、相间绝缘电阻值在 0.5 MΩ 以下但不为零,系电动机绝缘性能下降,若绕组对地绝缘电阻值、相间绝缘电阻值为零,则系该相绕组对地短路或发生了相间短路。应排除故障后方能使用。

3. 空载状态检测

(1) 通电前的检测

① 绕组直流电阻的检测。绕组直流电阻偏大的用万用表电阻挡检测,大于 1 Ω 的用直流单臂电桥检测,小于 1 Ω 的用直流双臂电桥检测。由于三相绕组对称,它们的直流电阻也应相等,但由于材料和工艺等原因,三相绕组直流电阻很难一致。技术上规定,某相绕组直流电阻与三相绕组平均阻值的差距不得超过 4%。

② 定子绕组是否接错的检测。(见本单元实训项目十三)

③ 电动机供电电压及不平衡的检测。电动机对三相电源电压要求是比较严格的,技术上

规定:实际电源电压值偏离电动机额定电压值不得超过±5%。同时还要求某相电压偏离三相电压之和的平均值亦不得超过±5%。

在实际检测中,可用合适量程的交流电压表或万用表交流电压挡分别测量三相电源线电压,再与上述要求比较看是否正常。

(2) 通电后的检测

① 三相空载电流及平衡的检测。若三相电源电压基本相等,三相绕组的各项参数也基本一致,电动机三相空载电流应该比较平衡。实际上由于材料、工艺、电源电压不完全相等,三相电阻不相等等原因,三相空载电流不平衡。在技术上规定,某相空载电流偏离三相空载电流平均值的差距不得超过 10%。

检测时,可用交流电流表或钳形电流表分别检测各相空载电流,看它们的大小。不平衡度是否符合要求。差距过大的,不可投入使用。

② 运转状态的观察。电动机通电空载起动时,应观察起动状态是否正常,即判断转速是否平稳增加,起动电流是否在规定范围内,转动部件是否灵活而无异常,用转速表检测转子转速应高于额定值。起动后,机组应运行平稳,无异常噪声和振动。

4. 负载状态检测

按技术参数要求给电动机加上额定负载并通电试运行,称为电动机的负载运行状态,在该状态下可进行如下四方面的检测。

(1) 端电压及平衡度的检测

电动机带负载起动运行后,有可能导致端电压不同程度下降,三相电压不平衡度也有可能增加,应用合适量程的交流电压表检测三相线电压,看电压的高低,不平衡度是否符合要求。

(2) 负载电流及平衡度的检测

待电动机负载运行正常后,用钳形电流表分别检测三相线电流,看大小是否与铭牌所示值相符,平衡度是否满足要求。

(3) 额定转速的检测

待电动机运行正常后,用转速表检测转子转速,看是否接近铭牌所示的额定值。

(4) 检测温升

电动机带负载连续运转一段时间(30 min 左右)后,检查其温升是否符合要求。电动机的温升不得超过铭牌规定值。在实际应用中,如果电动机电流过大、三相电压和电流不平衡、电动机出现有关机械故障等均会导致温升过高,影响其使用寿命。对于没装电流表、电压表和过载保护装置的小电动机的温升在要求不高的场合一般不需要较准确的测量,可用皮肤感觉估测:用手背贴在电动机外壳上(检验外壳不带电后进行),若没有烫得要缩手的感觉,则电动机不过热,若烫得需要立即缩手,说明电动机已经过热。也可在机壳上滴水滴检验，如果水滴只冒热汽而没有声音，表明电动机不过热；如果既冒热汽又伴有“咝咝”声，则表明已经过热。

技能训练

1. 训练任务

小型三相异步电动机拆装、接线与调试。

2. 工具、仪器仪表及设备

电工工具：低压验电器、一字和十字螺丝刀、钢丝钳、尖嘴钳、斜口钳、剥线钳、电工刀等。

仪器仪表：万用表、钳形电流表、兆欧表、转速表。

设备：小型三相异步电动机、拆装、接线及调试的专用工具。

3. 训练步骤

① 拆卸前的准备。

② 电动机的拆卸。

③ 电动机的装接。

④ 电动机的接线、检测和调试。

复习与思考题

1. 三相异步电动机在拆装前应做好哪些准备工作？
2. 写出三相异步电动机拆装的具体过程及拆装过程中的注意事项。
3. 如何对三相异步电动机进行绝缘与空载电流的检测？
4. 三相异步电动机日常的维修项目主要有哪些？

项目十三

三相笼型异步电动机的检修

项目目标　学习本项目后，应能：

- 描述三相异步电动机常见故障及检修方法。
- 用指示灯法和万用表法判断三相异步电动机定子绕组的首、末端。
- 叙述单相电容式异步电动机的工作原理与结构。

三相笼型异步电动机故障是多种多样的，产生的原因也比较复杂。故障分析与检查的基本步骤：根据故障现象调查研究→分析故障范围→用测量法检修故障并通电试车。

本项目通过对三相笼型异步电动机一般故障的处理，电动机绕组短路、断路的处理，电动机绕组首末端接错的处理，电动机轴承损坏的处理等典型故障的分析与检修来学习和掌握三相笼型异步电动机故障检修的相关知识和技能。

任务一　电动机一般故障的处理

三相异步电动机的一般故障包括：电动机不能起动、电动机运转时声音不正常、电动机温升超过允许值、电动机轴承发烫、电动机发出噪声、电动机振动过大和电动机在运行中冒烟等。

1. 电动机不能起动

电动机不能起动的原因及处理方法见表 3-13-1。

2. 电动机运转时声音不正常

电动机运转时声音不正常的原因及处理方法见表 3-13-2。

表 3-13-1　电动机不能起动的原因及处理方法

序号	原因	处理方法
1	电源未接通	检查断线点或接头松动点，重新装接
2	被带动的机械(负载)卡住	检查机器，排除障碍物
3	定子绕组断路	用万用表检查断路点，修复后再使用
4	轴承损坏，被卡住	检查轴承，更换新件
5	控制设备接线错误	详细核对控制设备接线图，加以纠正

表 3-13-2　电动机运转时声音不正常的原因及处理方法

序号	原因	处理方法
1	电动机缺相运行	检查断线处或接头松脱点，重新装接
2	电动机地脚螺钉松动	检查电动机地脚螺钉，重新调整后再拧紧螺钉
3	电动机转子、定子摩擦，气隙不均匀	更换新轴承或校正转子与定子间的中心线
4	风扇、风罩或端盖间有杂物	拆开电动机、清除杂物
5	电动机上部分紧固件松脱	检查紧固件，拧紧松动的紧固件(螺钉、螺栓)
6	传动带松弛或损坏	调整传动带的松弛度，更换损坏的皮带

3. 电动机温升超过允许值

电动机温升超过允许值的原因及处理方法见表 3-13-3。

表 3-13-3　电动机温升超过允许值的原因及处理方法

序号	原因	处理方法
1	过载	减轻负载
2	被带动的机械(负载)卡住或皮带太紧	停电检查，排除障碍物，调整皮带松紧度
3	定子绕组短路	检修定子绕组或更换新电动机

4. 电动机轴承发烫

电动机轴承发烫的原因及处理方法见表 3-13-4。

表 3-13-4　电动机轴承发烫的原因及处理方法

序号	原因	处理方法
1	传动带太紧	调整传动带松紧度
2	轴承腔内缺润滑脂	拆下轴承盖，加润滑脂至 2/3 轴承腔
3	轴承中有杂物	清洗轴承，更换新润滑脂
4	轴承装配过紧(轴承腔小，转轴大)	更换新件或重新加工轴承腔

5. **电动机发出噪声**

电动机发出噪声的原因及处理方法见表 3-13-5。

表 3-13-5　电动机发出噪声的原因及处理方法

序号	原因	处理方法
1	熔断器一相熔断	找出熔断器熔断的原因，修复后换上新的同等容量的熔体
2	转子与定子摩擦	矫正转子中心，必要时调整轴承
3	定子绕组短路、断线	检修绕组

6. **电动机振动过大**

电动机振动过大的原因及处理方法见表 3-13-6。

表 3-13-6　电动机振动过大的原因及处理方法

序号	原因	处理方法
1	基础不牢，地脚螺钉松动	重新加固基础，拧紧松动的地脚螺钉
2	与所带的负载中心不一致	重新调整电动机的位置
3	电动机的线圈短路或转子断条	拆下电动机，进行修理

7. **电动机在运行中冒烟**

电动机在运行中冒烟的原因及处理方法见表 3-13-7。

表 3-13-7　电动机在运行中冒烟的原因及处理方法

序号	原因	处理方法
1	定子线圈短路	检修定子线圈
2	传动带太紧	减轻传动带的过度张力

任务二　电动机绕组短路、断路的处理

三相异步电动机绕组的常见故障有绕组短路、绕组断路、绕组接地和轴承损坏等。处理时，应“由外到里、先机械后电气”，通过看、听、闻、摸等途径去检查，进行有针对性的修理。

1. **绕组短路故障的检修**

绕组短路主要由于电源电压过高、电动机驱动的负载过重，电动机使用过久或受潮受污等造成定子绕组绝缘老化与损坏，从而产生绕组短路故障。定子绕组的短路故障按发生地点划分为绕组对地短路、绕组匝间短路和绕组相与相短路等。

(1) 绕组短路故障的检查方法

绕组短路故障的检查方法有许多,例如,外部检查法、电阻检查法、电流平衡检查法、感应电压检查法和短路侦察检查法等,其中外部检查法、电阻检查法是常用的两种方法。

① 外部检查法。使电动机空载运行 20~25 min 后停下来,马上拆卸两边端盖,用手摸线圈的端部。如果某一个或某一组比其他部分热,这部分线圈很可能短路,也可以观察线圈有无焦脆现象,若有,该线圈可能短路。

② 电阻检查法。电阻检查法是指利用万用表或电桥法进行检查。若在空转过程中发现有异常情况,应立即切断电源,采用电阻检查法进一步检查。

电动机绕组相间短路的检查方法见表 3-13-8。

表 3-13-8　电动机绕组相间短路的检查方法

序号	示意图	操作说明
1		打开电动机的接线盒,拆下电动机接线盒的三片短接板
2		当电动机各相绕组电阻值较大时,可用万用表检查;当电动机各相绕组电阻值较小时,应用电桥法检查。相间绝缘电阻的检查方法:依次测量 U1—V1、V1—W1、U1—W1 两端,若阻值很小,说明该两相间有短路。例如,U1—V1、U1—W1 阻值很大(趋于“∞”),而 W1—V1 之间阻值很小(等于“0”或小于正常电阻值),则 V 相与 W 相之间存在相间短路

电动机绕组匝间短路的检查方法见表 3-13-9。

表 3-13-9　电动机绕组匝间短路的检查方法

序号	示意图	操作说明
1		拆下接线端子上任意一片短接片

续表

序号	示意图	操作说明
2	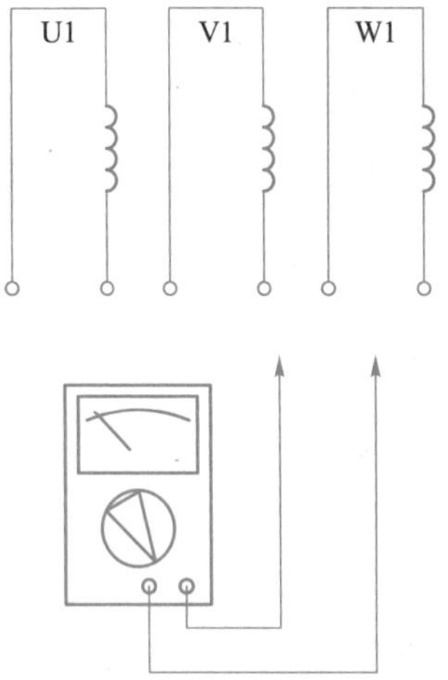 U1 V1 W1	用万用表或电桥法分别测量各相绕组的直流电阻,若一组绕组电阻较小,则说明该相有可能是匝间短路
3	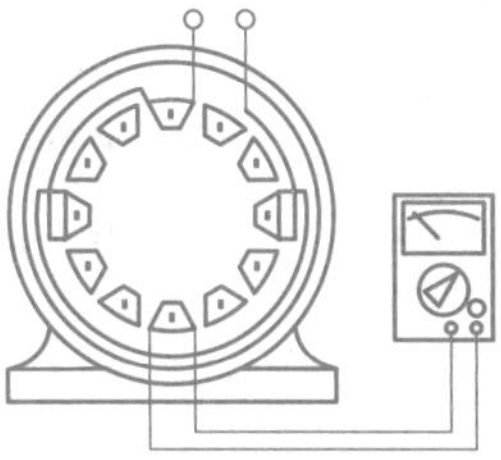 (a) 检查短路极相组 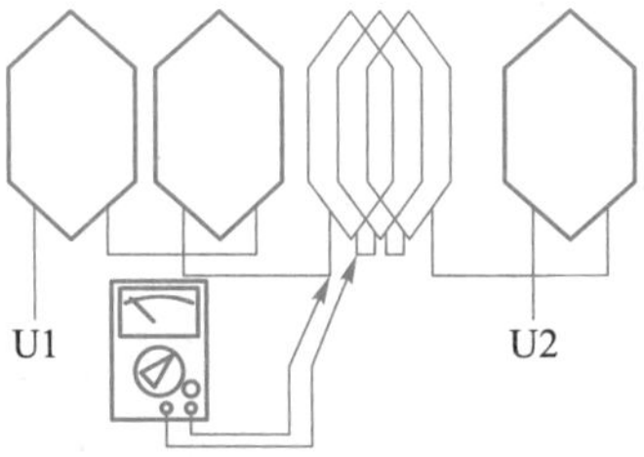 U1 U2 (b) 检查短路线圈	拆开端盖,取出转子,将短路相各极相组绕组的连接线刮去一段绝缘层,然后分别测量各极相组的直流电阻,最后查出绕组的匝间短路

(2) 绕组短路故障的修理方法

绕组容易发生短路的地方是线圈的槽口部位以及双层绕组的上下线圈之间。如果短路点在槽外,可将绕组加热软化,用画线板将短路处分开,再垫上绝缘纸或套上绝缘套管。如果短路点在槽内,将绕组加热软化后翻出短路绕组的匝间线。在短路处包上新绝缘纸,再重新嵌入槽内并浸渍绝缘漆。

2. 绕组断路故障的检修

电动机定子绕组内部连接线、引出线等断开或接头处松脱所造成的故障称为绕组断路故障。这类故障多发生在绕组端部的槽口处,检查时可先检查各绕组的连接线处和引出头处有无烧损、焊点松脱和熔化现象。

(1) 绕组断路故障的检查方法

单路绕组电动机断路时,可采用万用表检查。如果绕组为星形联结,可分别测量每相绕组,断路绕组表不通,如图 3-13-1(a)所示。若绕组为三角形联结,需将三相绕组的接头拆开再分别测量,如图 3-13-1(b)所示。

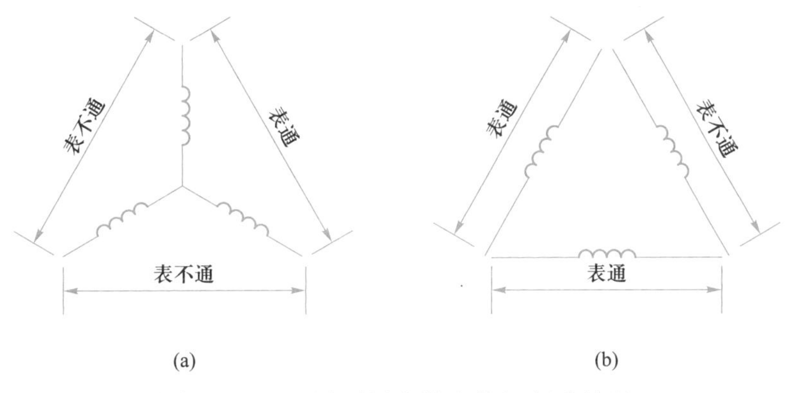

图 3-13-1　用万用表检查绕组断路情况

(2) 绕组断路故障的修理方法

找出断路处后,将其连接重新焊牢,包扎绝缘,再浸渍绝缘漆。

对于功率较大的电动机,其绕组大多采用多根导线并绕或多路并联,有时只有一根导线或一条支路断路,这时应采用三相电流平衡法或双臂电桥法。

对于星形联结的电动机,可将三相绕组并联后通入低压交流电,如果三相电流相差 5% 以上,则电流小的一相即为断路相,如图 3-13-2(a)所示。对于三角形联结的电动机,先将绕组的一个接点拆开,再逐相通入低压交流电并测量其电流,其中电流小的一相即为断路相,如图 3-13-2(b)所示。然后,将断路相的并联支路拆开,逐路检查,找出断路支路。

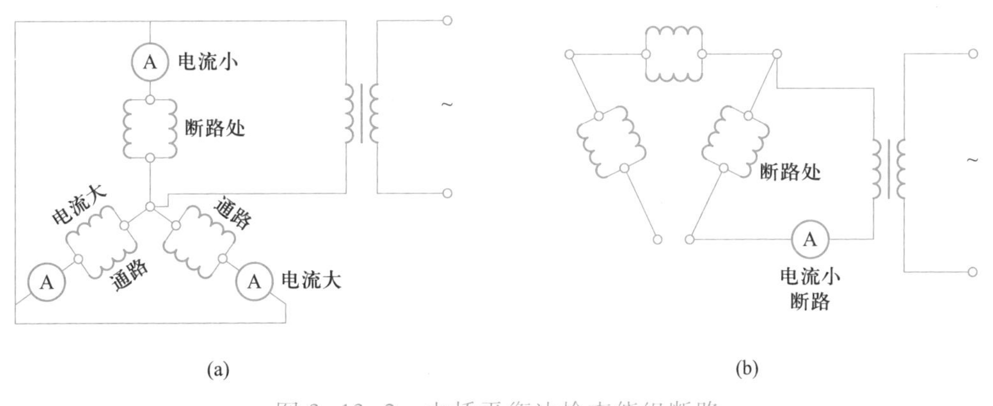

图 3-13-2　电桥平衡法检查绕组断路

(3) 绕组接地故障的检修

兆欧表检查法:把兆欧表的“L”端(线路端)接在电动机接线盒的接线端上,把“E”端接在电动机的机壳上,测量电动机绕组对地(即机壳)绝缘电阻。若绝缘电阻低于 0.5 MΩ,说明电动机受潮或绝缘很差;若绝缘电阻为零,则说明三相绕组接地。此时可拆开电动机绕组的接线端，逐相测量，找出三相绕组的接地相。用指针式万用表检查电动机绕组搭壳接地故障方法为：将万用表先调至 $R\times1$ k 或 $R\times10$ k 挡，电阻调零后，再将一支表笔与绕组的一端紧紧靠牢，另一支表笔搭紧电动机的外壳（去掉油漆的部分）。若万用表所测电阻值为零，呈导通状态，就可以判断此绕组有搭壳接地故障。

修理方法：对于绕组受潮的电动机，可进行烘干处理。待绝缘电阻达到要求后，再重新浸渍绝缘漆。若接地点在定子绕组端部，或只是个别地方绝缘没垫好，一般只需局部修补。先将定子绕组加热，待绝缘软化后，用工具将定子绕组撬开，垫入适当的绝缘材料或将接地处局部包扎，然后涂上自干绝缘漆。若接地点在槽内，一般应更换绕组。

任务三　电动机绕组首末端接错的处理

三相异步电动机为了接线方便，在六个引出线端子上，分别用 U1、V1、W1、U2、V2、W2 编成代号来识别。每个引出线分别接到引线端子板上去，其中 U1、V1、W1 表示电动机接线的首端，U2、V2、W2 表示电动机接线的末端。星形联结如图 3-13-3(a)所示，三角形联结如图 3-13-3(b)所示。

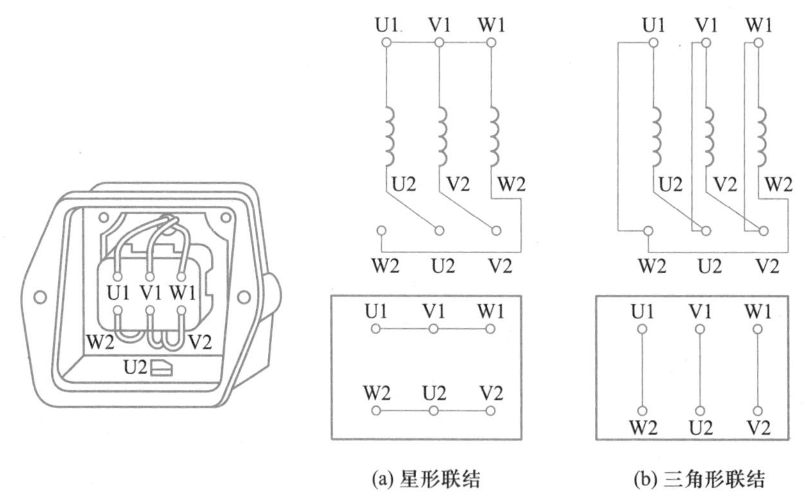

图 3-13-3　三相异步电动机的接线

当电动机绕组首末端接错时，可以通过指示灯和万用表判别。

1. 指示灯判别法

① 用万用表的电阻挡，分别找出三相绕组各相的两个引出线。

② 先给三相绕组的引出线进行假设编号 U1、U2，V1、V2 和 W1、W2，并把 V1、U2 连接起来，构成两相绕组串联。

③ U1、V2 引出线上接一盏指示灯。

④ W1、W2 引出线上接通 36 V 交流电源，若指示灯发亮，说明 U1、U2 和 V1、V2 编号正确。若指示灯不亮，则把 U1、U2 或 V1、V2 任意两个引出线的编号对调一下，如图 3-13-4 所示。

⑤ 再按上述方法对 W1、W2 引出线进行判断，便可确定三相绕组接线的首端和末端。

2. **万用表判别法**

（1）万用表（mA 挡）判别法一

① 先用万用表分清三相绕组各相的两个引出线，并进行假设编号，如图 3-13-4 所示。

② 在合上开关瞬间，若万用表指针向大于零的一边偏转，则干电池正极所接的引出线与万用表负极所接的引出线同为首端或末端，如图 3-13-5 所示；若指针向小于零的一边偏转，则干电池正极所接的引出线与万用表所接的引出线同为首端或末端。

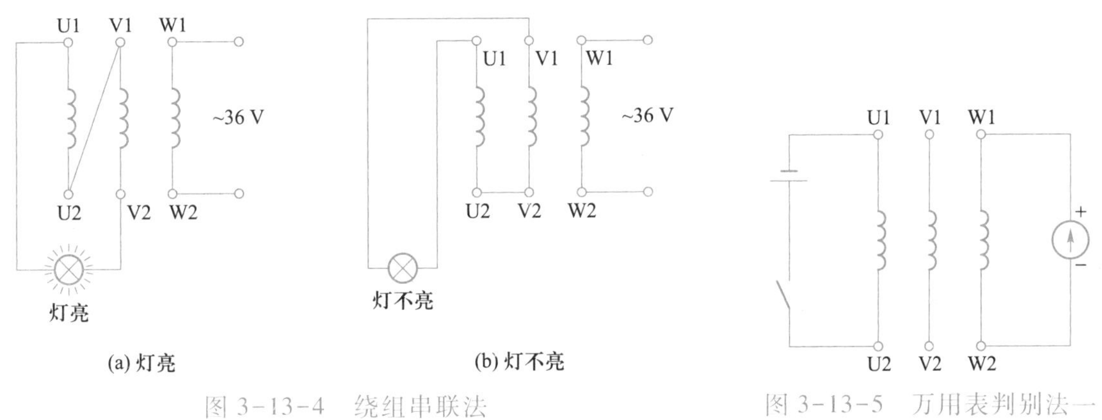

(a) 灯亮　(b) 灯不亮

图 3-13-4　绕组串联法　　图 3-13-5　万用表判别法一

③ 再将干电池和开关接另一相的两个引出线，进行测试，就可正确判别出各相的首、末端。

（2）万用表判别法二

① 先用万用表分清三相绕组各相的两个引出线。

② 给各相绕组进行假设编号为 U1、U2，V1、V2，W1、W2。

③ 用手转动电动机转子，若万用表指针不动，则证明假设的编号（首、末端）是正确的，如图 3-13-6（a）所示接线；若指针有偏转，说明其中有一相首、末端假设编号不对，如图 3-13-6（b）所示接线，应逐步对调重试，直至正确为止。

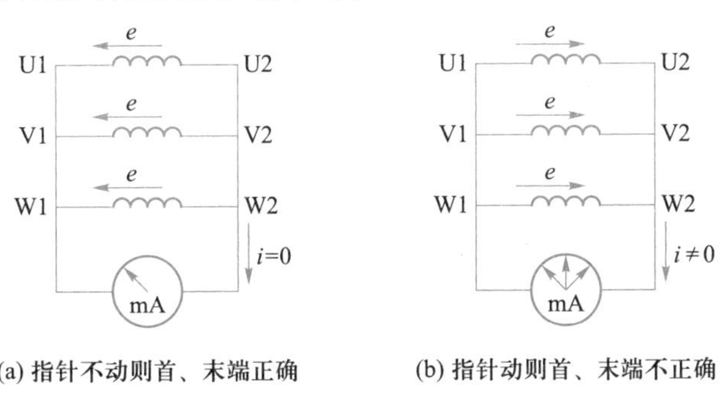

(a) 指针不动则首、末端正确　(b) 指针动则首、末端不正确

图 3-13-6　万用表判别法二

任务四　电动机轴承损坏的处理

1. 检查方法

在电动机运行时用手触摸前轴承外盖,其温度应与电动机机壳温度大致相同,无明显的温差(前轴承是电动机的载荷端,最容易损坏)。另外,也可以听电动机的声音有无异常。将螺丝刀或听诊棒的一头顶在轴承外盖上,另一头贴到耳边,仔细听轴承滚珠沿轴承道滚动的声音,正常时声音是单一的、均匀的。若有异常应将轴承拆卸进一步检查,将轴承拆下来清洗干净后,用手转动轴承,观察其转动是否灵活,并检查轴承内外之间轴向窜动和径向晃动是否正常,转动是否灵活,有无锈迹、伤痕等。

2. 修理方法

对于有锈迹的轴承,将其放在煤油中浸泡便可除去铁锈。若轴承有明显伤痕,则必须加以更换。同时,还应根据电动机的负载情况和工作环境选择合适的润滑脂,以改善轴承的润滑性能并延长其使用寿命。

项目实训评价

电动机拆装、接线、检测和调试操作项目实训评价见表 3-13-10。

表 3-13-10　项目实训评价表

班级		姓名		学号		成绩	
项目	考核内容	配分	评分标准				得分
利用指示灯判别三相绕组接线首、末端	判别正确	30 分	1. 判别方法不正确,扣 30 分 2. 三相绕组各相的两个引出线判别不当,扣 1~10 分 3. 线路连接不规范,每处扣 1~5 分				
利用“万用表判别法一”判别三相绕组接线首、末端	判别正确	30 分	1. 判别方法不正确,扣 30 分 2. 三相绕组各相的两个引出线判别不当,扣 1~10 分 3. 线路连接不规范,每处扣 1~5 分				

续表

项目	考核内容	配分	评分标准	得分
利用“万用表判别法二”判别三相绕组接线首、末端	判别正确	30分	1. 判别方法不正确,扣30分 2. 三相绕组各相的两个引出线判别不当,扣1~10分 3. 线路连接不规范,每处扣1~5分	
安全操作,无事故发生	安全文明,符合操作规程	10分	1. 操作过程中损坏元件1~2只,扣2分 2. 经提示后再次损坏元件,扣4分 3. 未经允许擅自通电,造成设备损坏,扣10分	
合计				
教师签名:				

知识链接一　单相电容式电动机的结构与工作原理

单相电动机中,使用最广泛的是单相电容式电动机。

1. 单相电容式电动机结构

单相电容式电动机是用于单相电源上的笼型异步电动机,主要由定子、转子、端盖、轴承、外罩等部分组成,图3-13-7所示为单相电容式电动机的结构。

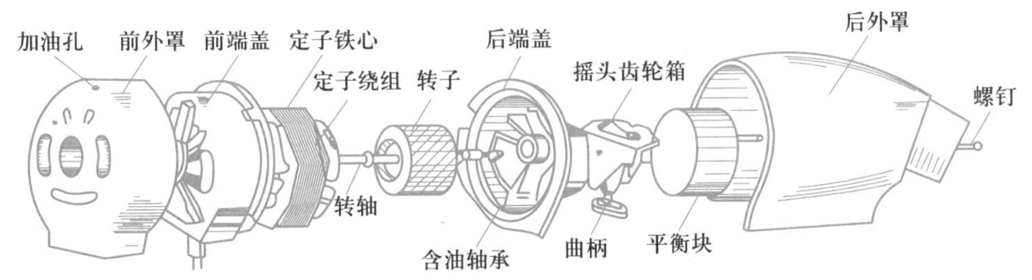

图3-13-7　单相电容式电动机的结构

(1) 定子

定子是由定子铁心、定子绕组和机座三部分组成,其作用是通入单相交流电源时产生旋转磁场。

定子铁心组成电动机磁路的一部分,通常由0.35~0.5 mm厚的硅钢片叠压而成,为减小磁滞和涡流损耗,硅钢片表面涂有绝缘漆或氧化膜。在硅钢片内圆周冲有均匀分布的槽口,以便在叠压成铁心后嵌放线圈,定子铁心由前后端盖固定后安装在机座上。

定子绕组(线圈)由两套独立的、在空间相隔 90°电角度的对称分布绕组组成,一套(称为)工作绕组,又称主绕组;另一套(称为)起动绕组,又称辅助绕组或副绕组,其原理图和结构图如图3-13-8 所示。

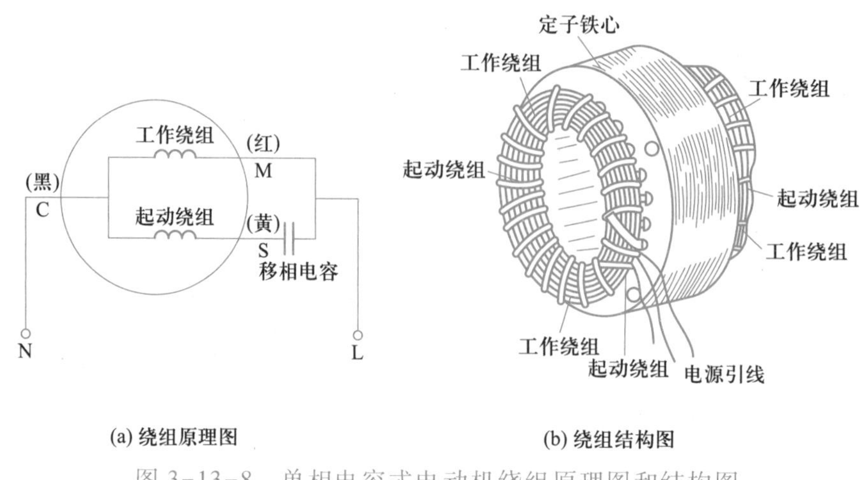

(a) 绕组原理图　　(b) 绕组结构图

图 3-13-8　单相电容式电动机绕组原理图和结构图

(2) 转子

转子的作用是在定子绕组通入电流后,在转子中产生电磁转矩,使转子转动,并输出机械转矩,带动机械转动。

转子由转子铁心、转子绕组和转轴三部分组成。转子铁心是电动机磁路的另一部分,它由外圆周冲有均匀槽口、互相绝缘的硅钢片叠压而成,铁心槽内铸有铝质的笼型转子绕组,两端铸有端环,组成闭合电路。转子套在转轴上,被支承在端盖的含油轴承中,输出机械功率。

转子铁心、定子铁心和空气隙组成电动机的整个磁路。

(3) 端盖

端盖分前端盖和后端盖,由铸铝或其他金属制成,用以固定定子,支承转子,保证定子和转子配合得准确与牢固。

(4) 外罩

外罩罩住电动机定子和转子,使电动机不受灰尘、水滴、杂物等的侵入。

(5) 起动元件

为使电动机起动,必须有起动元件,电容式电动机的起动由电容器和起动绕组组成。它可使电动机起动并进入正常运行。如电动机起动后电容器和起动绕组断电,称为电容起动式电动机;如起动后不断电,称为电容运行式电动机。

在电阻分相起动电路中,单相电动机的起动元件采用 PTC 元件。PTC 元件是正温度系数热敏电阻,它与单相电动机起动绕组串联,当电动机起动时,PTC 元件的温度较低,PTC 呈低阻,能通过很大的起动电流(4~6)I_N,随着 PTC 元件温度升高到某一值后,阻值急剧增大,电流大幅度下降,最后达到稳定值,电流为几十毫安,此时起动绕组相当于“断路”状态。这一过程在极短时间内完成电动机的起动。由于 PTC 元件本身的热惯性，断电后必须间隔 3～5 min，PTC 元件才恢复到接近室温状态，这时电动机方可再次起动，防止电动机因连续起动而损坏。

2. 单相电容式电动机工作原理

单相电容式电动机工作原理如图 3-13-9 所示。当单相电源接入后，工作绕组和起动绕组分别通入两个相接近 90°电角度的电流，于是在空气隙中产生旋转磁场，该旋转磁场在转子导体中便产生感应电动势，由于转子导体是一个闭合体，便在转子导体中产生电流，此电流与磁场作用，就产生电磁力和电磁转矩。电动机就顺旋转磁场方向转动起来。

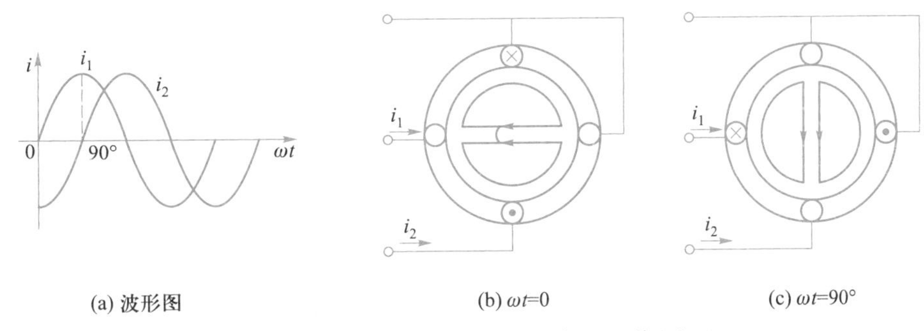

图 3-13-9 单相电容式电动机工作原理

知识链接二 单相电动机的常见故障及检修

单相电动机的常见故障及检修方法见表 3-13-11。

表 3-13-11 单相电动机的常见故障及检修方法

故障现象	产生原因	检修方法
通电后电动机不能起动	1. 电源不通 2. 工作绕组、起动绕组开路或损坏 3. 电容器击穿、漏电或失效 4. 轴承偏小或转轴弯曲 5. 定子、转子不同心	1. 检查电源和控制电器 2. 修理或更换绕组 3. 更换同规格的电容器 4. 用铰刀铰轴承孔或铰直转轴 5. 重装端盖
电动机运行时温升过高	1. 定子绕组匝间短路 2. 绕组接线错误 3. 电动机冷却风道有杂物堵塞 4. 轴承内润滑脂干涸 5. 轴承与转轴配合过紧 6. 转轴弯曲变形	1. 重换绕组 2. 改正接线 3. 清除杂物，清理风道 4. 清洗轴承，加足润滑脂 5. 用铰刀铰轴承孔 6. 校直转轴

故障现象	产生原因	检修方法
电动机通电后起动慢	1. 定子、转子不同心 2. 绕组有局部短路 3. 电容器规格不符或容量变小 4. 转子笼条或端环断裂	1. 调整端盖螺钉,使其同心 2. 排除短路故障或更换绕组 3. 调换合格电容器 4. 修理或更换转子
电动机转速慢	1. 电源电压过低 2. 绕组有局部短路 3. 绕组接线错误 4. 电容器损坏 5. 电动机负载过重	1. 查明电压过低原因 2. 修理或拆换短路绕组 3. 纠正接线错误 4. 调换同规格电容器 5. 减轻负载
电动机运转中响声异常	1. 定子、转子端面未对齐 2. 定子、转子之间有硬杂物 3. 轴承内径磨损,引起径向跳动 4. 转子轴向移位大,造成轴向窜动	1. 对齐定子、转子端面 2. 清除杂物 3. 更换轴承 4. 增加轴上垫圈
电动机机壳带电	1. 绕组绝缘老化,与外壳短路 2. 连接线或引出线绝缘破损,碰壳 3. 电动机漏电电流大 4. 电容器漏电 5. 定子绕组局部烧坏碰壳	1. 更换绕组,处理好绝缘 2. 修复绝缘或更换引出线 3. 加强绝缘,装好保护接地线 4. 更换电容器 5. 拆换损坏绕组
电动机通电后不转动,但可按手拨动方向转动	1. 电容器失效 2. 起动绕组与电容器接触不良 3. 工作绕组或起动绕组开路或损坏	1. 更换电容器 2. 焊好接头 3. 修复或拆换损坏的绕组
电动机运转失常,有时还会倒转	1. 电容器失效 2. 起动绕组损坏 3. 电动机绕组接线错误 4. 电容器和起动绕组接线断脱	1. 更换电容器 2. 修复或更换起动绕组 3. 纠正接线错误 4. 焊好连接线
电动机运行时跳火或冒烟	1. 绕组匝间短路 2. 绕组受潮,绝缘下降 3. 导线绝缘损坏或碰线 4. 绕组碰壳 5. 工作绕组与起动绕组间绝缘损坏	1. 修理或更换短路绕组 2. 烘干后重新浸漆 3. 修复碰线处或重换导线 4. 加强绝缘或更换绕组 5. 加强绝缘或更换绕组

续表

故障现象	产生原因	检修方法
电动机转速慢并有嗡嗡声	1. 电动机装配不良,气隙不均匀 2. 电动机绕组局部短路 3. 轴承与转轴间隙大 4. 转轴弯曲	1. 重新装配,调整气隙 2. 修复或更换短路绕组 3. 更换轴承或转轴 4. 校正转轴

技能训练

1. 训练任务

学会利用指示灯和万用表判断三相异步电动机定子绕组首、末端的方法。

2. 训练器材

万用表、指示灯、36 V 交流电源、毫安表(量程在 500 mA 以下)、1.5 V 电池和开关等。

3. 训练步骤

(1) 利用指示灯判别三相绕组接线的首、末端。

(2) 利用“万用表判别法一”判别三相绕组接线的首、末端。

(3) 利用“万用表判别法二”判别三相绕组接线的首、末端。

复习与思考题

1. 三相异步电动机一般故障有哪些? 应如何进行检修?
2. 应如何对三相异步电动机进行绕组短路、断路故障的处理?
3. 分别写出用指示灯法和万用表法对三相异步电动机进行绕组首末端进行判别的过程。
4. 如何检修轴承损坏的电动机?

第四单元

基本电气控制线路的安装与调试

职业综合素养提升目标

熟悉组合开关、螺旋式熔断器、按钮、交流接触器、热继电器、行程开关、时间继电器等常用低压电器的结构、使用方法和电路符号。会分析点动、自锁、正反转、位置、顺序、星-三角降压起动等基本控制线路的工作过程。理解自锁与联锁、位置控制、顺序控制、全压起动、降压起动等概念。

学会点动、自锁、正反转、位置、顺序、星-三角降压起动等基本控制线路的装接与通电试运行前的自检。学会组合开关、螺旋式熔断器、按钮、交流接触器、热继电器、行程开关、时间继电器等常用低压电器的识别、检测、选用和安装。会根据原理图画线路的布置与接线图。

项目十四

三相异步电动机点动正转控制线路的安装与调试

项目目标　学习本项目后，应能：

- 描述低压断路器、熔断器、按钮及交流接触器的结构、作用、主要技术参数和检测方法。
- 根据实际线路合理选用低压断路器、熔断器、按钮及交流接触器的型号与规格，并进行正确安装。
- 描述三相笼型异步电动机点动正转控制线路的工作过程。
- 根据电气原理图画出线路的布置图与接线图。
- 叙述明线布线的工艺要求。
- 用万用表电阻挡对三相笼型异步电动机点动正转控制线路进行试车前的自检。
- 绘制和书写低压断路器、熔断器、按钮、交流接触器的图形与文字符号。
- 熟悉绘制、识读电气控制线路图的原则。

点动正转控制线路是用按钮、接触器来控制电动机运转的最简单的正转控制线路。

本项目通过对三相笼型异步电动机点动正转控制线路的安装与调试，学习按钮、接触器等常用低压电器的结构、特点和使用方法，同时掌握三相笼型异步电动机点动正转控制线路的工作原理、线路安装与调试的相关知识和技能。

任务一　识读电气原理图

1. 线路工作原理

图 4-14-1 所示为三相笼型异步电动机点动正转控制线路的电气原理图。

按照电气原理图的绘制原则，三相交流电源线 L1、L2、L3 依次水平地画在图的上方，低压

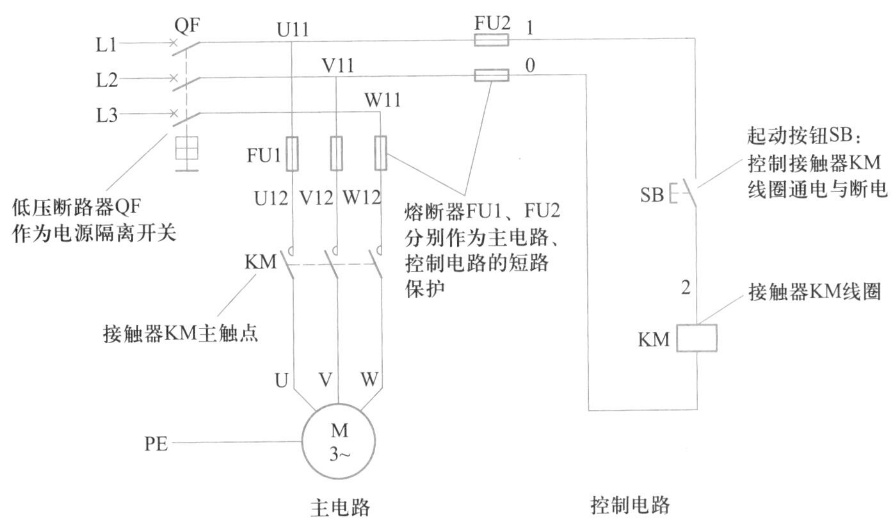

图 4-14-1　三相笼型异步电动机点动正转控制线路的电气原理图

断路器 QF 水平画出；由熔断器 FU1、接触器 KM 的三对主触点和电动机 M 组成的主电路，垂直电源线画在图的左侧；由起动按钮 SB、接触器 KM 的线圈组成控制电路跨接在 L1 和 L2 两条电源线之间，垂直画在主电路的右侧，且接触器 KM 的线圈与下边电源线 L2 相连画在电路的下方，起动按钮 SB 则画在接触器 KM 线圈与上边电源线 L1 之间。

接触器 KM 采用了分开绘制的方法，其三对主触点画在主电路中，而线圈则画在控制线路中，为表示它们是同一电器，在它们的图形符号旁边标注了相同的文字符号 KM。线路按规定在各接点进行了编号。图中没有专门的指示电路和照明电路。

所谓点动控制是指按下按钮，电动机就通电运转；松开按钮，电动机就断电停转。这种控制方法常用于电动葫芦等起重电动机控制和车床拖板箱快速移动电动机控制。

线路的工作原理如下：

当电动机 M 需要起动时，先合上低压断路器 QF，此时电动机 M 尚未接通电源。按下起动按钮 SB，接触器 KM 线圈通电，使衔铁吸合，同时带动接触器 KM 三对主触点闭合，电动机 M 便接通电源起动运转。当电动机需要停转时，只要松开起动按钮 SB，使接触器 KM 线圈断电，衔铁在复位弹簧作用下复位，带动接触器 KM 的三对主触点恢复分断，电动机 M 断电停转。

在分析各种控制线路的原理时，为了简单明了，常用文字符号和箭头配以少量文字说明来表达线路的工作原理。如点动正转控制线路工作原理可叙述如下：

先合上低压断路器 QF

起动：按下 SB → KM 线圈通电 → KM 主触点闭合 → 电动机 M 起动运转

停止：松开 SB → KM 线圈断电 → KM 主触点分断 → 电动机 M 断电停转

2. 接线实物图

图 4-14-2 所示为三相笼型异步电动机点动正转控制线路的接线实物图。

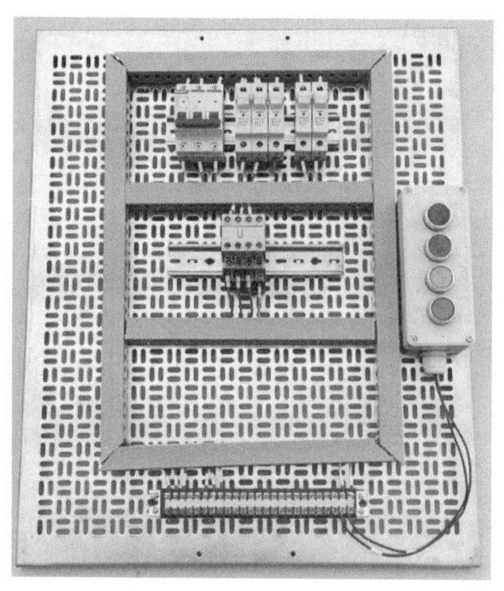

图 4-14-2　三相笼型异步电动机点动正转控制线路接线实物图

现象：按下按钮 SB，电动机运转；松开按钮 SB，电动机就停转。

任务二　选用线路电气元件

1. 线路电气元件的选用

三相笼型异步电动机点动正转控制线路选用的电气元件及工具、仪表见表 4-14-1。

表 4-14-1　三相笼型异步电动机点动正转控制线路选用的电气元件及工具、仪表清单

名称	规格（型号）	数量
三相笼型异步电动机（M）	YS5024，60 W，380 V	1 台
低压断路器（QF）	DZ47-60	1 只
按钮站（SB）	LA10-3H	1 只
熔断器（FU1）	RT28N-32X（配 10A 熔体）	3 只
熔断器（FU2）	RT28N-32X-32（配 2A 熔体）	2 只
交流接触器（KM）	CJX2-1210	1 只
接线端子排（XT）	TD-1525	1 条
网孔板	600 mm×600 mm	1 块
主电路导线	多股铜芯塑料绝缘线，1 mm^2（红色）	若干
控制电路导线	多股铜芯塑料绝缘线，1 mm^2（黄色）	若干
按钮线	RV 0.75 mm^2，颜色：自定	若干

续表

名称	规格(型号)	数量
三相四线电源插头	~3×380 V/220 V、20 A	1 根
常用电工工具		1 套
万用表	数字万用表	1 台
兆欧表	ZC25-3,500 V、0~500 MΩ(型号可自定)	1 台
钳形电流表	MG28	1 台

2. **电气元件的识别与检测**

(1) 三相笼型异步电动机、接线端子排、三相四线电源插头等电气元件的检测。

① 三相笼型异步电动机:主要进行常规识别与检测,即电动机铭牌数据的识读,如型号、功率、额定电压、额定电流、定子绕组的联结方法、额定转速等;电动机绝缘电阻的测量,一般绝缘电阻应大于 0.5 MΩ。

② 接线端子排:用万用表检测接线端子排的输入端与输出端接触是否良好等。

③ 三相四线电源插头:用万用表检测插头线通断,插头接触是否良好等。

(2) 低压断路器的选用与检测

本项目选用 DZ47-60 低压断路器,如图 4-14-3 所示,DZ47-60 低压断路器按瞬时脱扣器的形式分为 C 型和 D 型,C 型多用于照明保护,D 型多用于电动机保护。

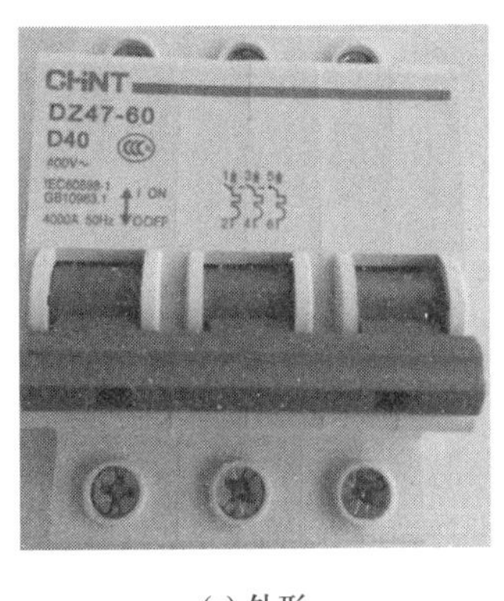

(a) 外形

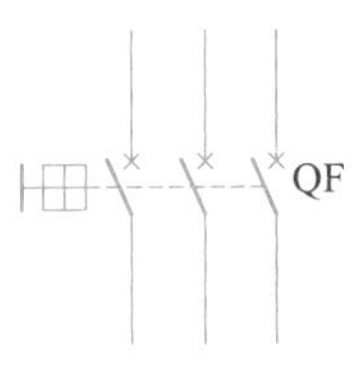

(b) 符号

图 4-14-3 DZ47-60 低压断路器外形与符号

① 选用:根据三相异步电动机的规格,选用低压断路器的型号。例如,根据额定电流为 10 A,选用原则可参考项目六中的知识链接一。

② 检测:用数字万用表的通断测试挡对其质量进行检测,如图 4-14-4 所示。合上开关,低压断路器对应的上、下端之间处于连通状态;断开开关,低压断路器对应的上、下端之间处于切断状态。

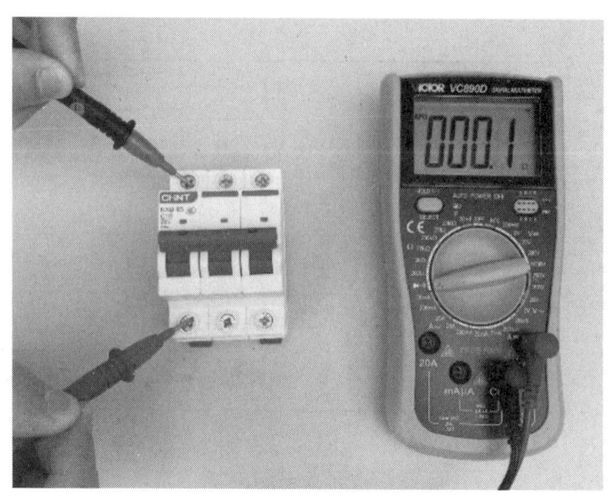

图 4-14-4　低压断路器质量检测

（3）熔断器的选用与检测

熔断器是低压配电网络和电力拖动系统中主要用作短路保护的电器。使用时串联在被保护的电路中，当电路发生短路故障，通过熔断器的电流达到或超过某一规定值时，以其自身产生的热量使熔断器熔断，从而自动分断电路，起保护作用。它具有结构简单、价格便宜、动作可靠、使用维护方便等优点，得到了广泛的应用。

① 选用：对熔断器的选用主要包括熔断器类型、熔断器额定电压、熔断器额定电流和熔体额定电流的选用。

● 熔断器类型的选择。本项目选用 RT18-32 圆筒帽形熔断器，其外形、结构与符号如图 4-14-5所示。另外，RL1 系列螺旋式熔断器也是常用产品。

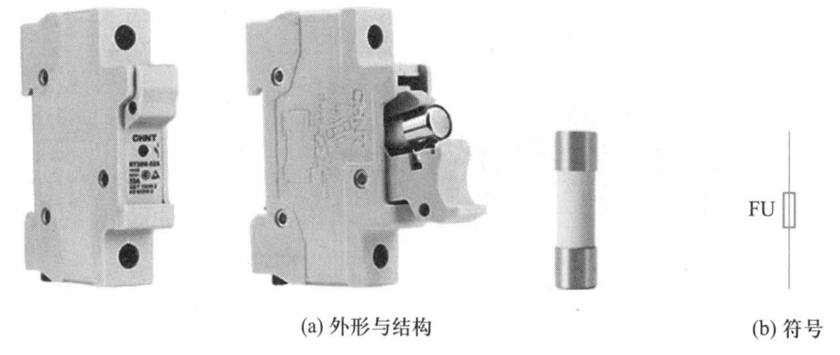

(a) 外形与结构　　(b) 符号

图 4-14-5　圆筒帽形熔断器外形、结构与符号

● 熔体额定电流的选择。对于一台不经常起动且起动时间不长的电动机的短路保护，熔体的额定电流 I_{RN}应大于或等于 1.5~2.5 倍电动机额定电流 I_N，即

$$I_{RN} \geqslant (1.5 \sim 2.5) I_N$$

● 对于多台电动机的短路保护，熔体的额定电流 I_{RN}应大于或等于其中最大容量电动机的额定电流 I_{Nmax}的 1.5~2.5 倍，再加上其余电动机额定电流的总和$\sum I_N$，即

$$I_{RN} \geq (1.5 \sim 2.5) I_{Nmax} + \sum I_N$$

本项目中使用的RT28-32圆筒帽形熔断器，其额定电压为380 V、额定电流为32 A，主电路中熔体的额定电流选择10 A，控制电路中熔体的额定电流选择2 A。

② 检测：用数字万用表的通断测试挡对其质量进行检测，检测熔体或接线座接触是否良好等，如图4-14-6所示。

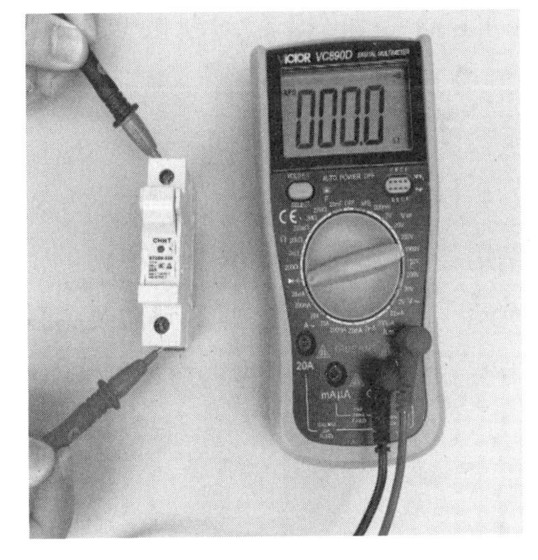

图4-14-6 圆筒帽形熔断器质量检测

(4) 按钮的选用与检测

按钮又称控制按钮或按钮开关，是一种手动控制电器。它只能短时接通或分断5 A以下的小电流电路，向其他电器发出指令性的电信号，控制其他电器动作。由于按钮载流量小，不能直接用于控制主电路的通断。

常见按钮如图4-14-7所示，根据不同需要，可将单个按钮组成双联按钮、三联按钮等，用于电动机的起动、停止及正转、反转、制动控制。

(a) 单联按钮

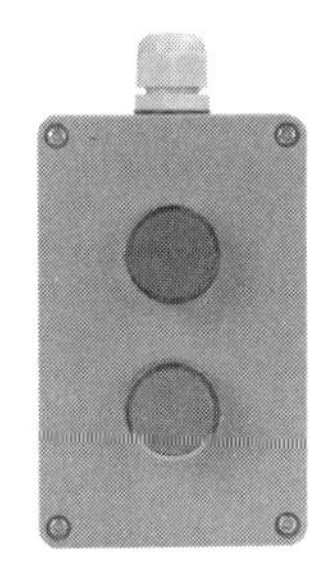

(b) 双联按钮

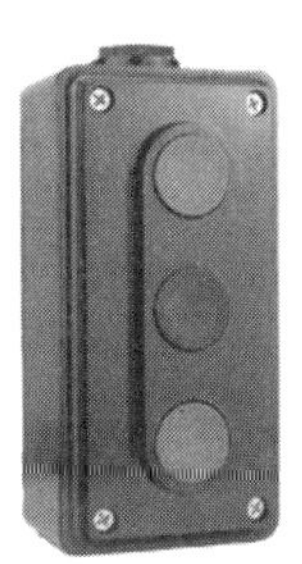

(c) 三联按钮

图4-14-7 常见按钮

按钮的工作原理是：未按动按钮帽时，按钮保持复位状态，不发出信号；当按下按钮帽时，可动触点向下移动，使动合触点接通，向其他电器发出指令性的电信号，控制其他电器动作，如图4-14-8所示。

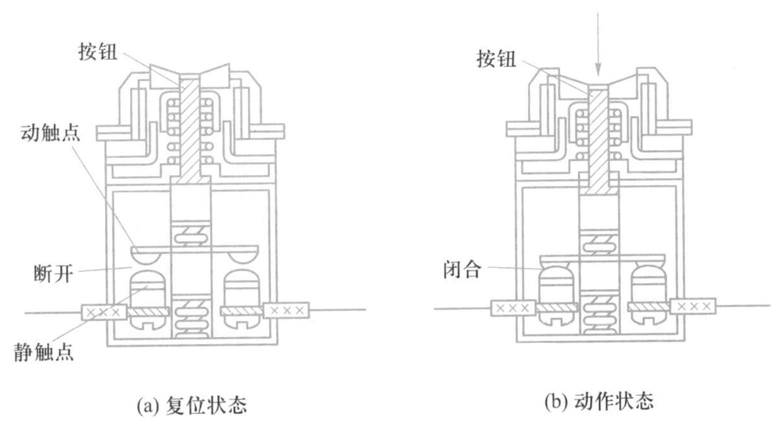

(a) 复位状态　(b) 动作状态

图4-14-8 按钮的工作原理

由于按钮的触点结构、数量和用途不同，又分为停止按钮（动断按钮）、起动按钮（动合按钮）和复合按钮（既有动断触点，又有动合触点）。常用按钮的种类有 LA2、LA18、LA19 和 LA20 等系列。

按钮的符号如图 4-14-9 所示。

控制按钮的主要技术参数包括规格、结构形式、触点对数和按钮颜色等。选择使用时，应从使用场合、所需触点数及按钮帽的颜色等因素考虑。一般红色表示停止，绿色表示起动，黄色表示干预。另外，根据不同需要，可将若干按钮集中安装在一块控制板上，以实现集中控制，称为按钮站。按钮站的结构如图 4-14-10 所示。

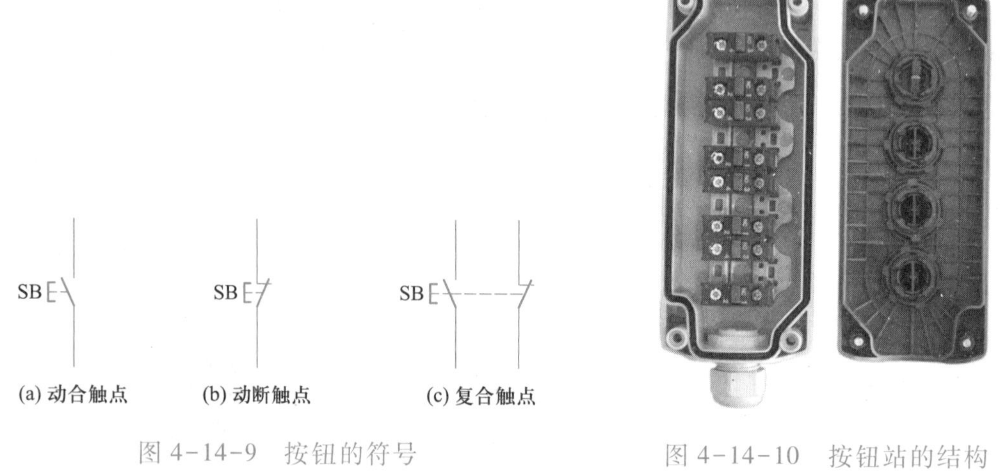

图 4-14-9　按钮的符号

图 4-14-10　按钮站的结构

选用：主要考虑按钮的外形、结构及其额定电流等技术数据。

检测：用数字万用表的通断测试挡，检测动合与动断触点接触、通断情况是否良好等。

本项目中采用 LA10-3H 按钮站。

（5）交流接触器的选用与检测

接触器是一种自动电磁式开关，适用于远距离频繁地接通或断开交、直流主电路及大容量控制电路。它不仅能实现远距离自动操作和欠电压释放保护功能，而且还具有控制容量大、工作可靠、操作效率高、使用寿命长等优点，在电力拖动系统中得到广泛应用。接触器按电流种类通常分为交流接触器和直流接触器两种。本书主要应用交流接触器。

① 交流接触器的工作原理

交流接触器的主要部分是电磁机构、触点系统和灭弧装置，其外形和结构如图 4-14-11 所示。

交流接触器有两种工作状态：通电状态（动作状态）和断电状态（释放状态）。接触器主触点的动触点装在与衔铁相连的绝缘连杆上，其静触点则固定在壳体上。当线圈通电后，线圈产生磁场，使静铁心产生电磁吸力，将衔铁吸合。衔铁带动动触点动作，使动断触点断开，动合触

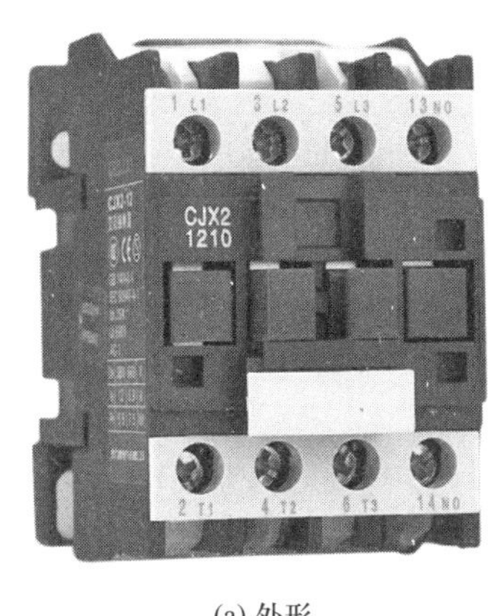

(a) 外形

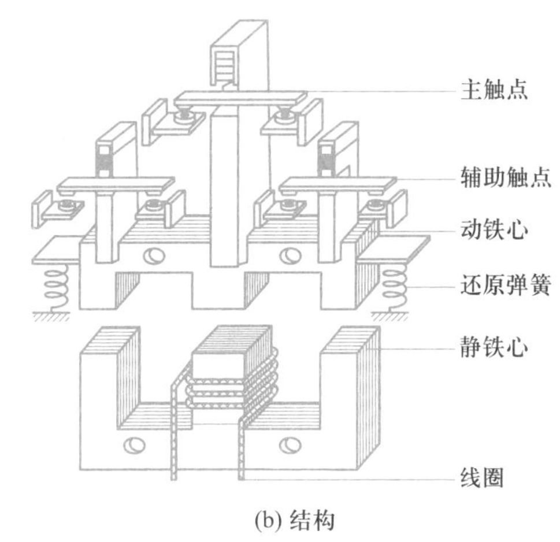

(b) 结构

图 4-14-11　交流接触器外形和结构

点闭合，分断或接通相关电路。当线圈断电时，电磁吸力消失，衔铁在反作用弹簧的作用下释放，各触点随之复位。

交流接触器有三对动合的主触点，它的额定电流较大，用来控制大电流主电路的通断；还有两对动合辅助触点和两对动断辅助触点，它们的额定电流较小，一般为 5 A，用来接通或分断小电流的控制电路。

② 交流接触器的主要技术参数

常用的交流接触器有 CJ0、CJ10、CJ12 和 CJ20 等系列以及 B 系列、3TB 系列等，交流接触器的技术参数见表 4-14-2。

表 4-14-2　交流接触器的主要技术参数

型号	额定电压/V	额定电流/A	可控电动机最大功率值/kW			最大操作频率/(次/h)
			220	380	500	
CJ10-5	380 500	5	1.2	2.2	2.2	600
CJ10-10		10	2.2	4	4	
CJ10-20		20	5.5	10	10	
CJ10-40		40	11	20	20	
CJ10-60		60	17	30	30	
CJ10-100		100	30	50	50	
CJ10-150		150	43	75	75	

交流接触器在分断大电流电路时，在动静触点之间会产生较大的电弧，不仅会烧坏触点，延长电路分断时间，严重时还会造成相间短路，所以在 20 A 以上的接触器上均装有陶瓷灭弧罩，以迅速切断触点分断时所产生的电弧。

③ 交流接触器的符号

交流接触器的符号如图 4-14-12 所示。

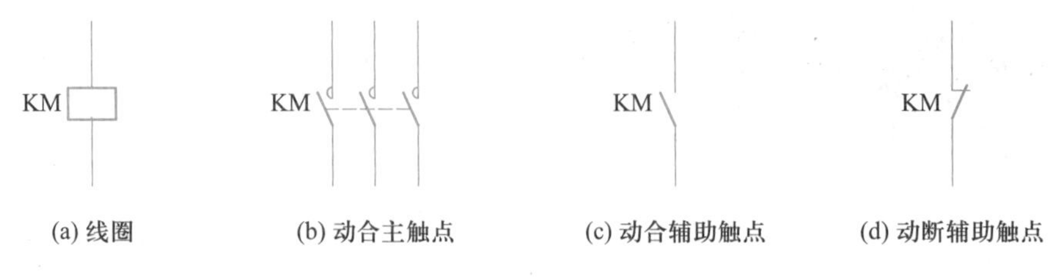

图 4-14-12　交流接触器的符号

选用：主要考虑交流接触器的型号、额定电压及其额定电流等技术数据。

检测：用数字万用表通断测试挡，检测动合与动断触点接触是否良好、动作是否正常等。

本项目中采用 CJX2-1210 交流接触器。

任务三　绘制布置图和接线图

1. 布置图

布置图是根据电气元件在网孔板上的实际安装位置，采用简化的外形符号（如正方形、矩形、圆形等）绘制的一种简图。它不表达各电气元件的具体结构、作用、接线情况以及工作原理，主要用于电气元件的布置和安装。图中各电气元件的文字符号必须与电路原理图和接线图的标注相一致。

点动正转控制线路电气元件布置图如图 4-14-13 所示。

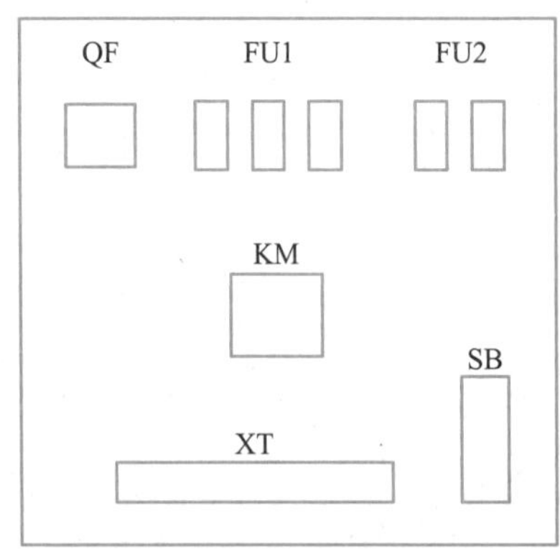

图 4-14-13　点动正转控制线路电气元件布置图

2. **接线图**

接线图是根据电气设备和电气元件的实际位置和安装情况绘制的,只表示电气设备和电气元件的位置、配线方式和接线方式,而不明显表示电气动作原理,主要用于安装接线、线路的检查维修和故障处理。

点动正转控制线路接线图可参考图 4-14-14。

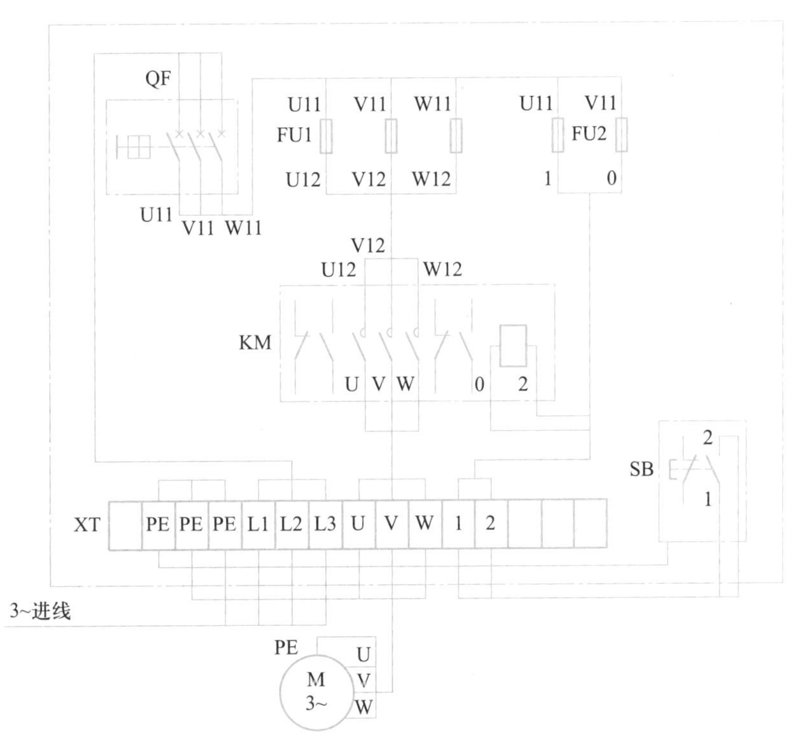

图 4-14-14 点动正转控制线路接线图

任务四 装接电气元件和线路

1. **固定电气元件**

根据图 4-14-13 所示线路布置图固定电气元件,并贴上醒目的文字符号。

2. **导线的装接**

读者可对照点动正转控制线路的电气原理图和接线图,进行合理美观的接线。接线的一般步骤:控制电路→主电路→按钮→电动机。

安装电气元件的工艺要求和板前明线布线的工艺要求见表 4-14-3。

表 4-14-3　点动正转控制线路装接工艺要求

安装电气元件的工艺要求	板前明线布线的工艺要求
1. 低压断路器、熔断器的进线端子应安装在控制板的外侧,并使熔断器的进线端为底座的中心端 2. 各电气元件的安装位置应整齐,匀称,间距合理,便于电气元件的更换 3. 紧固各电气元件时要用力匀称,紧固程度适当。在紧固熔断器、接触器等易碎电气元件时,应用手按住电气元件一边轻轻摇动,一边用螺丝刀轮换旋紧对角线上的螺钉,直到手拧不动后再适当旋紧些即可	1. 布线通道尽可能少,同时并行导线按主、控电路分类集中,单层密排,紧贴安装面布线 2. 同一平面的导线应高低一致或前后一致,不能交叉。非交叉不可时,该根导线在接线端子引出时应水平架空跨越,但必须布线合理 3. 布线应横平竖直,分布均匀。变换走向时应垂直 4. 布线时严禁损伤线芯和导线绝缘 5. 布线顺序一般以接触器为中心,由里向外,由低到高,先控制电路,后主电路进行,以不妨碍后续布线为原则 6. 在每根剥去绝缘层导线的两端套上编码管。所有从一个接线端子(或接线桩)到另一个接线端子(或接线桩)的导线必须连续,中间无接头 7. 导线与接线端子或接线柱连接时,不得压绝缘层、不反圈及不露铜过长 8. 同一电气元件、同一回路的不同接点的导线间距应保持一致 9. 一个电气元件的接线端子上的连接导线不得多于两根,每节接线端子板上的连接导线一般只允许连接一根

3. 连接电动机、电源等网孔板外部的导线

可靠连接电动机和各电气元件金属外壳的保护接地线,连接好电源插头线等。

点动正转控制线路接线实物图如图 4-14-15 所示,根据电气原理图检验控制板内部布线的正确性。

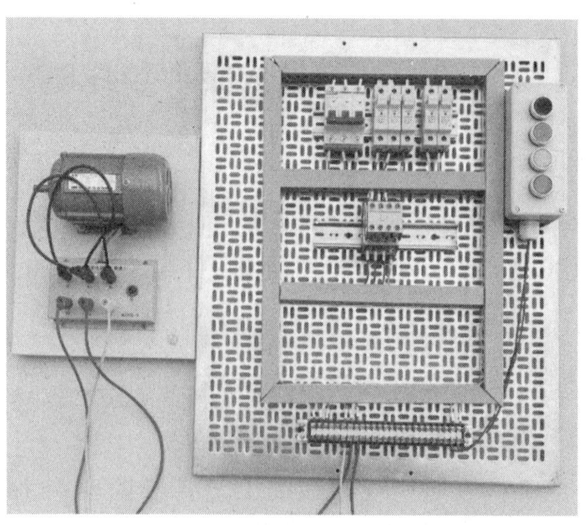

图 4-14-15　点动正转控制线路接线实物图

任务五　自检并通电试运行

安装完毕后的控制线路板，必须经过认真检查后，才允许通电试运行，以防止错接、漏接造成不能正常运转和短路事故。

1. **自检**

① 按电气原理图或接线图从电源端开始，逐段核对接线及接线端子处线号是否正确，有无漏接、错接之处，如图 4-14-16所示。

图 4-14-16　用万用表逐段进行检查

检查导线接点是否符合要求，压接是否牢固。接触应良好，以免带负载运行时产生闪烁现象。

② 用万用表检查线路的通断情况。对控制电路的检查（断开主电路），可将表笔分别搭在 U11、V11 线端上，读数应为"∞"。按下 SB 时，读数应为接触器线圈的直流电阻值，约为 1.2 kΩ，如图 4-14-17 所示。

(a)

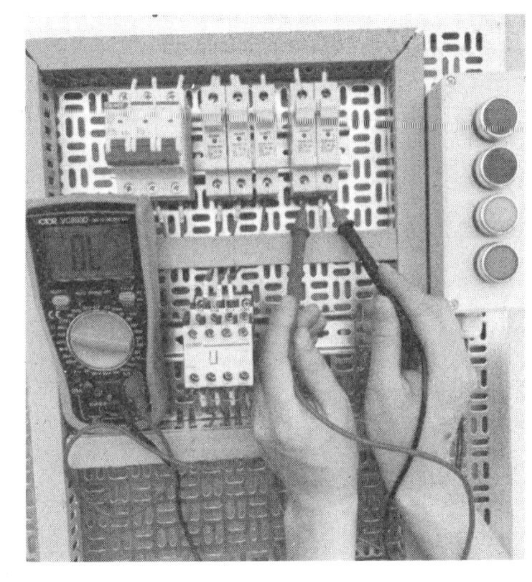

(b)

图 4-14-17　万用表检查线路通断情况

然后再断开控制电路检查主电路有无开路或短路现象，此时可用手动来代替接触器通电进行检查。

③ 用兆欧表检查线路的绝缘电阻应不得小于 1 MΩ。

2. **试运行**

检查无误后通电试运行。试运行前应检查有关电气设备是否有不安全的因素存在，若有应立即改正，然后才能试运行。在通电试运行时，要认真执行安全操作规程的有关规定，一个同学监控，另一个同学操作。

通电试运行操作步骤：

通电时：合上三相电源开关→合上低压断路器 QF→按下点动按钮 SB

断电时：松开点动按钮 SB→断开低压断路器 QF→切断三相电源开关

3. 注意事项

① 电动机及按钮的金属外壳必须可靠接地。接至电动机的导线必须在导线通道内加以保护，或采用四芯橡皮线或塑料护套线进行临时试验。

② 电源线应接在螺旋式熔断器的下接线座上，出线应接在上接线座上。

项目实训评价

三相异步电动机点动控制线路的安装与调试项目实训评价见表 4-14-4。

表 4-14-4　项目实训评价表

班级		姓名	学号		成绩	
项目	考核内容	配分	评分标准			得分
装前检查	认真检查电动机和低压电器质量	10 分	1. 电动机质量漏检查，每处扣 3 分 2. 低压电器质量漏检查，每处扣 2 分			
元件安装	元件布置合理，安装准确紧固	20 分	1. 元件布置不整齐、不匀称、不合理，每只扣 1 分 2. 元件安装不牢固，安装元件时漏装螺钉，每只扣 1 分 3. 损坏元件，每只扣 2 分 4. 电动机安装不符合要求，扣 5 分 5. 控制板或开关不符合要求，扣 5 分			
布线	按电路图接线并符合工艺要求	40 分	1. 不按电路图接线，扣 20 分 2. 布线不符合要求，主电路每根扣 4 分，控制电路每根扣 2 分 3. 接点不符合要求，每个接点扣 1 分 4. 损伤导线绝缘或线芯，每根扣 5 分 5. 漏接接地线，扣 10 分			

续表

项目	考核内容	配分	评分标准	得分
通电试运行	在保证人身安全的前提下，通电试运行要一次成功	20分	1. 热继电器整定值错误，扣2分 2. 主、控电路配错熔体，每个扣1分 3. 一次试运行不成功，扣10分；二次试运行不成功，扣15分；三次试运行不成功，扣20分	
安全文明操作	安全文明，符合操作规程	10分	违反安全文明操作规程，扣5~10分	
合计				
教师签名：				

知识链接一　绘制、识读电气控制线路图的原则

生产中的机械电气控制线路常用电路图、接线图和布置图来表示。

1. 电路图

电路图即电气原理图，是根据生产机械运动形式对电气控制系统的要求，采用国家统一规定的电气图形符号和文字符号，按照电气设备和电器的工作顺序，详细表示电路、设备或成套装置的全部基本组成和连接关系，而不考虑其实际位置的一种简图。

电路图能充分表达电气设备和电器的用途、作用和工作原理，是电气线路安装、调试和维修的理论依据。

绘制、识读电路图时应遵循以下原则：

(1) 电路图一般分电源电路、主电路和控制电路三部分绘制。

① 电源电路画成水平线，三相交流电源相序L1、L2、L3自上而下依次画出，中性线N和保护线PE依次画在相线之下。直流电源的“+”端画在上边，“-”端画在下边。电源开关要水平画出。

② 主电路是指动力装置及控制、保护电器的支路等，由主熔断器、接触器的主触点、热继电器的热元件以及电动机等组成。主电路通过的电流是电动机的工作电流，电流较大。主电路图要画在电路图的左侧并垂直电源电路。

③ 控制电路一般包括控制主电路工作状态的控制电路；显示主电路工作状态的指示电路；提供机床等设备局部照明的照明电路等，由主电器的触点、接触器线圈及辅助触点、继电器

线圈及触点、指示灯和照明灯组成。辅助电路通过的电流都较小，一般不超过 5 A。画辅助电路图时，辅助电路要跨接在两相电源线之间，一般按照控制电路、指示电路和照明电路的顺序依次垂直画在主电路图的右侧，且电路中与下边电源线相连的耗能元件（如接触器和继电器的线圈、指示灯、照明灯等）要画在电路图的下方，而电器的触点要画在耗能元件与上边电源线之间。为读图方便，一般应按照自左至右、自上而下的排列来表示操作顺序。

（2）电路图中，各电器的触点位置都按电路未通电或电器未受外力作用时的常态位置画出。分析原理时，应从触点的常态位置出发。

（3）电路图中，不画各电气元件实际的外形图，而采用国家统一规定的电气图形符号画出。

（4）电路图中，同一电器的各电气元件不按它们的实际位置画在一起，而是按其在线路中所起的作用分画在不同电路中，但它们的动作却是相互关联的，因此，必须标注相同的文字符号。若图中相同的电器较多时，需要在电器文字符号后面加注不同的数字，以示区别，如 KM1、KM2 等。

（5）画电路图时，应尽可能减少线条和避免线条交叉。对有直接电联系的交叉导线连接点，要用小黑圆点表示；无直接电联系的交叉导线则不画小黑圆点。

（6）电路图采用电路编号法，即对电路中的各个接点用字母或数字编号。

① 主电路在电源开关的出线端按相序依次编号为 U11、V11、W11。然后按从上而下、从左至右的顺序，每经过一个电气元件后，编号要递增，如 U12、V12、W12；U13、V13、W13；…。单台三相交流电动机（或设备）的三根引出线按相序依次编号为 U、V、W。对于多台电动机引出线的编号，为了不致引起误解和混淆，可在字母前用不同的数字加以区别，如 1U、1V、1W；2U、2V、2W；…。

② 辅助电路编号按“等电位”原则从上至下、从左至右的顺序用数字依次编号，每经过一个电气元件后，编号要依次递增。控制电路编号的起始数字必须是 1，其他辅助电路编号的起始数字依次递增 100，如照明电路编号从 101 开始；指示电路编号从 201 开始等。

2. 接线图

接线图是根据电气设备和电气元件的实际位置和安装情况绘制的，只用来表示电气设备和电气元件的位置、配线方式和接线方式，而不明显表示电气动作原理。主要用于安装接线、线路的检查维修和故障处理。

绘制、识读接线图应遵循以下原则：

① 接线图中一般示出如下内容：电气设备和电气元件的相对位置、文字符号、端子号、导线号、导线类型、导线截面积、屏蔽和导线绞合等。

② 所有的电气设备、电气元件都按其所在的实际位置绘制在图纸上，且同一电器的各电气元件根据其实际结构，使用与电路图相同的图形符号画在一起，并用点画线框上，其文字符

号以及接线端子的编号应与电路图中的标注一致,以便对照检查接线。

③ 接线图中的导线有单根导线、导线组(或线扎)、电缆等之分,可用连续线和中断线来表示。凡导线走向相同的可以合并,用线束来表示,到达接线端子板或电气元件的连接点时再分别画出。在用线束来表示导线组、电缆等时可用加粗的线条表示,在不引起误解的情况下也可采用部分加粗。另外,导线及管子的型号、根数和规格应标注清楚。

3. 布置图

布置图是根据电气元件在控制板上的实际安装位置,采用简化的外形符号(如正方形、矩形、圆形等)而绘制的一种简图。它不表达各电器的具体结构、作用、接线情况以及工作原理,主要用于电气元件的布置和安装。图中各电器的文字符号必须与电路图和接线图的标注相一致。

在实际中,电路图、接线图和布置图要结合起来使用。

知识链接二　电动机基本控制线路的安装步骤

电动机基本控制线路的安装,一般应按以下步骤进行:

① 识读电路图,明确线路所用电气元件及其作用,熟悉线路的工作原理。

② 根据电路图或电气元件明细表配齐电气元件,并进行检验。

③ 根据电气元件选配安装工具和控制板。

④ 根据电路图绘制布置图和接线图,然后按要求在网孔板上安装电气元件(电动机除外),并贴上醒目的文字符号。

⑤ 根据电动机容量选配主电路导线的截面积。控制电路导线一般采用截面积为 1 mm^2 的铜芯(BVR)线;按钮线一般采用截面积为 0.75 mm^2 的铜芯线(BVR);接地线一般采用截面积不小于1.5 mm^2的铜芯(BVR)线。

⑥ 根据接线图布线,同时将剥去绝缘层的两端线头套上标有与电路图编码一致的编码套管。

⑦ 安装电动机。

⑧ 连接电动机和所有电气元件金属外壳的保护接地线。

⑨ 连接电源、电动机等控制板外部导线。

⑩ 自检。

⑪ 交验。

⑫ 通电试运行。

复习与思考题

1. 说一说点动正转控制线路的工作过程。

2. 组合开关主要应用在什么场合？它主要有哪些技术参数？在实际线路中应如何进行选用与安装？

3. 按钮有什么作用？它主要有哪些技术参数？在实际线路中应如何进行选用与安装？

4. 螺旋式熔断器与插入式熔断器相比有什么区别？其主要应用在什么场合？它主要有哪些技术参数？在实际线路中应如何进行选用与安装？

5. 交流接触器有什么作用？它主要有哪些参数？在实际线路中应如何进行选用与安装？

6. 说一说明线布线的主要工艺。在实际布线中特别要注意什么问题？

7. 画出组合开关、熔断器、按钮和交流接触器的电路与文字符号。

8. 写出点动正转控制线路试运行前进行自检的方法与步骤。

项目十五

三相异步电动机自锁控制线路的安装与调试

项目目标　学习本项目后，应能：

- 解释自锁与过载保护。
- 描述热继电器的结构、作用、主要技术参数和检测方法。
- 根据实际线路合理选用热继电器的型号与规格，并进行正确安装。
- 描述具有过载保护的三相笼型异步电动机接触器自锁控制线路的工作过程。
- 根据电气原理图画出线路的布置图与接线图。

如果要求电动机起动后能连续运转，采用点动正转控制线路显然不能满足要求。为实现电动机的连续运行，可采用接触器自锁控制线路。

本项目通过对具有过载保护的三相笼型异步电动机接触器自锁控制线路的安装与调试，学习和理解自锁、过载保护等知识，同时掌握三相笼型异步电动机接触器自锁控制线路的工作原理分析、线路安装与调试的相关知识和技能。

任务一　识读电气原理图

1. 线路工作原理

图 4-15-1 所示为具有过载保护的三相笼型异步电动机接触器自锁控制线路的电气原理图。

“自锁”：当松开起动按钮 SB1 后，接触器 KM 通过自身动合辅助触点使线圈保持通电的作用称为自锁（或自保）。与起动按钮并联起自锁作用的动合辅助触点称为自锁（或自保）触点。

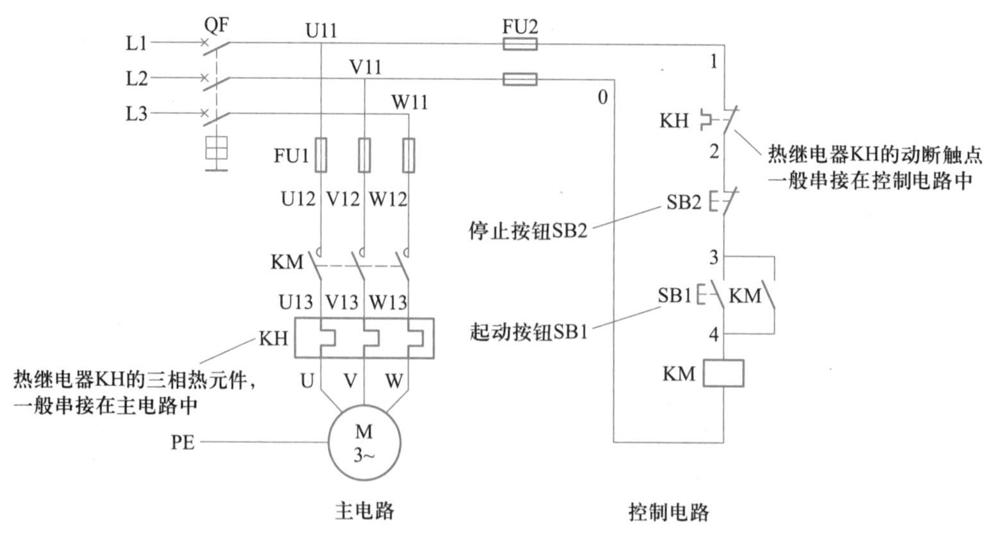

图 4-15-1　具有过载保护的三相笼型异步电动机接触器自锁控制线路的电气原理图

“过载保护”是指当电动机长期负载过大，起动操作频繁，缺相运行时，能自动切断电动机电源，使电动机停止转动的一种保护。最常见的过载保护是由热继电器来实现的。

与点动正转控制线路相比，具有过载保护的三相笼型异步电动机接触器自锁控制线路多了两个元件：热继电器 KH 和停止按钮 SB2。这种电路的主电路和点动正转控制线路的主电路基本相同，只是串接了三相热元件，在控制线路中又串接了一个停止按钮 SB2，在起动按钮 SB1 的两端并接了接触器 KM 的一对动合辅助触点。

图中，热继电器 KH 采用了分开画法，其三相热元件画在主电路中，而动断触点画在控制线路中，同样为表示它们是同一电器，在它们的图形符号旁边标注相同的文字符号 KH。SB2 为停止按钮。

接触器 KM 的画法与点动正转控制线路相同，其三对主触点画在主电路中，而线圈则画在控制线路中，为表示它们是同一电器，在它们的图形符号旁边标注了相同的文字符号 KM。线路按规定在各接点进行了编号。

线路的工作原理如下：

先合上电源开关 QF。

(1) 起动

当松开 SB1，其动合触点恢复分断后，因为接触器 KM 的动合辅助触点闭合时已将 SB1 短接，控制电路仍保持接通，所以接触器 KM 继续通电，电动机 M 实现连续运转。像这种当松开起动按钮 SB1 后，接触器 KM 通过自身动合辅助触点而使线圈保持通电的作用称为自锁。与起动按钮 SB1 并联起自锁作用的动合触点称为自锁触点。

（2）停止

按下停止按钮 SB2 →KM 线圈断电 —┬→KM 主触点分断 ─┐→ 电动机 M 断电停转
└→KM 动合辅助触点分断 ─┘

当松开 SB2，其动断触点恢复闭合后，因接触器 KM 的自锁触点在切断控制电路时已分断，解除了自锁，SB1 也是分断的，所以接触器 KM 不能通电，电动机 M 也不会转动。

（3）过载保护

如果电动机在运行过程中，由于过载或其他原因使电流超过额定值，那么经过一定时间，串接在主电路中热继电器的热元件因受热发生弯曲，通过动作机构使串接在控制电路中的动断触点分断，切断控制电路，接触器 KM 线圈断电，其主触点、自锁触点分断，电动机 M 断电停转，达到了过载保护的目的。

另外，接触器自锁控制线路不但使电动机连续运转，而且还有一个重要的特点，就是具有欠电压和失电压（或零电压）保护作用。具体参见本项目中的知识链接一。

2. 接线实物图

图 4-15-2 所示为具有过载保护的三相笼型异步电动机接触器自锁控制线路的接线实物图。

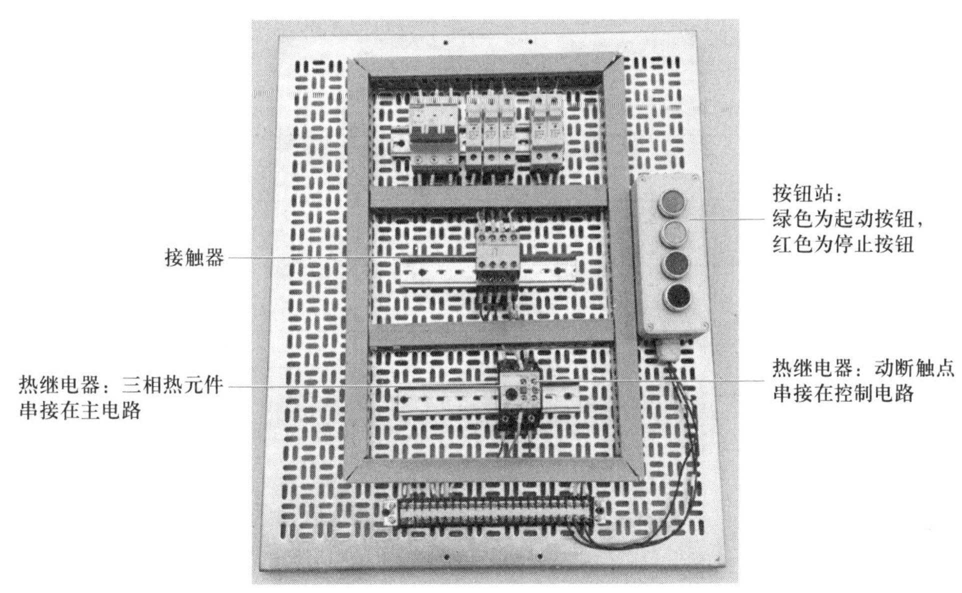

图 4-15-2　具有过载保护的三相笼型异步电动机接触器自锁控制线路的接线实物图

现象：按下起动按钮 SB1，电动机连续运转，松开 SB1，电动机继续运转；按下停止按钮 SB2，电动机就停转。

任务二　选用线路电气元件

1. 线路电气元件的选用

具有过载保护的三相笼型异步电动机接触器自锁控制线路选用的电气元件及工具、仪表见表 4-15-1。

表 4-15-1　具有过载保护的三相笼型异步电动机接触器自锁控制线路选用的电气元件及工具、仪表清单

名称	规格(型号)	数量
三相笼型异步电动机(M)	YS5024,60 W、380 V	1 台
低压断路器(QF)	DZ47-63	1 个
按钮站(SB)	LA10-3H	1 只
熔断器(FU1)	RT28N-32X(配 10 A 熔体)	3 只
熔断器(FU2)	RT28N-32X-32(配 2 A 熔体)	2 只
交流接触器(KM)	CJX2-1210	1 只
热继电器(KH)	NR4-63	1 只
接线端子排(XT)	TD-1525	1 条
网孔板	600 mm×600 mm	1 块
主电路导线	多股铜芯塑料绝缘线,RV,1 mm^2(红色)	若干
控制电路导线	多股铜芯塑料绝缘线,RV,1 mm^2(黄色)	若干
按钮线	RV,0.75 mm^2,软线,颜色:自定	若干
接地线	RV,0.75 mm^2,软线,颜色:黄绿双色	若干
三相四线电源插头	~3×380 V/220 V、20 A	1 根
常用电工工具		1 套
万用表	数字万用表	1 台
兆欧表	ZC25-3,500 V、0~500 MΩ(型号可自定)	1 台
钳形电流表	MG28	1 台

2. **电气元件的识别与检测**

(1) 三相笼型异步电动机、接线端子排、三相四线电源插头、低压断路器、螺旋式熔断器、按钮、接触器等电气元件的选用与检测(可参考前面相关项目)

对这些低压电器主要检测:

① 电气元件的技术数据(如型号、规格、额定电压、额定电流等)应完整并符合要求,外观无损伤,备件、附件齐全完好。

② 检查电气元件的电磁机构动作是否灵活,有无衔铁卡阻等不正常现象。用万用表检查电磁线圈的通断情况以及各触点的分合情况。

③ 检查接触器线圈的额定电压与电源电压是否一致。

④ 对电动机的质量进行常规检查。

(2) 热继电器的选用与检测

热继电器是利用电流的热效应对电动机或其他用电设备进行过载保护的控制电器,热继电器主要用于电动机的过载保护、断相保护、电流不平衡运行的保护及其他电气设备发热状态的控制。

热继电器的形式有多种,其中双金属片式应用最多。热继电器按极数划分可分为单极、两极和三极三种。按复位方式可分为自动复位式和手动复位式。

目前,常用的热继电器有 NR2、NR3、NR4、JR20、JR36 等系列以及 T 系列、3UA 系列等产品。

NR4 系列热继电器如图 4-15-3 所示。它主要由热元件、动作机构、触点系统、电流整定装置、复位机构和温度补偿元件等组成。

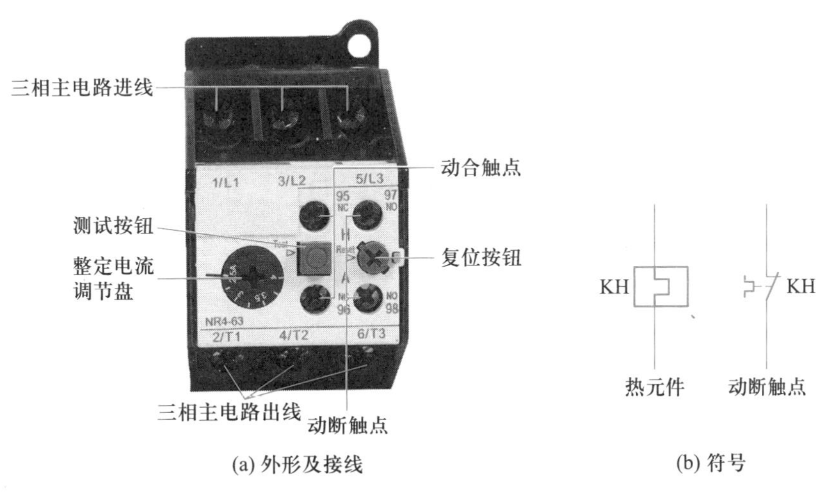

(a) 外形及接线　　(b) 符号

图 4-15-3　NR4 系列热继电器

使用时,将热继电器的三相热元件分别串接在电动机的三相主电路中,动断触点串接在控制电路的接触器线圈回路中。当电动机过载时,热继电器动作,起到保护作用。

选择热继电器主要根据所保护电动机的额定电流来确定热继电器的规格和热元件的电流等级。

① 根据电动机的额定电流选择热继电器的规格。一般应使热继电器的额定电流略大于电动机的额定电流。

② 根据需要的整定电流值选择热元件的编号和电流等级。一般情况下,热元件的整定电流为电动机额定电流的 0.95~1.05 倍。但如果电动机拖动的是冲击性负载或起动时间较长的设备不允许停电的场合,热继电器的整定电流值可取电动机额定电流的 1.1~1.5 倍。如果电动机的过载能力较差,热继电器的整定电流可取电动机额定电流的 0.6~0.8 倍。同时,整定电流应留有一定的上下限调整范围。

③ 根据电动机定子绕组的连接方式选择热继电器的结构形式,即定子绕组作星形联结的电动机选用普通三相结构的热继电器,而作三角形联结的电动机应选用三相结构带断相保护装置的热继电器。

本项目中采用 NR4-63 热继电器。

选用:主要考虑热继电器的型号、规格、额定电流、整定电流等技术数据。

检测:用数字万用表通断测试挡,检测热继电器的触点接触是否良好、动作是否正常等。

任务三　绘制布置图和接线图

1. 布置图

具有过载保护的三相笼型异步电动机接触器自锁控制线路的布置图如图 4-15-4 所示。

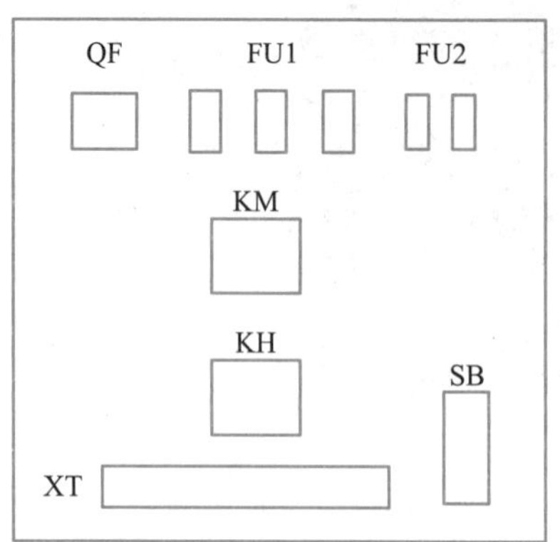

图 4-15-4　具有过载保护的三相笼型异步电动机接触器自锁控制线路布置图

2. 接线图

具有过载保护的三相笼型异步电动机接触器自锁控制线路接线图如图 4-15-5 所示。

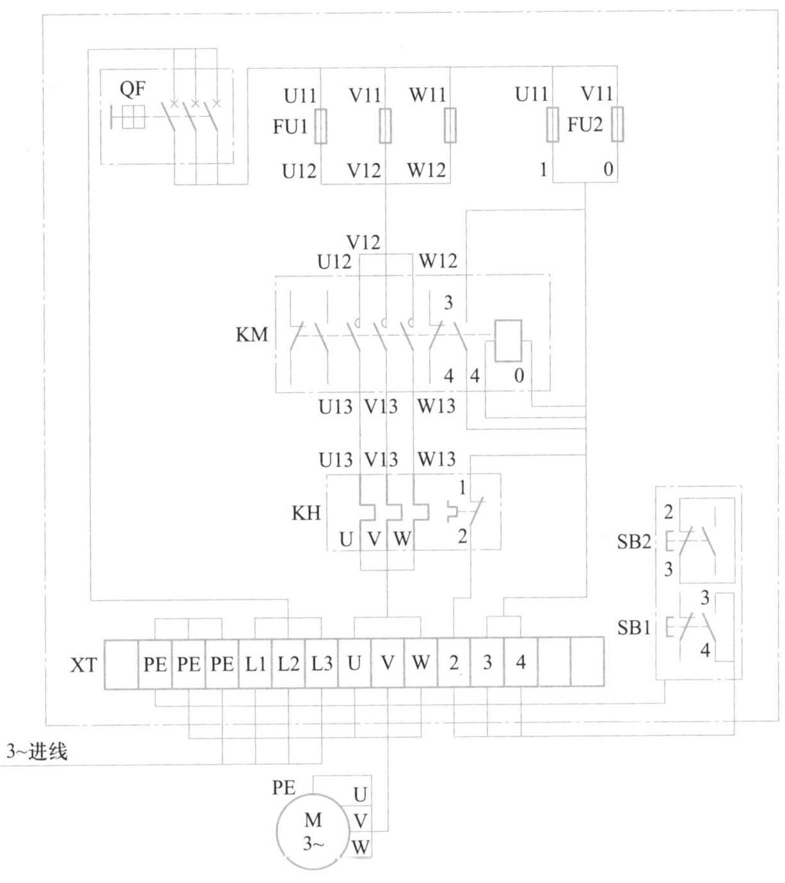

图 4-15-5　具有过载保护的三相笼型异步电动机接触器自锁控制线路接线图

任务四　装接电气元件和线路

1. 固定电气元件

参考图 4-15-4 所示线路布置图安装并固定电气元件。

① 低压断路器、熔断器的进线端子应安装在网孔板的上方，并使熔断器的进线端为横向的中心。

② 各电气元件的安装位置应整齐、匀称、间距合理，便于电气元件的更换。

③ 紧固各电气元件时要用力匀称，紧固程度适当。在紧固熔断器、接触器、热继电器等易碎电气元件时，应用手按住电气元件一边轻轻摇动，一边用螺丝刀轮换旋紧对角线上的螺钉，直到手摇不动后再适当旋紧些即可。

2. 导线的连接

读者可自行对照具有过载保护的三相笼型异步电动机接触器自锁控制线路的电气原理图

和接线图,进行合理美观的接线。接线的一般步骤:控制电路 → 主电路 → 按钮 → 电动机。

安装电气元件的工艺要求和板前明线布线的工艺要求参照项目十四的工艺要求。

具有过载保护的三相笼型异步电动机接触器自锁控制线路接线实物图如图 4-15-6 所示,根据电气原理图检验接线的正确性。

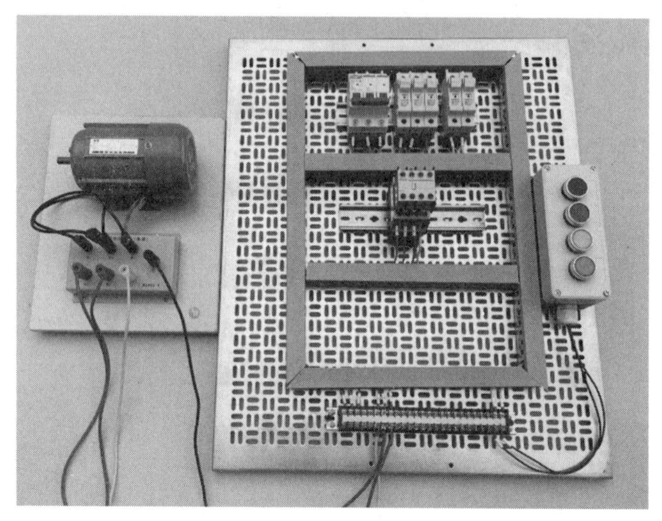

图 4-15-6　具有过载保护的三相笼型异步电动机接触器自锁控制线路接线实物图

3. 连接电动机、电源等网孔板外部的导线

可靠连接电动机和各电气元件金属外壳的保护接地线,连接好电源插头线。

任务五　自检并通电试运行

安装完毕后的控制线路板,必须经过认真检查后,才允许通电试运行,以防止错接、漏接造成不能正常运行和短路事故。

1. 自检

① 按电气原理图或接线图从电源端开始,逐段核对接线及接线端子处线号是否正确,有无漏接、错接之处。检查导线接点是否符合要求,压接是否牢固。接触应良好,以免带负载运行时产生闪烁现象。

② 用万用表检查线路的通断情况。对控制电路的检查(可断开主电路),可将表笔分别搭在 U11、V11 线端上,读数应为“∞”。按下 SB1 时,读数应为接触器线圈的直流电阻值,为几千欧,检查方法可参照项目实训十四。

然后再断开控制电路检查主电路有无开路或短路现象,此时可用手动来代替接触器通电进行检查。

③ 用兆欧表检查线路的绝缘电阻应不得小于 1 MΩ。

2. 试运行

检查无误后通电试运行。试运行前应检查有关电气设备是否有不安全的因素存在,若有应立即改正,然后才能试运行。在通电试运行时,要认真执行安全操作规程的有关规定,一人监控,另一人操作。

通电试运行操作步骤:

通电时:合上三相电源开关 → 合上低压断路器 QF → 按下起动按钮 SB1

断电时:按下停止按钮 SB2 → 断开低压断路器 QF → 切断三相电源开关

3. 注意事项

① 热继电器的热元件应串接在主电路中,动断触点应串接在控制电路中。

② 热继电器的整定电流应按电动机的额定电流自行调整。绝对不允许弯折双金属片。

③ 在一般情况下,热继电器应置于手动复位的位置上。若需要自动复位,可将复位调节螺钉沿顺时针方向向里旋紧。

④ 热继电器因电动机过载动作后,必须间隔一段时间,待热元件冷却后,热继电器复位,才能重新起动电动机。一般热继电器自动复位时间不超过 5 min;手动复位时间不超过 2 min。

⑤ 接触器 KM 的自锁触点应并接在起动按钮 SB1 的两端,停止按钮 SB2 应串接在控制电路中。

项目实训评价

三相异步电动机自锁控制线路的安装与调试项目实训评价见表 4-15-2。

表 4-15-2 项目实训评价表

班级		姓名		学号		成绩	
项目	考核内容		配分	评分标准			得分
装前检查	认真检查电动机和低压电器质量		10 分	1. 电动机质量漏检查,每处扣 3 分 2. 低压电器质量漏检查,每处扣 2 分			
元件安装	元件布置合理,安装准确紧固		20 分	1. 元件布置不整齐、不匀称、不合理,每只扣 1 分 2. 元件安装不牢固,安装元件时漏装螺钉,每只扣 1 分 3. 损坏元件,每只扣 2 分 4. 电动机安装不符合要求,扣 5 分 5. 控制板或开关不符合要求,扣 5 分			

续表

项目	考核内容	配分	评分标准	得分
布线	按电路图接线并符合工艺要求	40 分	1. 不按电路图接线扣 20 分 2. 布线不符合要求,主电路每根扣 4 分,控制电路每根扣 2 分 3. 接点不符合要求,每个接点扣 1 分 4. 损伤导线绝缘或线芯,每根扣 5 分 5. 漏接接地线,扣 10 分	
通电试运行	在保证人身安全的前提下,通电试车要一次成功	20 分	1. 热继电器整定值错误,扣 2 分 2. 主、控电路配错熔体,每个扣 1 分 3. 一次试运行不成功,扣 10 分;二次试运行不成功,扣 15 分;三次试运行不成功,扣 20 分	
安全文明操作	安全文明,符合操作规程	10 分	违反安全文明操作规程,扣 5~10 分	
合计				
教师签名:				

知识链接一　欠电压与失电压保护

接触器自锁控制线路不但使电动机连续运转,而且还有一个重要的特点,就是具有欠电压和失电压(或零电压)保护作用。

1. 欠电压保护

欠电压是指线路电压低于电动机应加的额定电压。欠电压保护是指当线路电压下降到某一数值时,电动机能自动脱离电源停转,避免电动机在欠电压状态下运行的一种保护。采用接触器自锁控制线路就可避免电动机欠电压运行。因为当线路电压下降到一定值(一般指低于额定电压 85%以下)时,接触器线圈两端的电压也同样下降到此值,从而使接触器线圈磁通减弱,产生的电磁吸力减小。当电磁吸力减小到小于反作用弹簧的拉力时,动铁心被迫释放,主触点、自锁触点同时分断,自动切断主电路和控制电路,电动机断电停转,达到了欠电压保护的目的。

2. 失电压(或零电压)保护

失电压保护是指电动机在正常运行中,由于外界某种原因引起突然断电时,能自动切断电动机电源;当重新供电时,保证电动机不能自行起动的一种保护。接触器自锁控制线路也可实现失电压保护。因为接触器自锁触点和主触点在电源断电时已经断开,使控制电路和主电路都不能接通，所以在电源恢复供电时，电动机就不会自行起动运转，保证了人身和设备的安全。

3. **熔断器、接触器和热继电器的保护作用**

在接触器自锁控制线路中，由熔断器提供短路保护，由接触器提供欠电压和失电压保护，由热继电器提供过载保护。

在照明、电加热等电路中，熔断器既可以提供短路保护，也可以提供过载保护。但对三相异步电动机控制线路来说，熔断器只能提供短路保护。因为三相异步电动机的起动电流很大（全压起动时的起动电流能达到额定电流的 4～7 倍），若由熔断器提供过载保护，则选择熔断器的额定电流就应等于或略大于电动机的额定电流，这样电动机在起动时，由于起动电流大大超过了熔断器的额定电流，使熔断器在很短的时间内熔断，造成电动机无法起动。因此熔断器只能提供短路保护，熔体额定电流应取电动机额定电流的 1.5～2.5 倍。

热继电器在三相异步电动机控制线路中也只能提供过载保护，不能提供短路保护。因为热继电器的热惯性大，即热继电器的双金属片受热膨胀弯曲需要一定的时间。当三相异步电动机发生短路时，由于短路电流很大，热继电器还没来得及动作，供电线路和电源设备可能已经损坏。而在三相异步电动机起动时，由于起动时间很短，热继电器还未动作，三相异步电动机起动完毕。总之，热继电器与熔断器两者所起的作用不同，不能相互代替。

知识链接二　常用热继电器的主要技术参数

继电器是一种根据外界的电气量（电压、电流等）或非电气量（热、时间、转速、压力等）的变化来接通或断开控制电路的自动电器，主要用于控制、线路保护或信号转换。

1. **继电器的分类**

① 按用途分类。可分为控制继电器和保护继电器。

② 按控制信号分类。可分为时间继电器、热继电器、中间继电器、电流继电器、电压继电器、速度继电器和压力继电器。

③ 按动作原理分类。可分为电磁式继电器、电子式继电器和电动式继电器。

④ 按动作时间分类。可分为瞬时继电器和延时继电器。

2. **热继电器**

热继电器是利用电流的热效应来推动机构触点闭合或断开的保护电器，主要用于电动机的过载保护、断相保护、电流的不平衡运行保护及其他电气设备发热状态的控制。热继电器的热元件串联在电动机或其他用电设备的主电路中，动断触点串联在被保护的控制电路中。一旦电路过载，有较大的电流通过热元件，热元件形变向上弯曲，使扣板在弹簧拉力作用下带动绝缘牵引极，分断接入控制电路中的动断触点，切断主电路，从而起过载保护作用。

(1) 热继电器的分类

① 按动作原理分。可分为双金属片热继电器、易熔合金式热继电器和热敏电阻式热继电器。

② 按结构分。可分为两相热继电器和三相热继电器。三相热继电器又可分为带断相保护继电器和不带断相保护继电器。

(2) 常用热继电器的基本技术参数

① 触点额定电流:热继电器触点长期正常工作所能承受的最大电流。

② 热元件额定电流:热元件允许长期通过的最大电流。

③ 额定电流调节范围:长期通过热元件而热继电器不动作的电流范围。

常用热继电器的基本技术参数见表 4-15-3。

表 4-15-3 常用热继电器的基本技术参数

型号	额定电流/A	热元件等级	
		额定电流/A	整定电流调节范围/A
JB0-20/3 JB0-20/3D JR16B-20/3 JR16B-20/3D	20	0.35	0.25~0.35
		0.50	0.32~0.52
		0.72	0.45~0.72
		1.10	0.68~1.10
		1.60	1.00~1.60
		2.40	1.50~2.40
		3.50	2.20~3.50
		5.00	3.20~5.00
		7.20	4.50~7.20
		11.00	6.80~11.00
		16.00	10.00~16.00
		22.00	14.00~22.00
JB0-40/3 JB16-40/3D	40	0.64	0.40~0.64
		1.00	0.64~1.00
		1.60	1.00~1.60
		2.50	1.60~2.50
		4.00	2.50~4.00
		6.40	4.00~6.40
		10.00	6.40~10.00
		16.00	10.00~16.00
		25.00	16.00~25.00
		40.00	25.00~40.00

（3）热继电器的选用

① 热继电器类型的选择。当热继电器所保护的电动机绕组是星形联结时，可选用两相结构或三相结构的热继电器；如果电动机绕组是三角形联结时，必须采用三相结构带断相保护的热继电器。

② 热继电器整定电流的选择。热继电器整定电流一般取电动机的额定电流的 1~1.1倍。

（4）热继电器的安装要点

① 热继电器的安装方向必须与产品说明书中规定的方向相同，误差不应超过 5°。当它与其他电器安装在一起时，应注意将其安装在其他发热电器的下方，以免动作特性受到其他电器发热的影响。

② 热继电器的整定电流必须按电动机的额定电流进行调整，绝对不允许弯折双金属片。

③ 一般热继电器应置于手动复位的位置上，若需要自动复位，可将复位调节螺钉按顺时针方向向里旋紧。

④ 热继电器的进、出端的连接导线，应按电动机的额定电流正确选用，尽量采用铜导线，并正确选择导线截面积。

⑤ 热继电器过载动作后，必须待热元件冷却，才能使热继电器复位。一般自动复位需要 5 min，手动复位需要 2 min。

复习与思考题

1. 什么是自锁？什么是过载保护？

2. 热继电器在线路中主要起什么作用？

3. 如何根据实际线路合理选用热继电器？写出热继电器的文字符号和图形符号。

4. 简述具有过载保护的接触器自锁控制线路的工作过程。

5. 写出用万用表对具有过载保护的三相笼型异步电动机接触器自锁控制线路进行试运行前自检的方法与步骤。

项目十六

三相异步电动机正反转控制线路的安装与调试

项目目标　学习本项目后，应能：

- 描述接触器联锁正反转控制线路的工作过程。
- 叙述如何用改变三相电源相序的方法来改变电动机的转向。
- 根据电气原理图画出相应的布置图与接线图。
- 叙述三相笼型异步电动机接触器联锁正反转控制线路试运行前的自检过程。
- 解释按钮联锁与接触器联锁的区别。

正转控制线路只能使电动机朝一个方向旋转，带动生产机械的运动部件朝一个方向运动。但许多生产机械往往要求运动部件能向正、反两个方向运动。如车床工作台的前进与后退；万能铣床主轴的正转与反转；起重机的上升与下降等，这些生产机械要求能实现电动机正反转控制。

本项目通过对三相笼型异步电动机接触器联锁正反转控制线路的安装与调试，学习和理解联锁、正反转等知识，同时掌握三相笼型异步电动机接触器联锁正反转控制线路的工作原理分析、线路安装与调试的相关知识和技能。

任务一　识读电气原理图

1. 线路工作原理

图 4-16-1 所示为三相笼型异步电动机接触器联锁正反转控制线路的电气原理图。

当改变通入电动机定子绕组的三相电源相序，即把接入电动机三相电源进线中的任意两相对调接线时，电动机就可以反转。

图 4-16-1 所示线路中采用了两个接触器，即正转用的接触器 KM1 和反转用的接触器

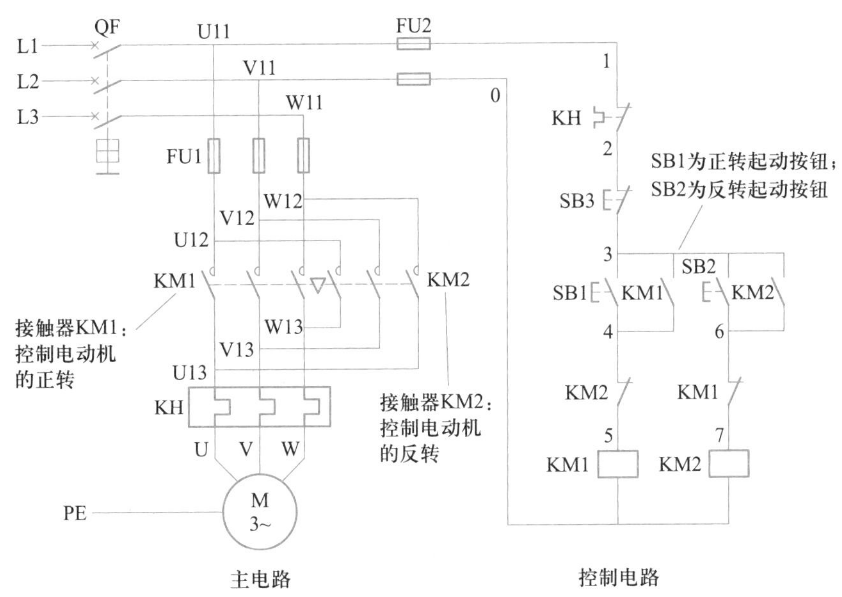

图 4-16-1 三相笼型异步电动机接触器联锁正反转控制线路的电气原理图

KM2，它们分别由正转起动按钮 SB1 和反转起动按钮 SB2 控制。从主电路图中可以看出，这两个接触器的主触点所接通的电源相序不同，KM1 按 L1—L2—L3 相序接线，KM2 则按 L3—L2—L1 相序接线。相应的控制电路有两条，一条是由按钮 SB1 和 KM1 线圈等组成的正转控制电路；另一条是由按钮 SB2 和 KM2 线圈等组成的反转控制电路。

这样，合上电源开关 QF 后，当 KM1 主触点闭合，KM2 主触点分断时，电动机实现正转；当 KM2 主触点闭合，KM1 主触点分断时，电动机实现反转。

必须指出，KM1 和 KM2 的主触点绝不允许同时闭合，否则将造成两相电源（L1 相和 L3 相）短路事故。为了避免 KM1 和 KM2 同时通电动作，就在正、反控制电路中分别串接了对方接触器的一对动断辅助触点，这样，当一个接触器通电动作时，通过其动断辅助触点使另一个接触器不能通电动作，接触器间这种相互制约的作用称为接触器联锁（或互锁）。实现联锁作用的动断辅助触点称为联锁触点（或互锁触点），联锁符号用“▽”表示。

线路的工作原理如下：

先合上电源开关 QF。

（1）正转控制

（2）反转控制

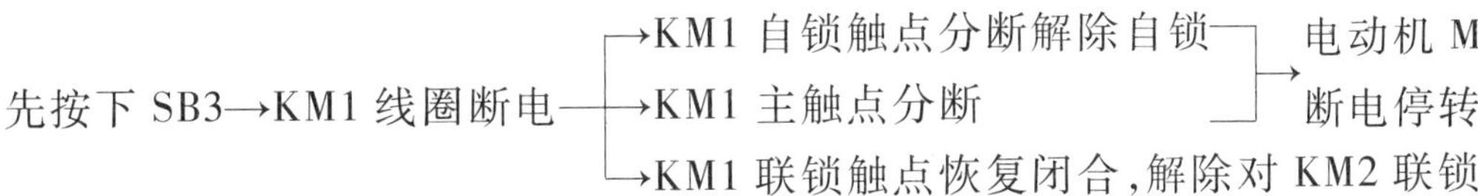

再按下 SB2→KM2 线圈通电→KM2 自锁触点闭合自锁 / →KM2 主触点闭合 → 电动机 M 起动,连续反转
→KM2 联锁触点分断,对 KM1 联锁

(3) 停止

按下停止按钮 SB3→控制电路断电→KM1(或 KM2)主触点分断→电动机 M 断电停转

从以上分析可见,接触器联锁正反转控制线路的优点是工作安全可靠,缺点是操作不便。因电动机从正转变为反转时,必须先按下停止按钮,才能按反转起动按钮,否则由于接触器的联锁作用,不能实现反转。为克服此线路的不足,可采用按钮联锁或按钮和接触器双重联锁的正反转控制线路。

2. **接线实物图**

图 4-16-2 所示为三相笼型异步电动机接触器联锁正反转控制线路的接线实物图。

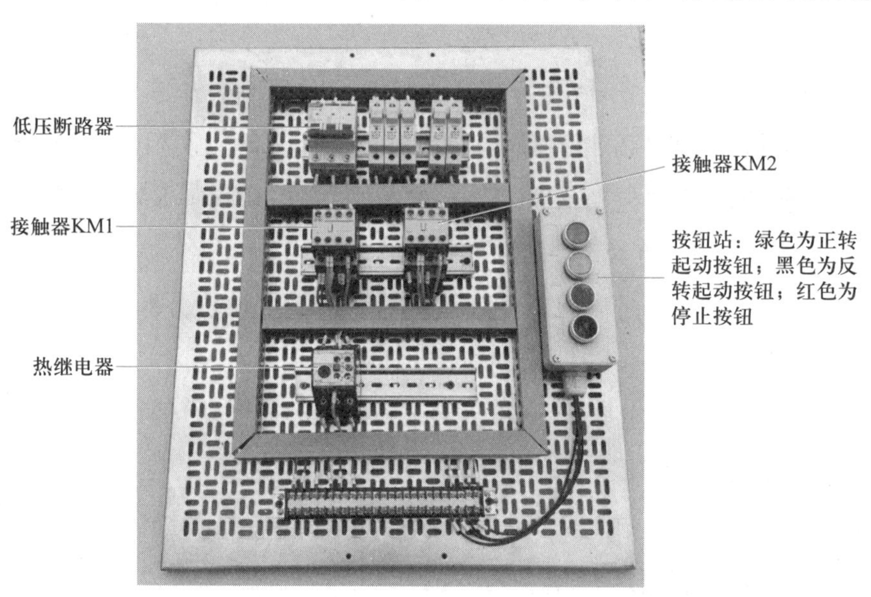

图 4-16-2　三相笼型异步电动机接触器联锁正反转控制线路的接线实物图

现象:按下正转起动按钮 SB1,电动机连续正转;按下停止按钮 SB3,电动机停止运转;再按下反转起动按钮 SB2,电动机就连续反转。

任务二　选用线路电气元件

1. **线路电气元件的选用**

三相笼型异步电动机接触器联锁正反转控制线路选用的电气元件及工具、仪表见表 4-16-1。

表 4-16-1　三相笼型异步电动机接触器联锁正反转控制线路选用的电气元件及工具、仪表清单

名称	规格(型号)	数量
三相笼型异步电动机(M)	YS5024,60 W、380 V	1 台
低压断路器(QF)	DZ47-63	1 个
按钮站(SB)	LA10-3H	1 只
熔断器(FU1)	RT28N-32X(配 10 A 熔体)	3 只
熔断器(FU2)	RT28N-32X-32(配 2 A 熔体)	2 只
交流接触器(KM1、KM2)	CJX2-1210	1 只
热继电器(KH)	NR4-63	1 只
接线端子排(XT)	TD-1525	1 条
网孔板	600 mm×600 mm	1 块
主电路导线	多股铜芯塑料绝缘线,RV,1 mm^2(红色)	若干
控制电路导线	多股铜芯塑料绝缘线,RV,1 mm^2(黄色)	若干
按钮线	RV,0.75 mm^2,软线,颜色:自定	若干
接地线	RV,0.75 mm^2,软线,颜色:黄绿双色	若干
三相四线电源插头	~3×380 V/220 V、20 A	1 根
常用电工工具		1 套
万用表	数字万用表	1 台
兆欧表	ZC25-3,500 V、0~500 MΩ(型号可自定)	1 台
钳形电流表	MG28	1 台

2. **电气元件的识别与检测**

三相笼型异步电动机、接线端子排、三相四线电源插头、低压断路器、螺旋式熔断器、按钮、接触器、热继电器等电气元件的选用与检测可参考前面相关实训项目。

任务三　绘制布置图和接线图

1. **布置图**

三相笼型异步电动机接触器联锁正反转控制线路的布置图如图 4-16-3 所示。

注意:低压断路器若需在箱内操作,开关最好安装在箱内右上方,并且在它的上方不安装其他电器,否则应采取隔离或绝缘措施。

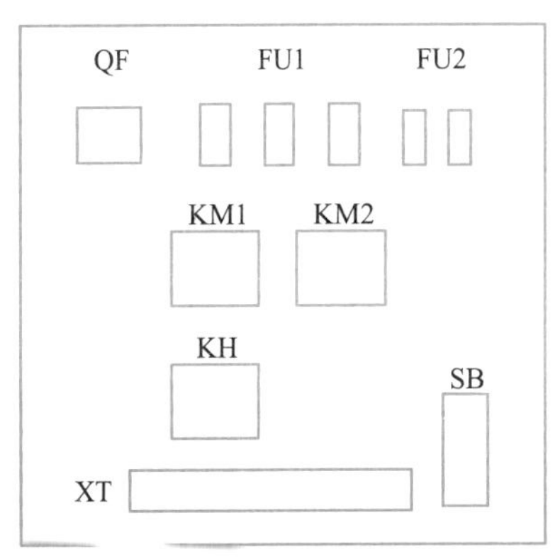

图 4-16-3　三相笼型异步电动机接触器联锁正反转控制线路的布置图

2. **接线图**

三相笼型异步电动机接触器联锁正反转控制线路的接线图如图 4-16-4 所示。

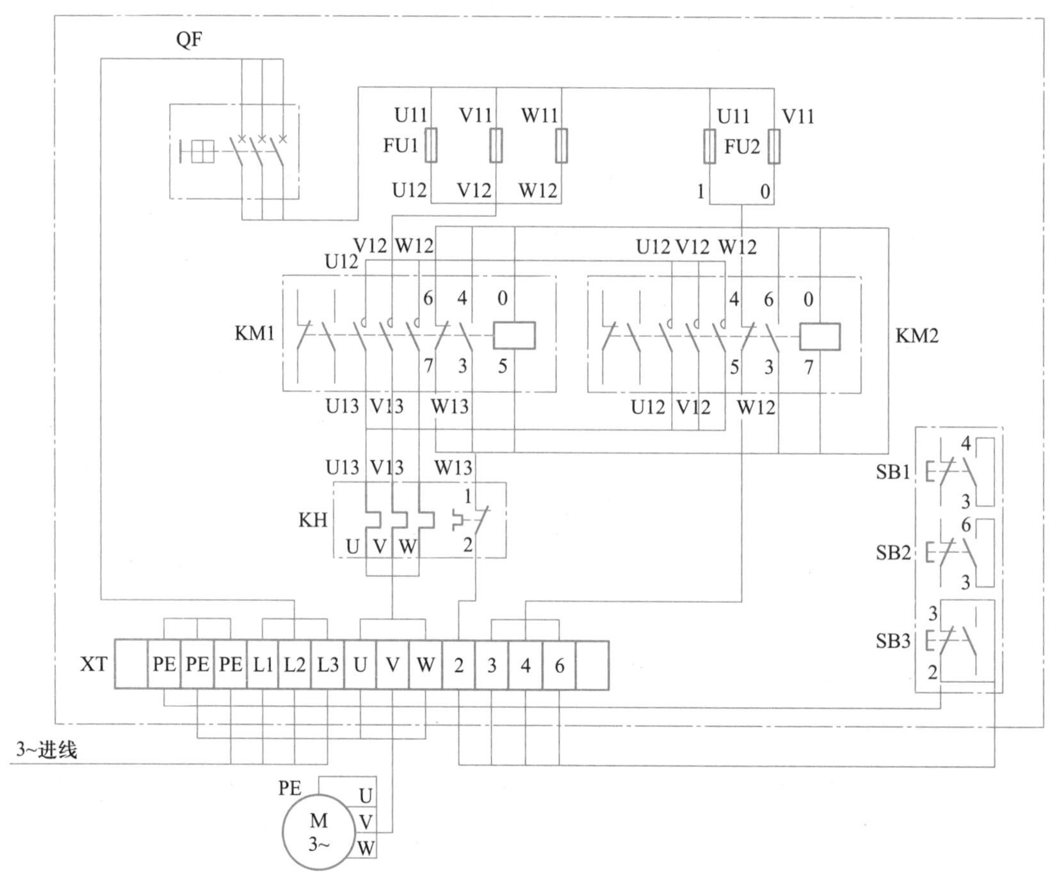

图 4-16-4　三相笼型异步电动机接触器联锁正反转控制线路的接线图

任务四　装接电气元件和线路

1. 固定电气元件

参考图 4-16-3 所示线路布置图安装并固定电气元件。

2. 导线的装接

读者可自行对照图 4-16-1 和图 4-16-4 所示的电气原理图和接线图,进行合理美观的接线。接线的一般步骤:控制电路 → 主电路 → 按钮 → 电动机。

安装电气元件的工艺要求和板前明线布线的工艺要求参照实训项目十四的工艺要求。

三相笼型异步电动机接触器联锁正反转控制线路接线实物图如图 4-16-5 所示,根据电气原理图检验接线的正确性。

3. 连接电动机、电源等网孔板外部的导线

可靠连接电动机和各电气元件金属外壳的保护接地线,连接好电源插头线。

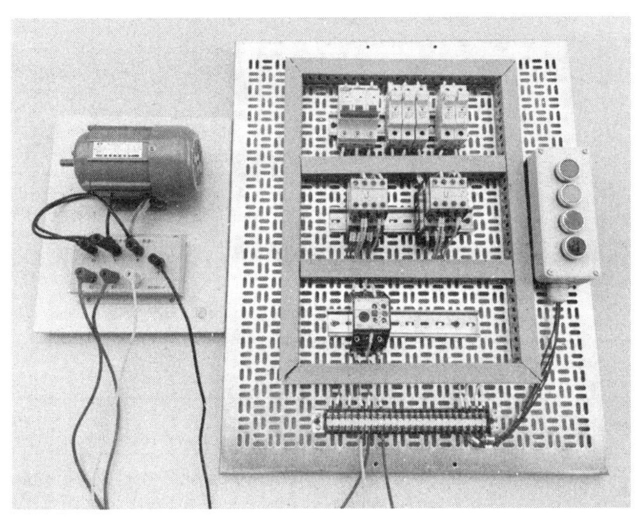

图 4-16-5　三相笼型异步电动机接触器联锁正反转控制线路接线实物图

任务五　自检并通电试运行

安装完毕的控制线路板，必须经过认真检查后，才允许通电试运行，以防止错接、漏接造成不能正常运行和短路事故。

1. 自检

根据项目十五自检流程和注意事项进行自检。

2. 试运行

试运行注意事项与项目十五相同。

通电试运行操作步骤：

正转时：合上三相电源开关 → 合上低压断路器 QF → 按下正转起动按钮 SB1

反转时：先按下停止按钮 SB3 → 再按下反转起动按钮 SB2

停止时：按下停止按钮 SB3 → 切断低压断路器 QF → 切断三相电源开关

3. 注意事项

① 螺旋式熔断器的接线要正确，以确保用电安全。

② 接触器联锁触点接线必须正确，否则将会造成主电路中两相电源短路事故。

③ 通电试运行时，应先合上 QF，再按下 SB1（或 SB2）及 SB3，看控制是否正常，并在按下 SB1 后再按下 SB2，观察有无联锁作用。

④ 训练应在规定的时间内完成，同时要做到安全操作和文明生产。

项目实训评价

三相异步电动机正反转控制线路的安装与调试项目实训评价见表 4-16-2。

表 4-16-2　项目实训评价表

班级		姓名		学号		成绩	
项目	考核内容	配分	评分标准				得分
装前检查	认真检查电动机和低压电器质量	10 分	1. 电动机质量漏检查,每处扣 3 分 2. 低压电器质量漏检查,每处扣 2 分				
元件安装	元件布置合理,安装准确紧固	20 分	1. 元件布置不整齐、不匀称、不合理,每只扣 1 分 2. 元件安装不牢固,安装元件时漏装螺钉,每只扣 1 分 3. 损坏元件每只扣 2 分 4. 电动机安装不符合要求扣 5 分 5. 控制板或开关不符合要求扣 5 分				
布线	按电路图接线并符合工艺要求	40 分	1. 不按电路图接线扣 20 分 2. 布线不符合要求,主电路每根扣 4 分,控制电路每根扣 2 分 3. 接点不符合要求,每个接点扣 1 分 4. 损伤导线绝缘或线芯,每根扣 5 分 5. 漏接接地线扣 10 分				
通电试运行	在保证人身安全的前提下,通电试车要一次成功	20 分	1. 热继电器整定值错误,扣 2 分 2. 主、控电路配错熔体,每个扣 1 分 3. 一次试运行不成功扣 10 分;二次试运行不成功扣 15 分;三次试运行不成功扣 20 分				
安全文明操作	安全文明,符合操作规程	10 分	违反安全文明操作规程扣 5~10 分				
合计							
教师签名:							

知识链接一　按钮联锁正反转控制线路

接触器联锁正反转控制线路的优点是安全可靠,缺点是操作不便。当电动机从正转变为反转时,必须先按下停止按钮后,才能按反转起动按钮,否则由于接触器的联锁作用,不能实现反转。为克服这一缺点,可采用按钮联锁的正反转控制线路。按钮联锁正反转控制线路是把原来的正转起动按钮 SB1 和反转起动按钮 SB2 换成两个复合按钮,并用两个复合按钮的动断触点代替接触器的联锁触点,从而克服了接触器联锁正反转控制线路操作不便的缺点。按钮联锁正反转控制线路如图 4-16-6 所示。

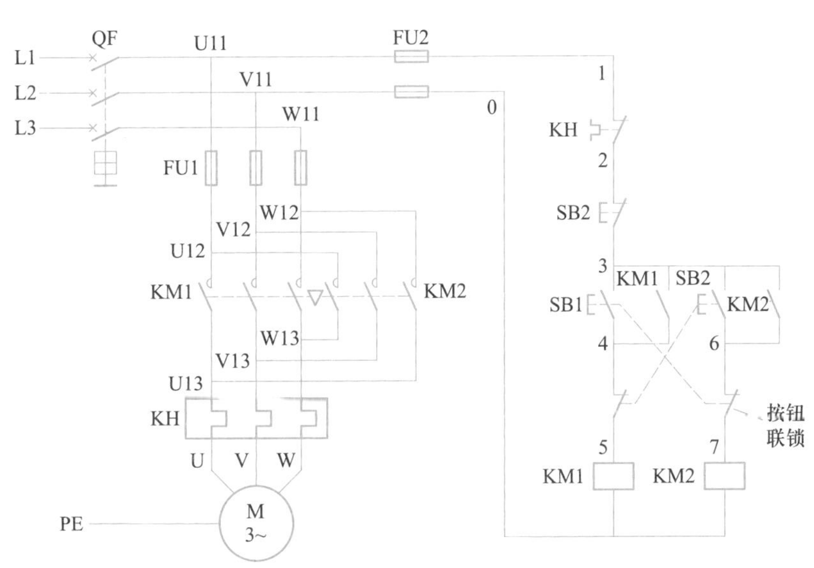

图 4-16-6　按钮联锁正反转控制线路的电气原理图

线路的工作原理如下:

先合上电源开关 QF。

(1) 正转控制

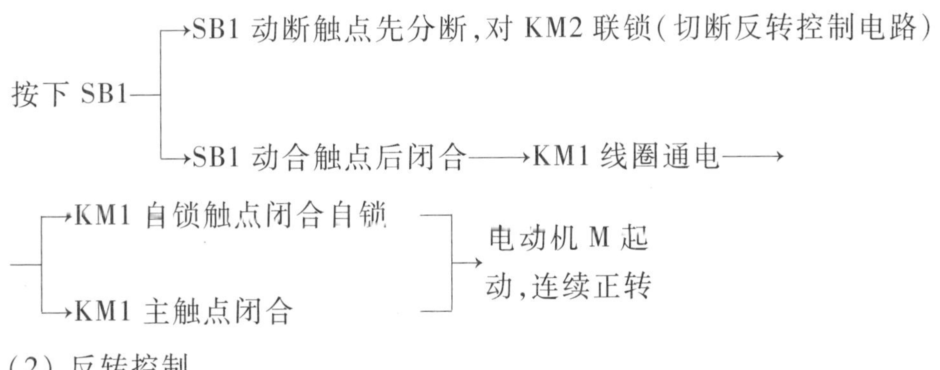

(2) 反转控制

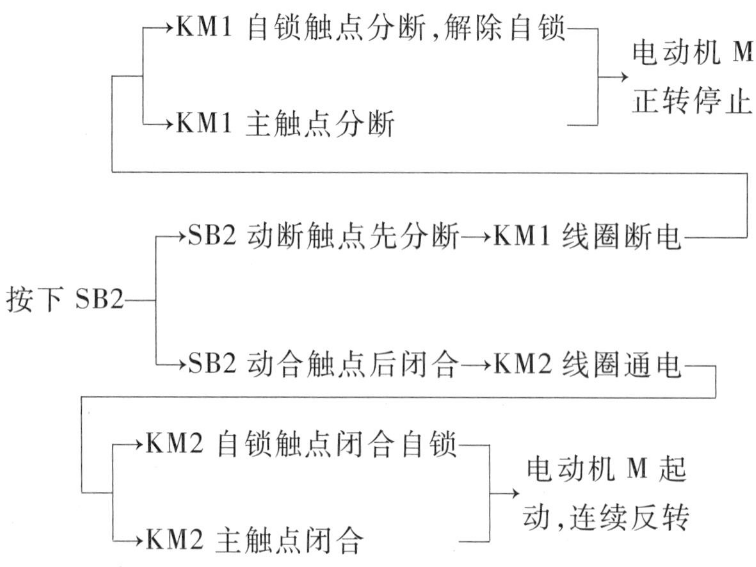

（3）停止

按下停止按钮 SB3→控制电路断电→KM1（或 KM2）主触点分断→电动机 M 断电停转

从以上分析可见，按钮联锁正反转控制线路的优点是工作安全可靠，电动机从正转变为反转或从反转变为正转时，不必按下停止按钮，克服了接触器联锁从正转变为反转或从反转变为正转时必须通过停止动作的缺点。

知识链接二　按钮、接触器双重联锁正反转控制线路

为确保安全，可以采用按钮、接触器进行双重联锁。按钮、接触器双重联锁正反转控制线路如图 4-16-7 所示，其工作原理的分析，读者可参照接触器联锁和按钮联锁控制线路的工作原理。

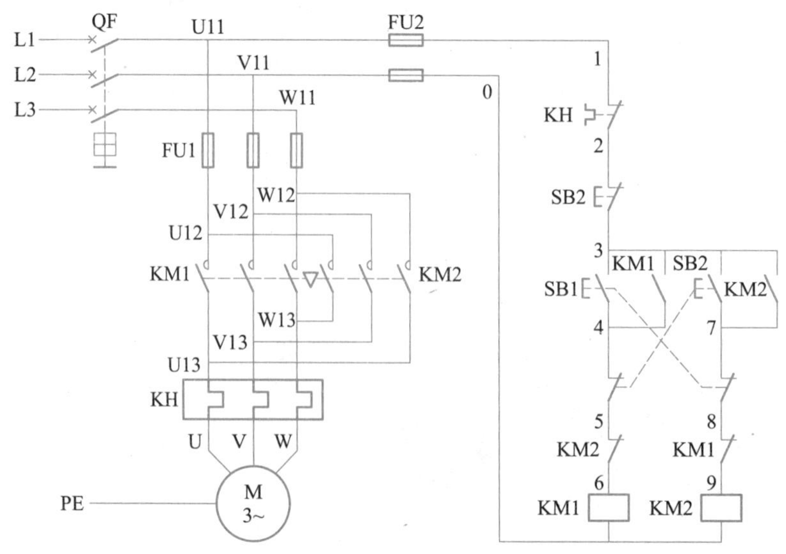

图 4-16-7　按钮、接触器双重联锁正反转控制线路的电气原理图

复习与思考题

1. 如何改变三相异步电动机的转向?

2. 简述接触器联锁正反转控制线路的工作过程。

3. 写出接触器联锁正反转控制线路试运行前自检的方法与步骤。

4. 按钮联锁与接触器联锁有什么区别?

项目十七

三相异步电动机位置控制线路的安装与调试

项目目标　学习本项目后，应能：

- 描述位置控制线路的工作过程。
- 描述行程开关的作用、结构、主要技术参数和检测方法。
- 解释行程开关的选用方法与正确安装方法。
- 使用线槽进行配线，并标出相应线号。
- 叙述自动往返控制线路的工作过程。

在生产过程中，一些生产机械运动部件的行程或位置要受到限制，或者需要其运动部件在一定范围内自动往返循环等。如在摇臂钻床、万能铣床、镗床、桥式起重机及各种自动或半自动控制设备中就经常遇到这种控制要求。而实现这种控制要求所依靠的主要电器是行程开关。

本项目通过对三相笼型异步电动机位置控制线路的安装与调试，学习和理解行程开关、位置控制等知识，同时掌握三相笼型异步电动机位置控制线路的工作原理分析、安装与调试的相关知识和技能。

任务一　识读电气原理图

1. 线路工作原理

行程开关也称位置开关，是一种将机械信号转换为电气信号，以控制运动部件位置或行程的自动控制电器。而位置控制就是利用生产机械运动部件的挡铁与行程开关碰撞，使其触点动作，来接通或断开电路，以实现对生产机械运动部件的位置或行程的自动控制。

工厂车间里的行车常采用图 4-17-1 所示的运动方式，行车的两头终点各安装一个行程开关 SQ1 和 SQ2，将这两个行程开关的动断触点分别串联在正转控制电路和反转控制电路中。行车前后各装有挡铁 1 和挡铁 2，行车的行程和位置可通过移动行程开关的安装位置来调节。

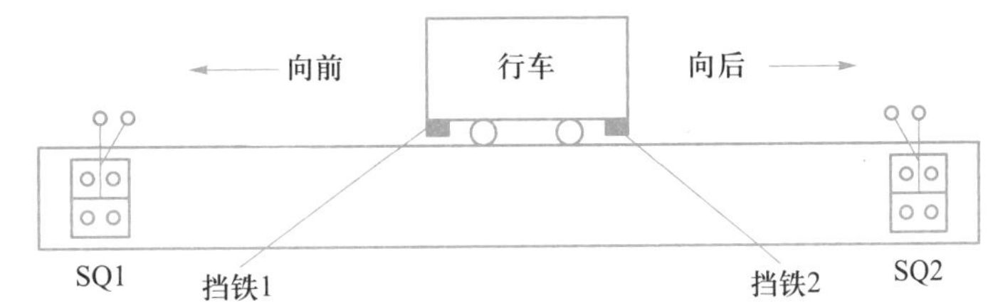

图 4-17-1　行车运动示意图

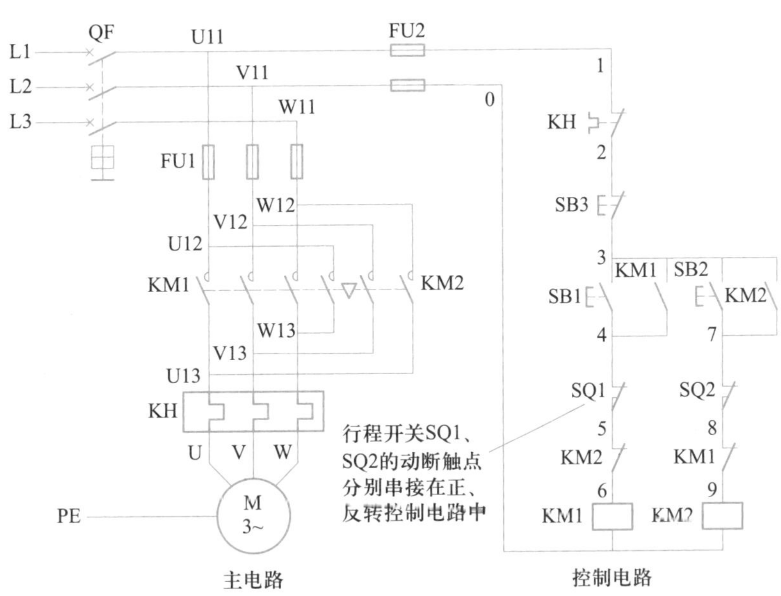

图 4-17-2　三相笼型异步电动机位置控制线路的电气原理图

图 4-17-2 所示为三相笼型异步电动机位置控制线路的电气原理图。线路的工作原理如下：

先合上电源开关 QF。

（1）行车向前运动

按下 SB1→KM1 线圈通电→KM1 自锁触点闭合自锁；→KM1 主触点闭合；（以上两项）→电动机 M 起动，连续正转→；→KM1 联锁触点分断对 KM2 联锁

→行车前移→移至限定位置，挡铁 1 碰撞行程开关 SQ1→SQ1 动断触点分断→

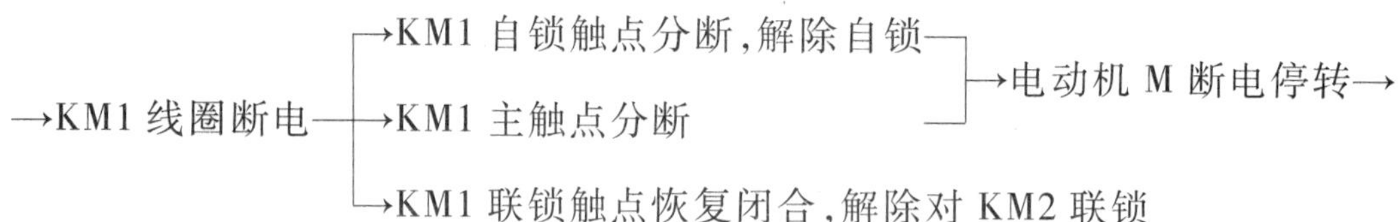

→行车停止前移

此时,即使再按下 SB1,由于 SQ1 动断触点已分断,接触器 KM1 线圈也不会通电,保证了行车不会超过 SQ1 所在的位置。

(2)行车向后运动

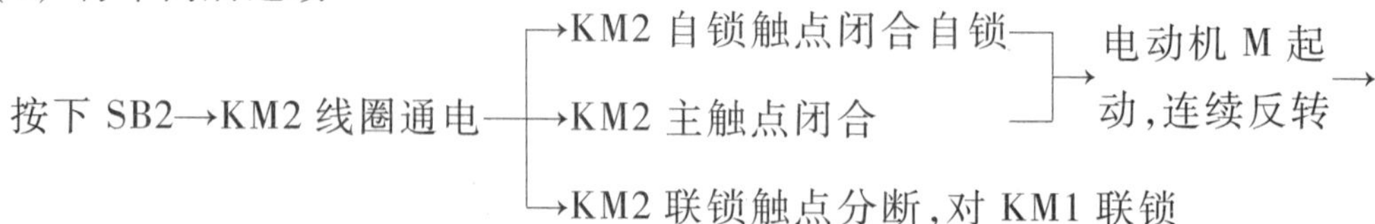

→行车后移(SQ1 动断触点恢复闭合→移至限定位置,挡铁 2 碰撞行程开关 SQ2→SQ2 动断触点分断→

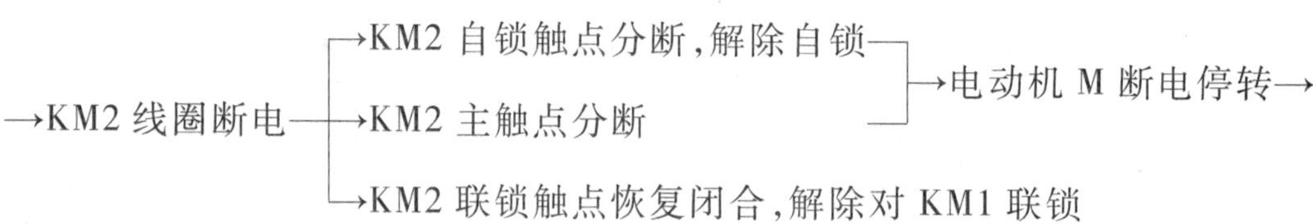

→行车停止后移

停车时只需按下停止按钮 SB3 即可。

2. 接线实物图

图 4-17-3 所示为三相笼型异步电动机位置控制线路的接线实物图,该线路采用线槽配线。

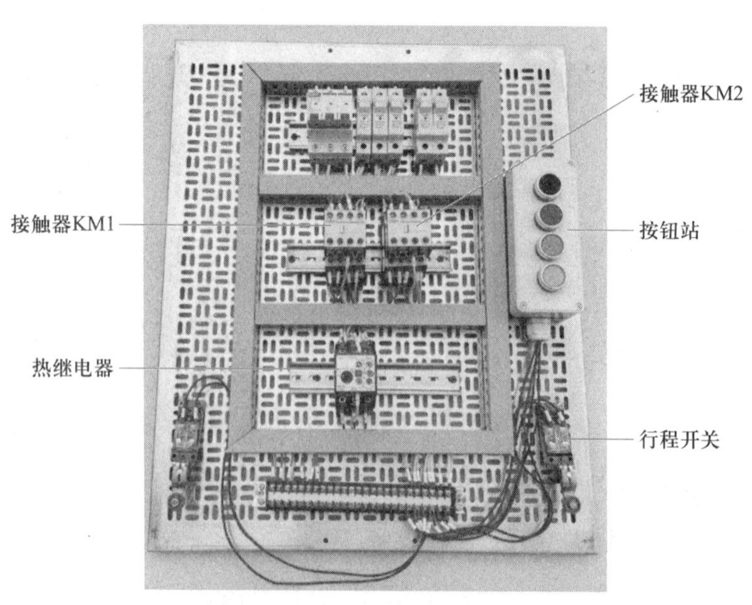

图 4-17-3 三相笼型异步电动机位置控制线路的接线实物图

现象：按下前进起动按钮 SB1，电动机连续正转，直至碰撞行程开关 SQ1，使其动断触点分断，电动机停止正转；行程开关 SQ1 复位后，再按下后退起动按钮 SB2，电动机连续反转，直至碰撞行程开关 SQ2，使其动断触点分断，电动机停止反转；按下停止按钮 SB3，电动机就停止运转。

任务二　选用线路电气元件

1. 线路电气元件的选用

三相笼型异步电动机位置控制线路选用的电气元件及工具、仪表见表 4-17-1。

表 4-17-1　三相笼型异步电动机位置控制线路选用的电气元件及工具、仪表清单

名称	规格(型号)	数量
三相笼型异步电动机(M)	YS5024,60 W、380 V	1 台
低压断路器(QF)	DZ47-63	1 个
按钮站(SB)	LA10-3H	1 只
熔断器(FU1)	RT28N-32X(配 10 A 熔体)	3 只
熔断器(FU2)	RT28N-32X-32(配 2 A 熔体)	2 只
交流接触器(KM1、KM2)	CJX2-1210	1 只
热继电器(KH)	NR4-63	1 只
行程开关(SQ1、SQ2)	YBLX-ME/8104	2 只
接线端子排(XT)	TD-1525	1 条
网孔板	600 mm×600 mm	1 块
主电路导线	多股铜芯塑料绝缘线，RV，1 mm^2(红色)	若干
控制电路导线	多股铜芯塑料绝缘线，RV，1 mm^2(黄色)	若干
按钮线	RV，0.75 mm^2，软线，颜色：自定	若干
接地线	RV，0.75 mm^2，软线，颜色：黄绿双色	若干
三相四线电源插头	~3×380 V/220 V、20 A	1 根
常用电工工具		1 套
万用表	数字万用表	1 台
兆欧表	ZC25-3，500 V、0~500 MΩ(型号可自定)	1 台
钳形电流表	MG28	1 台

2. **电气元件的识别与检测**

三相笼型异步电动机、接线端子排、三相四线电源插头、低压断路器、螺旋式熔断器、按钮、接触器、热继电器等电气元件的选用与检测可参考前面相关项目。

下面主要介绍行程开关的选用与检测。行程开关是一种根据运动部件的行程位置来切换电路状态的控制电器,其工作原理与按钮类似,其触点的动作靠运动部件碰撞顶杆或滚轮来实现。行程开关按结构可分为直动式、滚轮式和微动式三种。各种行程开关的基本结构大体相同,都是由触点系统、操作机构和外壳组成。

行程开关可根据使用场合和控制电路的要求选用。当机械运动速度很慢,且被控制电路中电流又较大时,可选用快速动作的行程开关;如果被控制的回路很多,又不易安装,可选用带有凸轮的转动式行程开关;在要求开关工作效率很高、可靠性也较高的场合,可选用晶体管式的无触点行程开关。

本项目选用 YBLX-ME/8104 滚轮式行程开关,其外形、结构及符号如图4-17-4所示。

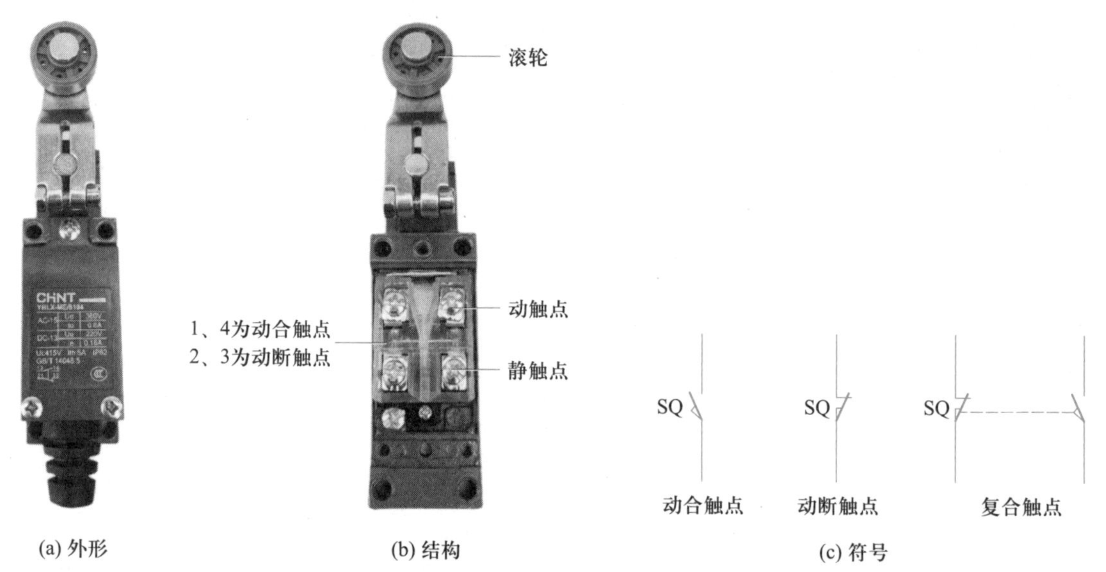

图 4-17-4　滚轮式行程开关的外形、结构及符号

行程开关在使用之前也应进行质量检测,可用数字万用表通断测试挡检测其动合与动断触点的通断情况是否符合要求,等等。

任务三　绘制布置图和接线图

1. **布置图**

三相笼型异步电动机位置控制线路的布置图如图 4-17-5 所示,其中,行程开关 SQ1、SQ2 可根据实际情况放置。

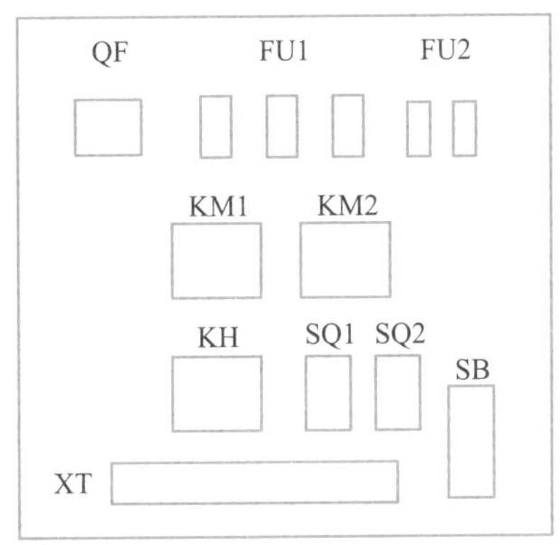

图 4-17-5　三相笼型异步电动机位置控制线路的布置图

2. 接线图

接线图是根据电气设备和电气元件的实际位置和安装情况绘制的，只用来表示电气设备和电气元件的位置、配线方式和接线方式，而不明显表示电气动作原理，主要用于安装接线、线路的检查维修和故障处理。

三相笼型异步电动机位置控制线路的接线图读者可参考前面相关实训项目自行设计。

注意：行程开关的连接同按钮一样，需用软线通过接线端子排进行连接，具体可参照图4-17-3。

任务四　装接电气元件和线路

1. 安装布线槽与电气元件

在网孔板上按布置图安装布线槽和所有电气元件，安装布线槽时，应做到横平竖直、排列整齐匀称、安装牢固和便于布线等，如图 4-17-6 所示。

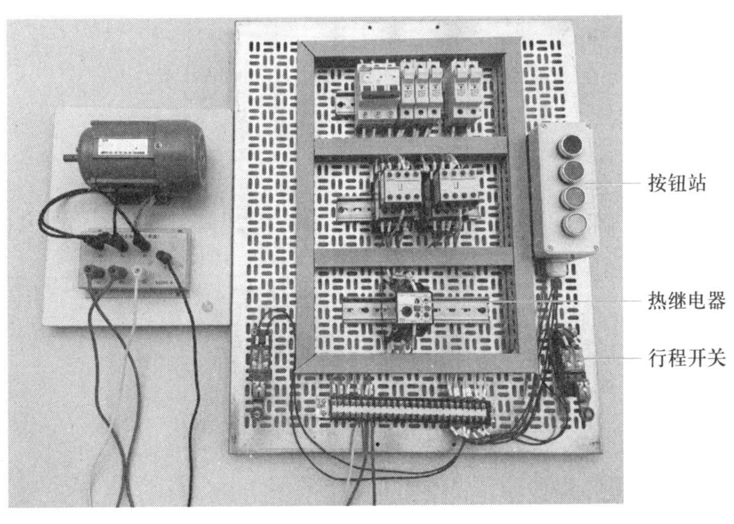

图 4-17-6　三相笼型异步电动机位置控制线路接线实物图

2. **板前线槽配线**

按电气原理图进行板前线槽配线，并在导线端部套编码套管，板前线槽配线的具体工艺要求如下：

① 所有导线的截面积等于或大于 0.5 mm^2 时，必须采用软线。

② 各电气元件接线端子引出导线的走向，以电气元件的水平中心线为界线，在水平中心线以上接线端子引出的导线，必须进入电气元件上面的布线槽；在水平中心线以下接线端子引出的导线，必须进入电气元件下面的布线槽。任何导线都不允许从水平方向进入布线槽。

③ 各电气元件接线端子上引入或引出的导线，除由于间距很小或电气元件机械强度很差允许导线直接架空敷设外，其他导线必须经过布线槽进行连接。

④ 进入布线槽内的导线要完全置于槽内，并应尽可能避免交叉，装线不得超过其容量的70%，以便能盖上槽盖和以后装配及维修。

⑤ 各电气元件与布线槽之间的外露导线，应布线合理，并应尽可能做到横平竖直，变换走向要垂直。同一个电气元件上位置一致的端子上引出或引入的导线，要敷设在同一平面上，并应做到高低一致或前后一致，不得交叉。

⑥ 所有接线端子、导线接头上都应套有与电气原理图上相应接点线号一致的编码套管，并按线号进行连接。

⑦ 在任何情况下，接线端子必须与导线截面积和材料性质相适应。当接线端子不适合连接软线或截面积较小的软线时，可以在导线端头穿上针形或叉形扎头并压紧。

⑧ 一般一个接线端子只能连接一根导线，如果采有专门设计的端子，可以连接两根或多根导线，并应严格按照连接工艺的工序要求进行。

3. **连接电动机、电源等网孔板外部的导线**

可靠连接电动机和各电气元件金属外壳的保护接地线，连接好电源插头线。

任务五　自检并通电试运行

安装完毕的控制线路板，必须经过认真检查后，才允许通电试运行，以防止错接、漏接造成不能正常运转和短路事故。

1. **自检**

根据项目十五自检流程和注意事项进行自检。

2. **试运行**

通电试运行操作步骤：

正转时：合上三相电源开关 → 合上低压断路器 QF → 按下正转起动按钮 SB1→电动机正

转→碰到行程开关 SQ1→电动机停转

反转时:释放行程开关 SQ1 → 按下反转起动按钮 SB2→电动机反转

→碰到行程开关 SQ2→电动机停转

停止时:按下停止按钮 SB3 → 切断低压断路器 QF → 切断三相电源开关

3. 注意事项

① 行程开关必须牢固安装在合适的位置上。安装后,必须用手动工作台或受控机械进行试验,合格后才能使用。实训中若无条件进行实际安装,可将行程开关装在网孔板下方两侧进行手控模拟试验。

② 通电校验时,必须先手动试验行程开关的各行程控制和中断保护是否正常可靠。若在电动机正转(工作台向左运动)时,扳动行程开关 SQ1,电动机不停转,且继续正转,则可能由于控制线路接线不正确引起,需断电进行纠正后再试,以防止发生设备事故。

项目实训评价

三相异步电动机位置控制线路的安装与调试项目实训评价见表 4-17-2。

表 4-17-2　项目实训评价表

班级		姓名		学号		成绩	
项目	考核内容	配分	评分标准				得分
装前检查	认真检查电动机和低压电器质量	10 分	1. 电动机质量漏检查,每处扣 3 分 2. 低压电器质量漏检查,每处扣 2 分				
元件安装	元件布置合理,安装准确紧固	20 分	1. 元件布置不整齐、不匀称、不合理,每只扣 1 分 2. 元件安装不牢固,安装元件时漏装螺钉,每只扣 1 分 3. 损坏元件每只扣 2 分 4. 电动机安装不符合要求扣 5 分 5. 控制板或开关不符合要求扣 5 分				
布线	按电路图接线并符合工艺要求	40 分	1. 不按电路图接线扣 20 分 2. 布线不符合要求,主电路每根扣 4 分,控制电路每根扣 2 分 3. 接点不符合要求,每个接点扣 1 分 4. 损伤导线绝缘或线芯,每根扣 5 分 5. 编码套管套装不正确,每处扣 1 分 6. 漏接接地线扣 10 分				

续表

项目	考核内容	配分	评分标准	得分
通电试运行	在保证人身安全的前提下，通电试运行要一次成功	20分	1. 热继电器整定值错误，扣2分 2. 主、控电路配错熔体，每个扣1分 3. 一次试运行不成功扣10分；二次试运行不成功扣15分；三次试运行不成功扣20分	
安全文明操作	安全文明，符合操作规程	10分	违反安全文明操作规程扣5~10分	
合计				
教师签名：				

知识链接一　行 程 开 关

行程开关又称限位开关或位置开关，属于主令电器，其作用与按钮相同，都是向继电器、接触器发出电信号指令，实现对生产机械的控制。不同的是按钮靠手动操作，行程开关则是靠生产机械的某些运动部件与它的传动部位发生碰撞，令其内部触点动作，分断或切换电路，从而限制生产机械行程、位置或改变其运动状态，控制生产机械停车、反转或变速等。

行程开关与生产机械的碰撞部分有不同的结构形式，常用的结构形式有直动式（按钮式）和滚轮式（旋转式），其中滚轮式又有单滚轮式和双滚轮式两种，如图4-17-7所示。

(a) JLXK1-311　(b) JLXK1-111　(c) JLXK1-211

图4-17-7　常用的行程开关

行程开关的结构和动作原理如图4-17-8所示，当生产机械撞块碰撞行程开关滚轮时，使传动杠杆和转轴一起转动，转轴上的凸轮推动推杆使微动开关动作，接通动合触点，分断动断触点，指令生产机械停车、反转或变速。对于单滚轮自动复位的行程开关，只要生产机械撞块离开滚轮后，复位弹簧将已动作的部分恢复到动作前的位置，为下一次动作做好准备。对于双滚轮行程开关,在生产机械碰撞第一只滚轮时,内部微动开关动作,发出信号指令,但生产机械撞块离开滚轮后不能自动复位,必须要生产机械撞块碰撞第二个滚轮时,已动作的部分才能复位。

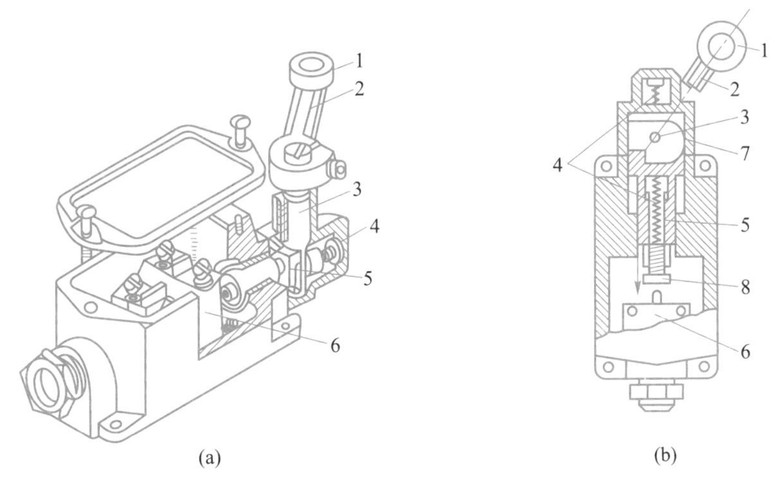

1—滚轮;2—传动杠杆;3—转轴;4—复位弹簧;5—撞块;6—微动开关;7—凸轮;8—调节螺钉

图 4-17-8 行程开关的结构和动作原理

常用的 LX19 和 JLXK1 系列行程开关的主要技术参数见表 4-17-3。

表 4-17-3 常用的 LX19 和 JLXK1 系列行程开关的主要技术参数

型号	额定电压 额定电流	结构特点	触点数		工作 行程	超行程	触点转换 时间/s
			动合	动断			
LX19	380 V 5 A	元件	1	1	3 mm	3 mm	≤0.04
LX19-111		单轮,滚轮装在转动杆内侧,能自动复位	1	1	约 30°	约 20°	
LX19-121		单轮,滚轮装在转动杆外侧,能自动复位	1	1	约 30°	约 20°	
LX19-131		单轮,滚轮装在转动杆凹槽内,能自动复位	1	1	约 30°	约 15°	
LX19-212		双轮,滚轮装在 U 形转动杆内侧,不能自动复位	1	1	约 30°	约 15°	
LX19-222		双轮,滚轮装在 U 形转动杆外侧,不能自动复位	1	1	约 30°	约 15°	
LX19-232		双轮,U 形转动杆内外侧各装一个滚轮,不能自动复位	1	1	约 30°	约 15°	
LX19-001		无滚轮,仅径向传动杆,能自动复位	1	1	4 mm	3 mm	
JLXK1-111	500 V 5 A	单轮防护式	1	1			≤0.04
JLXK1-211		双轮防护式	1	1			
JLXK1-311		直动防护式	1	1			
JLXK1-411		直动滚轮防护式	1	1			

行程开关的选用,应根据被控制电路的特点、要求及生产现场条件和触点数量等因素考虑。

行程开关安装时,注意滚轮方向不能装反,与生产机械撞块碰撞位置应符合线路要求,滚轮固定应恰当，有利于生产机械经过预定位置或行程时能较准确地实现行程控制。

知识链接二　工作台自动往返控制线路

有些生产机械，要求工作台在一定的行程内能自动往返运动，以便实现对工件的连续加工，提高生产效率。这就需要电气控制线路能对电动机实现自动转换正反转控制。工作台自动往返的位置示意图如图 4-17-9 所示。

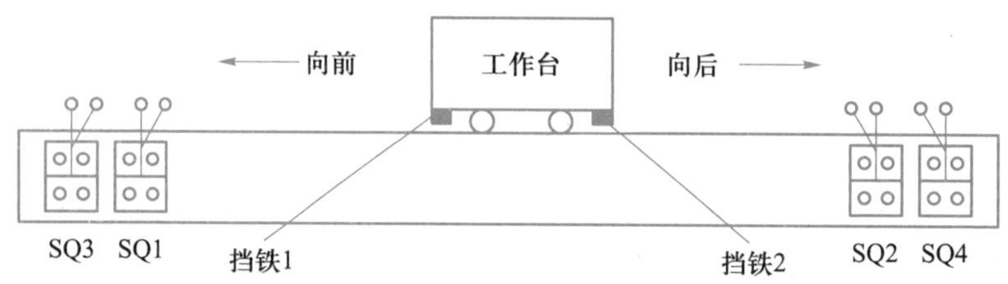

图 4-17-9　工作台自动往返的位置示意图

为了使电动机的正反转控制与工作台的左右运动相配合，在控制线路中设置了 4 个行程开关 SQ1、SQ2、SQ3、SQ4，并把它们安装在工作台需限位的地方。其中 SQ1、SQ2 用来自动换接电动机正反转控制线路，实现工作台的自动往返行程控制；SQ3、SQ4 用于终端保护，以防止 SQ1、SQ2 失灵，工作台越过限定位置而造成事故。当工作台运动到所限行程时，挡铁碰撞行程开关，使其触点动作，自动换接电动机正反转控制电路，通过机械传动机构使工作台自动往返运动。工作台行程可通过移动行程开关位置来调节，拉开两个行程开关间的距离，行程就长，反之则短。图 4-17-10 所示为工作台自动往返控制线路电气原理图。

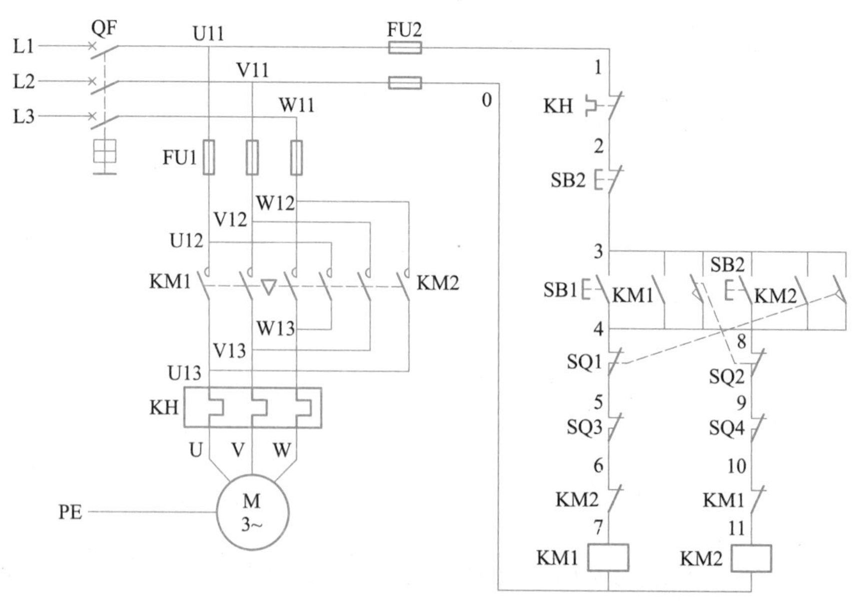

图 4-17-10　工作台自动往返控制线路的电气原理图

复习与思考题

1. 行程开关的主要作用是什么？如何根据实际线路合理选用行程开关？
2. 简述位置控制线路和自动往返控制线路的工作过程。
3. 说一说位置控制线路试运行前的自检方法与过程。
4. 线槽配线应注意哪些事项？
5. 画出行程开关的图形符号。

项目十八

两台电动机顺序起动逆序停止控制线路的安装与调试

项目目标　学习本项目后，应能：

- 描述顺序控制和多地控制。
- 叙述两台电动机顺序起动逆序停止控制线路的工作过程。
- 列出几种常见的控制电路实现顺序控制的线路。
- 列出几种常见的主电路实现顺序控制的线路。

在装有多台电动机的生产机械上，各电动机所起的作用是不同的，有时需按一定的顺序起动或停止，才能保证操作过程的合理和工作的安全可靠。例如：X62W 型万能铣床要求主轴电动机起动后，进给电动机才能起动；M7120 型平面磨床的冷却泵电动机，要求当砂轮电动机起动后才能起动。像这种要求几台电动机的起动或停止必须按一定的先后顺序的控制方式称为电动机的顺序控制。

顺序控制可以通过控制电路来实现，也可通过主电路实现。

本项目通过对两台电动机顺序起动逆序停止控制线路的安装与调试，学习和理解顺序控制的概念，同时掌握三相笼型异步电动机顺序控制线路的工作原理分析、线路安装与调试的相关知识和技能。

任务一　识读电气原理图

1. 线路工作原理

图 4-18-1 所示为两台电动机顺序起动逆序停止控制线路的电气原理图，该线路采用控

制电路来实现电动机 M1、M2 的顺序起动，逆序停止。

主电路的特点是：分别用接触器 KM1、KM2 单独控制电动机 M1、M2 的通与断，即用 KM1 的主触点控制电动机 M1 的通与断；用 KM2 的主触点控制电动机 M2 的通与断。

控制电路的特点是：电动机 M2 的控制电路中串接了接触器 KM1 的动合触点，这样就保证了 M1 起动后，M2 才能起动的顺序控制要求。线路中的 SB12 的两端并接了接触器 KM2 的动合辅助触点，从而实现了 M2 停止后，M1 才能停止的控制要求，即 M1、M2 顺序起动，逆序停止。

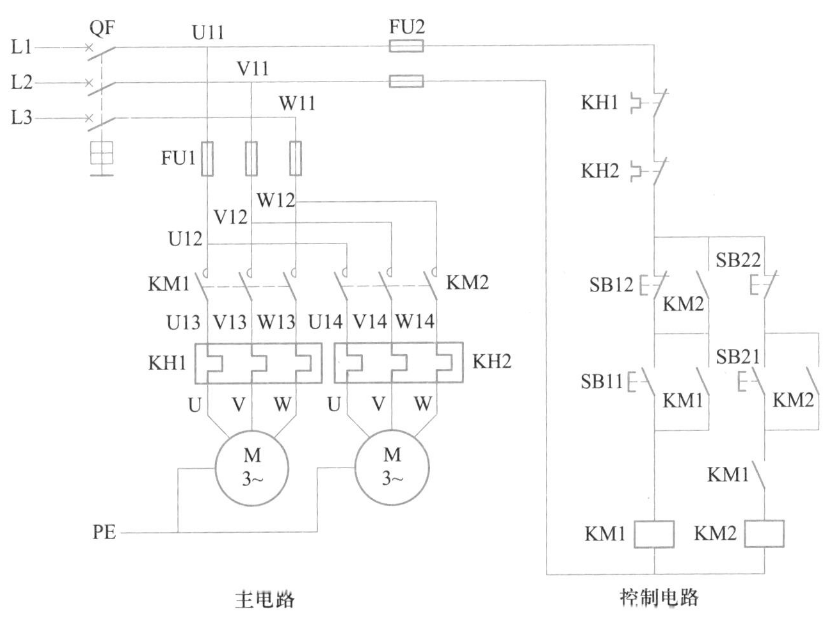

图 4-18-1　两台电动机顺序起动逆序停止控制线路的电气原理图

线路的工作原理如下：

先合上电源开关 QF。

（1）起动

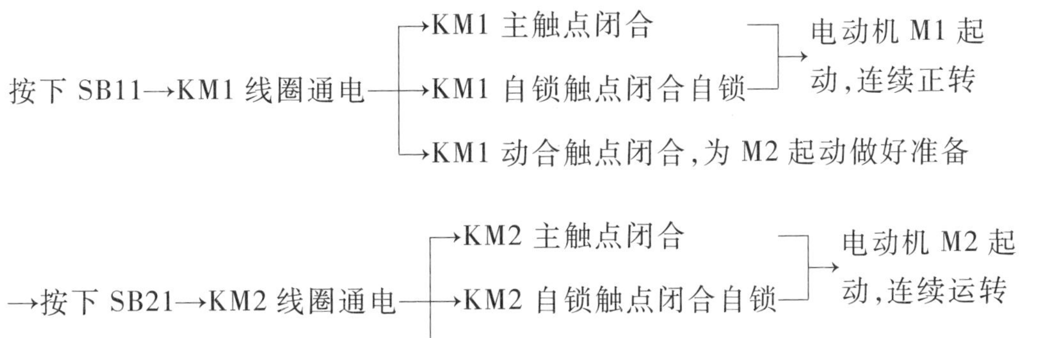

从而实现了电动机 M1 起动后 M2 才能起动的顺序控制。

（2）停止

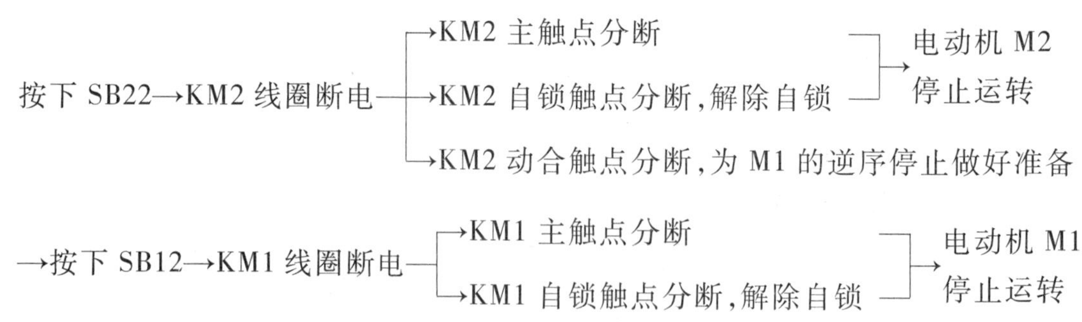

从而实现了电动机 M2 停止后 M1 才能停止的逆序控制。

（3）要点

由于 KM1 动合辅助触点和接触器 KM2 线圈相串联，所以起动时必须先按下起动按钮 SB11，使 KM1 线圈通电，M1 先起动运行后，再按下起动按钮 SB21，使 KM2 线圈通电，M2 方可起动运行，M1 不起动 M2 就不能起动，也就是说按下 M1 起动按钮 SB11 之前，先按 M2 起动按钮 SB21 将无效。

同时由于 KM2 动合辅助触点与停止按钮 SB12 并联，所以停车时必须先按下停止按钮 SB22，使 KM2 线圈断电，将 M2 停下来以后，再按下 SB12，才能使 KM1 线圈断电，继而使 M1 停车，M2 不停止 M1 就不能停止，也就是说按下 M2 的停止按钮 SB22 之前，先按 M1 停止按钮 SB12 将无效。

2. 接线实物图

图 4-18-2 所示为两台电动机顺序起动逆序停止控制线路的接线实物图。

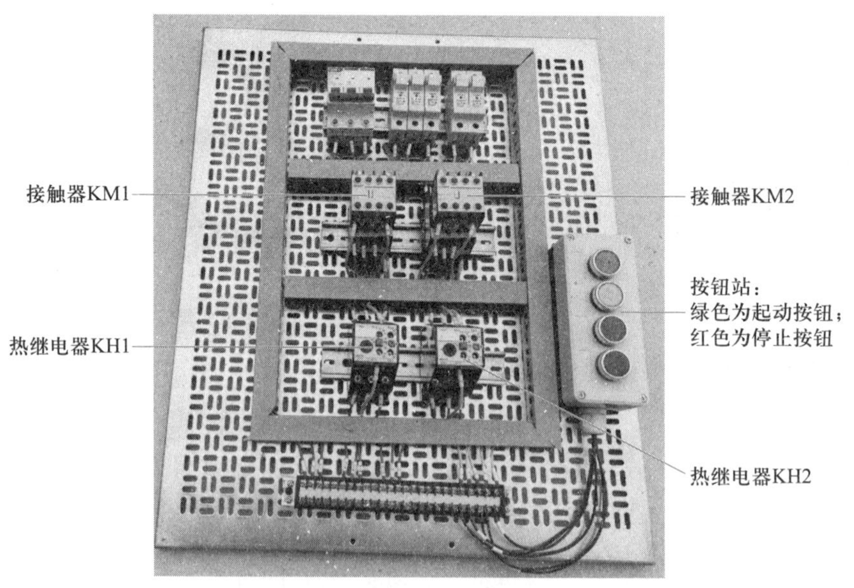

图 4-18-2 两台电动机顺序起动逆序停止控制线路的接线实物图

现象：按下起动按钮 SB11，电动机 M1 连续运转，再按下起动按钮 SB21，电动机 M2 连续运转。按下停止按钮 SB22，电动机 M2 停止运转，再按下停止按钮 SB12，电动机 M1 停止运转。

任务二　选用线路电气元件

1. 线路电气元件的选用

两台电动机顺序起动逆序停止控制线路选用的电气元件及工具、仪表见表 4-18-1。

表 4-18-1　两台电动机顺序起动逆序停止控制线路选用的电气元件及工具、仪表清单

名称	规格(型号)	数量
三相笼型异步电动机(M1、M2)	YS5024,60 W、380 V	2 台
低压断路器(QF)	DZ47-63	1 个
按钮站(SB)	LA10-3H	1 只
熔断器(FU1)	RT28N-32X(配 10 A 熔体)	3 只
熔断器(FU2)	RT28N-32X-32(配 2 A 熔体)	2 只
交流接触器(KM1、KM2)	CJX2-1210	1 只
热继电器(KH1、KH2)	NR4-63	2 只
接线端子排(XT)	TD-1525	1 条
网孔板	600 mm×600 mm	1 块
主电路导线	多股铜芯塑料绝缘线,RV,1 mm^2(红色)	若干
控制电路导线	多股铜芯塑料绝缘线,RV,1 mm^2(黄色)	若干
按钮线	RV,0.75 mm^2,软线,颜色:自定	若干
接地线	RV,0.75 mm^2,软线,颜色:黄绿双色	若干
三相四线电源插头	~3×380 V/220 V、20 A	1 根
常用电工工具		1 套
万用表	数字万用表	1 台
兆欧表	ZC25-3,500 V、0~500 MΩ(型号可自定)	1 台
钳形电流表	MG28	1 台

2. 电气元件的识别与检测

三相笼型异步电动机、接线端子排、三相四线电源插头、低压断路器、螺旋式熔断器、按钮、接触器、热继电器等电气元件的选用与检测可参考前面相关实训项目。

任务三　绘制布置图和接线图

1. 布置图

两台电动机顺序起动逆序停止控制线路的布置图如图 4-18-3 所示。

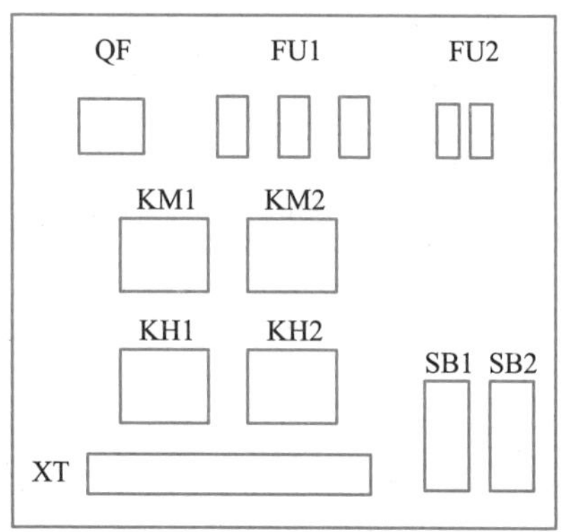

图 4-18-3　两台电动机顺序起动逆序停止控制线路的布置图

2. 接线图

两台电动机顺序起动逆序停止控制线路的接线图读者可参考前面相关实训项目自行设计。

任务四　装接电气元件和线路

1. 安装布线槽与电气元件

在网孔板上按布置图安装布线槽和所有电气元件，安装布线槽时，应做到横平竖直、排列整齐匀称、安装牢固和便于布线等，如图 4-18-4 所示。

2. 板前线槽配线

按电气原理图进行板前线槽配线，并在导线端部套编码套管，板前线槽配线的具体工艺要求可以参考前面相关实训项目。

3. 连接电动机、电源等网孔板外部的导线

可靠连接电动机和各电气元件金属外壳的保护接地线，连接好电源插头线。

图 4-18-4　两台电动机顺序起动逆序停止控制线路的接线实物图

任务五　自检并通电试运行

安装完毕的控制线路板,必须经过认真检查后,才允许通电试运行,以防止错接、漏接造成不能正常运转和短路事故。

1. 自检

根据项目十五自检流程和注意事项进行自检。

2. 试运行

通电试运行操作步骤:

顺序起动时:合上电源开关 QF → 按下 M1 的起动按钮 SB11 → 再按下 M2 的起动按钮 SB21

逆序停止时:按下 M2 的停止按钮 SB22 → 再按下 M1 的停止按钮 SB12 → 最后切断电源开关 QF

3. 注意事项

① 通电试运行前,应熟悉线路的操作顺序。

② 通电试运行时,注意观察电动机、各电气元件及线路各部分工作是否正常。若发现异常情况,必须立即切断电源开关 QF。

③ 安装应在规定的时间内完成,同时要做到安全操作和文明生产。

项目实训评价

两台电动机顺序起动逆序停止控制线路的安装与调试项目实训评价见表 4-18-2。

表 4-18-2　项目实训评价表

班级		姓名		学号		成绩	
项目	考核内容		配分	评分标准			得分
装前检查	认真检查电动机和低压电器质量		10 分	1. 电动机质量漏检查,每处扣 3 分 2. 低压电器质量漏检查,每处扣 2 分			
元件安装	元件布置合理,安装准确紧固		20 分	1. 元件布置不整齐、不匀称、不合理,每只扣 1 分 2. 元件安装不牢固,安装元件时漏装螺钉,每只扣 1 分 3. 损坏元件每只扣 2 分 4. 电动机安装不符合要求扣 5 分 5. 控制板或开关不符合要求扣 5 分			
布线	按电路图接线并符合工艺要求		40 分	1. 不按电路图接线扣 20 分 2. 布线不符合要求,主电路每根扣 4 分,控制电路每根扣 2 分 3. 接点不符合要求,每个接点扣 1 分 4. 损伤导线绝缘或线芯,每根扣 5 分 5. 编码套管套装不正确,每处扣 1 分 6. 漏接接地线扣 10 分			
通电试运行	在保证人身安全的前提下,通电试运行要一次成功		20 分	1. 热继电器整定值错误,扣 2 分 2. 主、控电路配错熔体,每个扣 1 分 3. 一次试运行不成功扣 10 分;二次试运行不成功扣 15 分;三次试运行不成功扣 20 分			
安全文明操作	安全文明,符合操作规程		10 分	违反安全文明操作规程扣 5~10 分			
合计							
教师签名:							

知识链接一　几种常见的顺序控制线路

顺序控制线路一般分为两类，一类是控制电路实现顺序控制，另一类是主电路实现顺序控制。

1. 控制电路实现顺序控制

除了两台电动机顺序起动逆序停止控制线路外，还有两种常见的控制电路实现顺序控制形式，如图 4-18-5 所示。

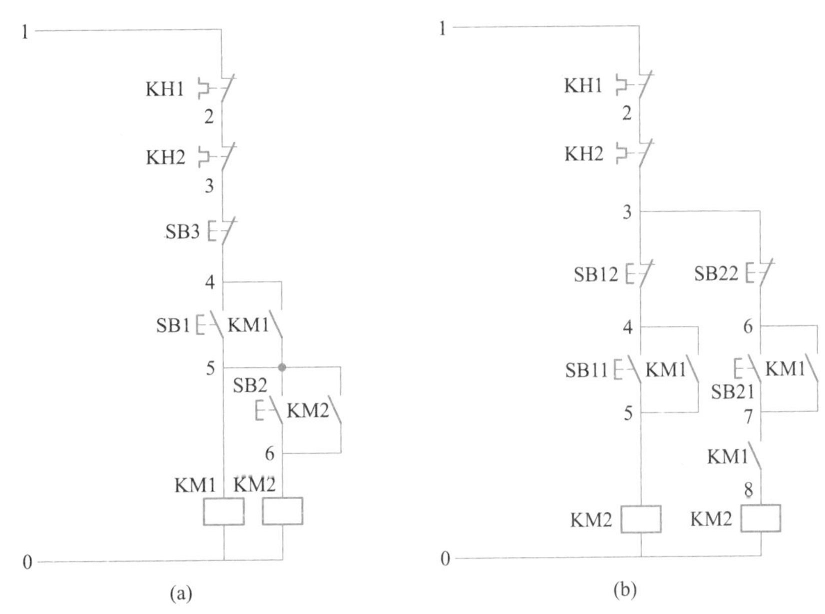

图 4-18-5　控制电路实现顺序控制的两种常见形式

图 4-18-5(a)所示控制线路的特点是：电动机 M2 的控制电路与接触器 KM1 的线圈并接后再与 KM1 的自锁触点串接，这样就保证 M1 起动后，M2 才能起动的顺序控制要求。按下停止按钮 SB3，电动机 M1 和 M2 同时停止。其工作原理读者可自行分析。

图 4-18-5(b)所示控制线路的特点是：在电动机 M2 的控制电路中串接了接触器 KM1 的动合辅助触点。显然，只要 M1 不起动，即使按下 SB21，由于 KM1 的动合辅助触点未闭合，KM2 线圈也不能通电，从而保证了 M1 起动后，M2 才能起动的控制要求。线路中停止按钮 SB12 控制两台电动机同时停止，SB22 控制 M2 的单独停止，其工作原理读者可自行分析。

2. 主电路实现顺序控制

主电路实现顺序控制的两种常见形式如图 4-18-6 所示。线路的特点是电动机 M2 的主电路在 KM(或 KM1)主触点下面。

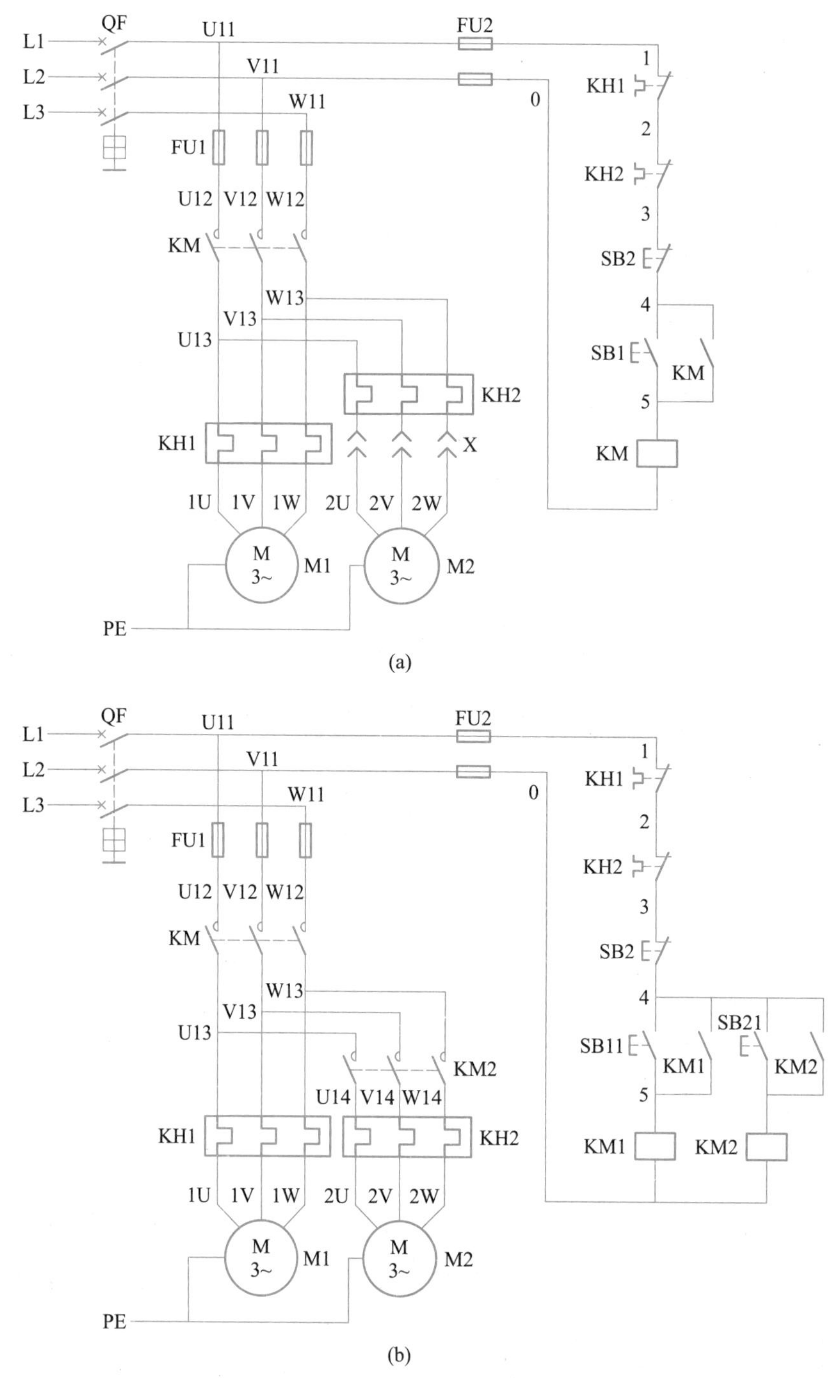

图 4-18-6　主电路实现顺序控制的两种常见形式

图 4-18-6(a)所示控制线路中,电动机 M2 是通过接插器 X 接在接触器 KM 的主触点的下面,因此,只有当 KM 主触点闭合,电动机 M1 起动运转后,电动机 M2 才可能接通电源运转。

图 4-18-6(b)所示控制线路中,电动机 M1 和 M2 分别通过接触器 KM1 和 KM2 来控制,接触器 KM2 的主触点接在接触器 KM1 主触点的下面,这样就保证了当 KM1 主触点闭合,电动机 M1 起动运转后,M2 才可能接通电源运转。

知识链接二　多地控制线路

能在两地或多地控制同一台电动机的控制方式称为电动机的多地控制。图 4-18-7 所示为两地控制线路的电气原理图，它属于具有过载保护接触器自锁正转控制线路。其中，SB11、SB12 为安装在甲地的起动按钮和停止按钮；SB21、SB22 为安装在乙地的起动按钮和停止按钮。线路的特点是：两地的起动按钮 SB11、SB21 要并联接在一起；停止按钮 SB12、SB22 要串联接在一起。这样就可以分别在甲、乙两地起动和停止同一台电动机，达到操作方便的目的。

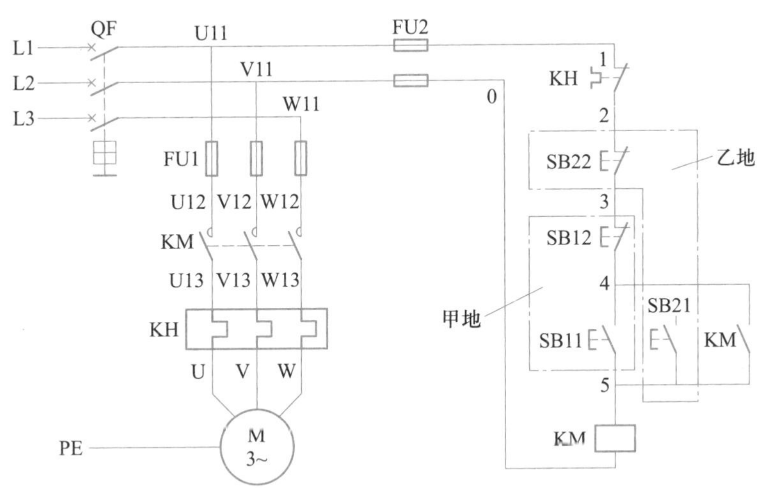

图 4-18-7　两地控制线路的电气原理图

对三地或多地控制，只要把各地的起动按钮并接、停止按钮串接就可以实现。

复习与思考题

1. 什么是顺序控制？
2. 简述两台电动机顺序起动逆序停止控制线路的工作过程。
3. 通过主电路进行顺序控制通常有哪几种方式？
4. 通过控制电路进行顺序控制通常有哪几种方式？
5. 什么是多地控制？试简述其如何实现。

项目十九

三相异步电动机星-三角降压起动控制线路的安装与调试

项目目标　学习本项目后，应能：

- 解释全压起动、降压起动与起动电流。
- 描述时间继电器的作用、结构、主要技术参数和检测方法。
- 根据实际线路选用时间继电器并进行合理安装。
- 叙述星-三角降压起动控制线路的工作过程。
- 列出几种常见的定子绕组串接电阻降压起动线路。

用前面介绍的各种控制线路起动时，加在电动机定子绕组上的电压为电动机的额定电压，属于全压起动，也称直接起动。直接起动的优点是电气设备少、线路简单、维修量较小。异步电动机直接起动时，起动电流一般为额定电流的 4~7 倍。在电源变压器容量不够大而电动机功率较大的情况下，直接起动将导致电源变压器输出电压下降，不仅减小电动机本身的起动转矩，而且会影响同一供电线路中其他电气设备的正常工作。因此，较大容量的电动机需采用降压起动。

通常规定：电源容量在 180 kV · A 以上，电动机容量在 7 kW 以下的三相异步电动机可采用直接起动。

判断一台电动机能否直接起动，还可以用下面的经验公式来确定

$$\frac{I_{st}}{I_N}\leqslant\frac{3}{4}+\frac{S}{4P}$$

式中，I_{st}——电动机全压起动电流，A；

I_N——电动机额定电流，A；

S——电源变压器容量，kV · A；

P——电动机功率，kW。

凡不满足直接起动要求的，均须采用降压起动。

降压起动是指利用起动设备将电压适当降低后加到电动机的定子绕组上进行起动，待电动机起动运转后，再使其电压恢复到额定值正常运转。由于电流随电压的降低而减小，因此降压起动达到了减小起动电流的目的。但是由于电动机转矩与电压的平方成正比，所以降压起动也将导致电动机的起动转矩大为降低。因此，降压起动需要在空载或轻载下起动。

常见的降压起动方法有四种：定子绕组串接电阻降压起动；自耦变压器降压起动；星-三角降压起动；延边三角形降压起动。

本项目通过时间继电器自动控制星-三角降压起动控制线路的安装与调试，学习和理解时间继电器、降压起动等知识，同时掌握时间继电器自动控制星-三角降压起动控制线路的工作原理分析、线路安装与调试的相关知识和技能。

任务一　识读电气原理图

1. 线路工作原理

图 4-19-1 所示为时间继电器自动控制星-三角降压起动控制线路的电气原理图，该线路由接触器、热继电器、时间继电器和按钮组成。时间继电器 KT 用于控制星形降压起动时间和完成星-三角自动切换。

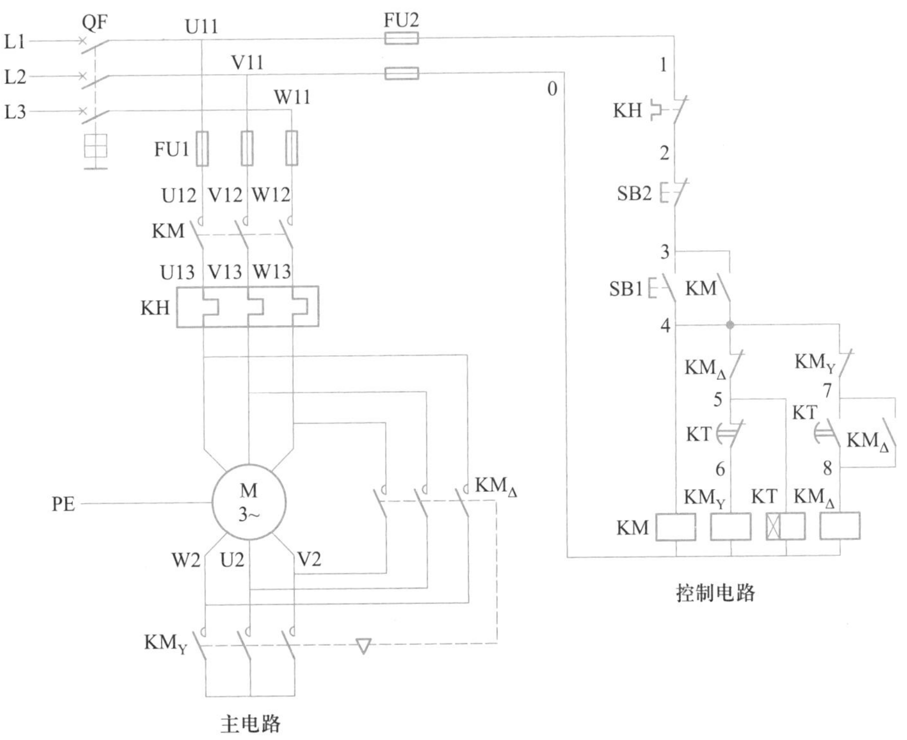

图 4-19-1　时间继电器自动控制星-三角降压起动控制线路的电气原理图

线路的工作原理如下：

先合上电源开关 QF。

（1）起动

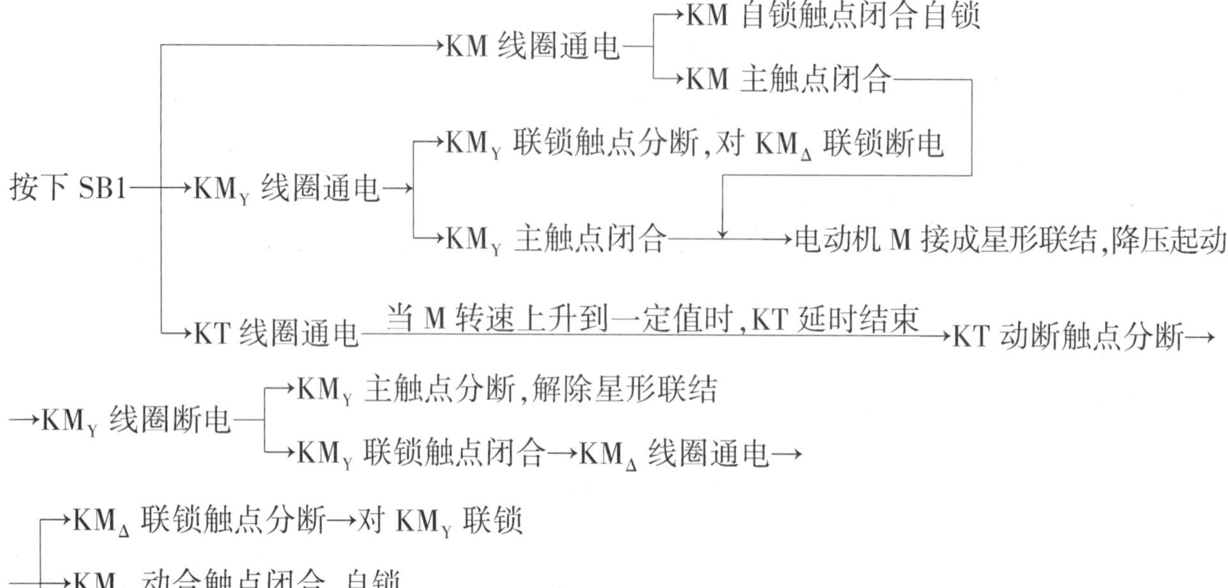

（2）停止

停止时按下 SB2 即可。

该线路中，接触器 KM_Y 通电后，通过 KM 的动合辅助触点使接触器 KM_Y 通电动作，这样 KM_Y 的主触点是在无负载的条件下闭合的，故可延长接触器 KM_Y 主触点的使用寿命。

2. 接线实物图

图 4-19-2 所示为时间继电器自动控制星-三角降压起动控制线路的接线实物图。

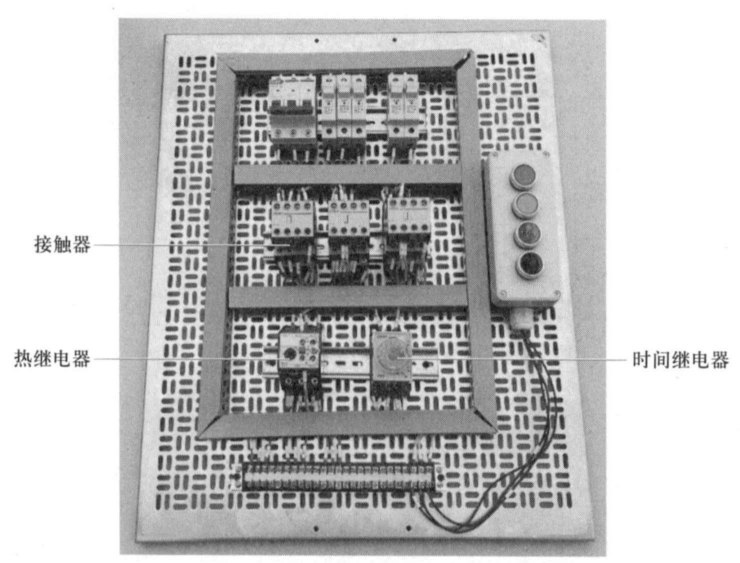

图 4-19-2　时间继电器自动控制星-三角降压起动控制线路的接线实物图

现象：按下起动按钮 SB1，电动机 M 接成星形联结降压起动，过一段时间（可由时间继电器设定）后，电动机 M 自动接成三角形联结全压运行。

任务二　选用线路电气元件

1. 线路电气元件的选用

时间继电器自动控制星-三角降压起动控制线路选用的电气元件及工具、仪表见表 4-19-1。

表 4-19-1　时间继电器自动控制星-三角降压起动控制线路选用的电气元件及工具、仪表清单

名称	规格（型号）	数量
三相异步电动机（M）	YS5024，60 W、380 V	1 台
低压断路器（QF）	DZ47-63	1 个
按钮站（SB）	LA10-3H	1 只
熔断器（FU1）	RT28N-32X（配 10 A 熔体）	3 只
熔断器（FU2）	RT28N-32X-32（配 2 A 熔体）	2 只
交流接触器（KM）	CJX2-1210	1 只
交流接触器（KM_Y）	CJX2-1210	1 只
交流接触器（KM_Δ）	CJX2-1210	1 只
热继电器（KH）	NR4-63	1 只
时间继电器（KT）	JSZ3A-B	1 只
接线端子排（XT）	TD-1525	1 条
网孔板	600 mm×600 mm	1 块
主电路导线	多股铜芯塑料绝缘线，规格 RV1 mm^2（红色）	若干
控制电路导线	多股铜芯塑料绝缘线，规格 RV1 mm^2（黄色）	若干
按钮线	RV，0.75 mm^2，软线，颜色：自定	若干
接地线	RV，0.75 mm^2，软线，颜色：黄绿双色	若干
三相四线电源插头	~3×380 V/220 V、20 A	1 根
常用电工工具		1 套
万用表	数字万用表	1 台
兆欧表	ZC25-3，500 V、0~500 MΩ（型号可自定）	1 台
钳形电流表	MG28	1 台

2. **电气元件的识别与检测**

三相笼型异步电动机、接线端子排、三相四线电源插头、低压断路器、螺旋式熔断器、按钮、接触器、热继电器等电气元件的选用与检测可参考前面相关项目。

下面主要介绍时间继电器的选用与检测。

自得到动作信号起至触点动作或输出电路产生跳跃式改变有一定延时时间,该延时时间又符合其准确度要求的继电器称为时间继电器。它广泛用于需要按时间顺序进行控制的电气控制线路中。

常用的时间继电器主要有电磁式、电动式、空气阻尼式、晶体管式等。本实训项目中使用 JS7-2A 空气阻尼式通电延时时间继电器如图 4-19-3 所示。

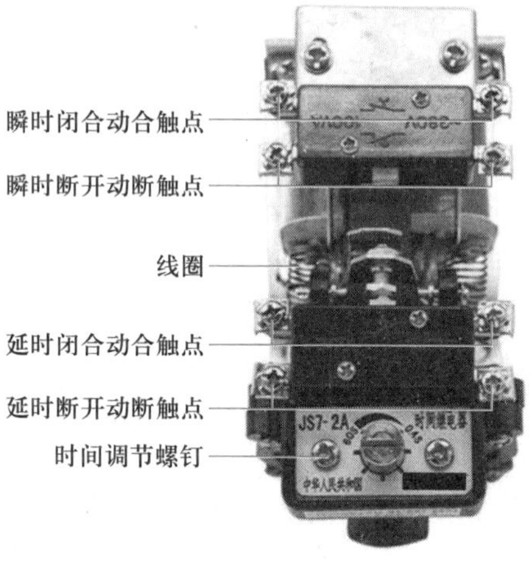

瞬时闭合动合触点
瞬时断开动断触点
线圈
延时闭合动合触点
延时断开动断触点
时间调节螺钉

图 4-19-3　JS7-2A 时间继电器

时间继电器选用原则:

① 根据系统的延时范围和精度选择时间继电器的类型和系统。在延时精度要求不高的场合,一般可选用价格较低的 JS7 系列空气阻尼式时间继电器,反之,对精度要求较高的场合,可选用晶体管式时间继电器。

② 根据控制线路的要求选择时间继电器的延时方式(通电延时或断电延时)。同时还必须考虑线路对瞬时动作触点的要求。

③ 根据控制线路电压选择时间继电器吸引线圈的电压。

另外,时间继电器在使用之前必须进行质量的检测,主要检测其动合、动断触点的通断情况及动作情况等。

任务三　绘制布置图和接线图

1. **布置图**

时间继电器自动控制星-三角降压起动控制线路的布置图如图 4-19-4 所示。

2. **接线图**

时间继电器自动控制星-三角降压起动控制线路的接线图读者可参考前面相关实训项目自行设计。

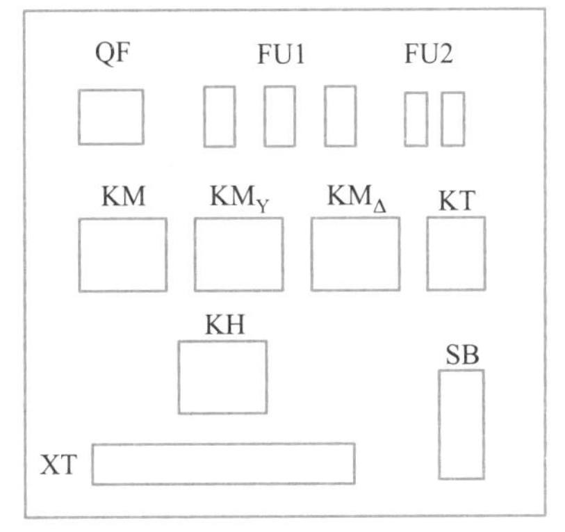

图 4-19-4　时间继电器自动控制星-三角降压起动控制线路的布置图

任务四　装接电气元件和线路

1. 安装布线槽与电气元件

在网孔板上按布置图安装布线槽和所有电气元件，安装布线槽时，应做到横平竖直、排列整齐匀称、安装牢固和便于布线等，如图 4-19-5 所示。

图 4-19-5　时间继电器自动控制星-三角降压起动控制线路的接线实物图

2. 板前线槽配线

按电气原理图进行板前线槽配线，并在导线端部套编码套管，板前线槽配线的具体工艺要求可以参考前面相关实训项目。

3. 连接电动机、电源等网孔板外部的导线

可靠连接电动机和各电气元件金属外壳的保护接地线，连接好电源插头线。

任务五　自检并通电试运行

安装完毕的控制线路板，必须经过认真检查后，才允许通电试运行，以防止错接、漏接造成不能正常运转和短路事故。

1. 自检

根据项目十五自检流程和注意事项进行自检。

2. **试运行**

通电试运行操作步骤：

起动：合上电源开关 QF → 按下起动按钮 SB1 →电动机实行星-三角降压起动

停止：按下停止按钮 SB2→电动机停止运转→切断电源开关 QF

3. **注意事项**

① 必须有 6 个出线端子且定子绕组在三角形联结时的额定电压等于三相电源线电压。

② 接线时要保证电动机三角形联结的正确性，即接触器 KM_{Δ} 主触点闭合时，应保证定子绕组的 U1 与 W2、V1 与 U2、W1 与 V2 相连接。

③ 接触器 KM_{Y} 的进线必须从三相定子绕组的末端引入，若误将其从首端引入，则在 KM_{Y} 吸合时，会产生三相电源短路事故。

④ 网孔板外部配线，必须按要求一律装在导线通道内，使导线有适当的机械保护，以防止液体、铁屑和灰尘的侵入。

⑤ 通电校验前要再检查一下熔体规格及时间继电器、热继电器的各整定值是否符合要求。

⑥ 通电校验必须有指导教师在现场监护，学生应根据电路图的控制要求独立进行校验。

⑦ 安装应在规定的定额时间内完成，同时要做到安全操作和文明生产。

项目实训评价

三相异步电动机星-三角降压起动控制线路的安装与调试项目实训评价见表 4-19-2。

表 4-19-2　项目实训评价表

<table>
<tr><td>班级</td><td colspan="2"></td><td>姓名</td><td></td><td>学号</td><td></td><td>成绩</td><td></td></tr>
<tr><td>项目</td><td colspan="2">考核内容</td><td colspan="2">配分</td><td colspan="3">评分标准</td><td>得分</td></tr>
<tr><td>装前检查</td><td colspan="2">认真检查电动机和低压电器质量</td><td colspan="2">10 分</td><td colspan="3">1. 电动机质量漏检查，每处扣 3 分
2. 低压电器质量漏检查，每处扣 2 分</td><td></td></tr>
<tr><td>元件安装</td><td colspan="2">元件布置合理，安装准确紧固</td><td colspan="2">20 分</td><td colspan="3">1. 元件布置不整齐、不匀称、不合理，每只扣 1 分
2. 元件安装不牢固，安装元件时漏装螺钉，每只扣 1 分
3. 损坏元件每只扣 2 分
4. 电动机安装不符合要求扣 5 分
5. 控制板或开关不符合要求扣 5 分</td><td></td></tr>
</table>

续表

项目	考核内容	配分	评分标准	得分
布线	按电路图接线并符合工艺要求	40分	1. 不按电路图接线扣20分 2. 布线不符合要求,主电路每根扣4分,控制电路每根扣2分 3. 接点不符合要求,每个接点扣1分 4. 损伤导线绝缘或线芯,每根扣5分 5. 编码套管套装不正确,每处扣1分 6. 漏接接地线扣10分	
通电试运行	在保证人身安全的前提下,通电试运行要一次成功	20分	1. 热继电器整定值错误,扣2分 2. 主、控电路配错熔体,每个扣1分 3. 一次试运行不成功扣10分;二次试运行不成功扣15分;三次试运行不成功扣20分	
安全文明操作	安全文明, 符合操作规程	10分	违反安全文明操作规程扣5~10分	
合计				
教师签名:				

知识链接一　时间继电器

常用的时间继电器主要有电磁式、电动式、空气阻尼式、晶体管式等。其中,电磁式时间继电器的结构简单、价格低廉,但体积和重量较大,延时较短(如JT3型只有0.3~5.5 s),且只能用于直流断电延时;电动式时间继电器的延时精度高,延时可调范围大(由几分钟到几小时),但结构复杂、价格贵。目前在电力拖动线路中应用较多的是空气阻尼式时间继电器。随着电子技术的发展,近年来晶体管式时间继电器的应用日益广泛。

空气阻尼式时间继电器又称气囊式时间继电器,是利用气囊中的空气通过小孔节流的原理来获得延时动作的。根据触点延时的特点,可分为通电延时动作和断电延时复位两种。

（1）型号及含义

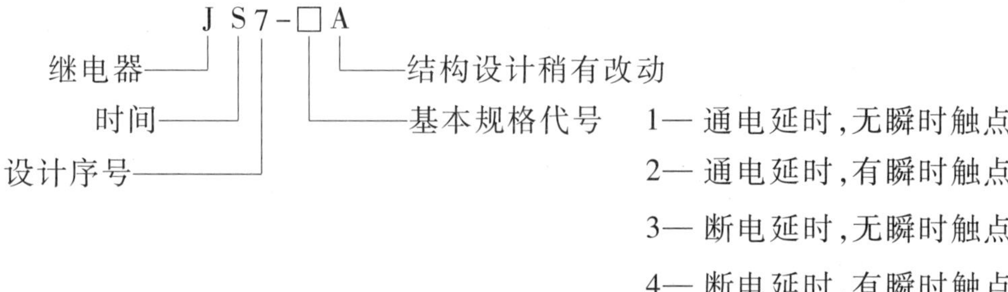

（2）结构

JS7 系列时间继电器的外形和结构如图 4-19-6 所示,主要由以下几部分组成。

① 电磁系统。由线圈、铁心和衔铁组成。

② 触点系统。包括两对瞬时触点(一对动合、一对动断)、两对延时触点(一对动合、一对动断),瞬时触点和延时触点分别是两个微动开关触点。

③ 空气室。空气室为一空腔,由橡皮膜、活塞等组成。橡皮膜可随空气的增减而移动,顶部的调节螺钉可调节延时时间。

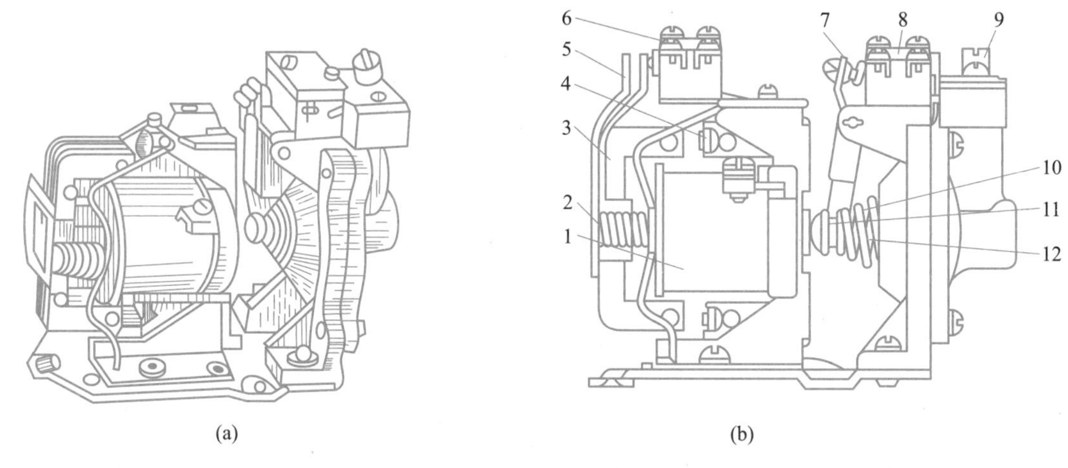

1—线圈;2—反力弹簧;3—衔铁;4—铁心;5—弹簧片;6—瞬时触点;7—杠杆;8—延时触点;
9—调节螺钉;10—推杆;11—活塞杆;12—宝塔形弹簧

图 4-19-6　JS7 系列时间继电器的外形和结构

④ 传动机构。由推杆、活塞杆、杠杆及各种类型的弹簧等组成。

⑤ 基座。用金属板制成,用以固定电磁机构和气室。

（3）工作原理

JS7 系列时间继电器的工作原理如图 4-19-7 所示,其中图 4-19-7(a)所示为通电延时型,图 4-19-7(b)所示为断电延时型。

① 通电延时型时间继电器的工作原理。当线圈 2 通电后,铁心 1 产生吸力,衔铁 3 克服反力弹簧 4 的阻力与铁心吸合,带动推板 5 立即动作,压合微动开关 SQ2,使其动断触点瞬时

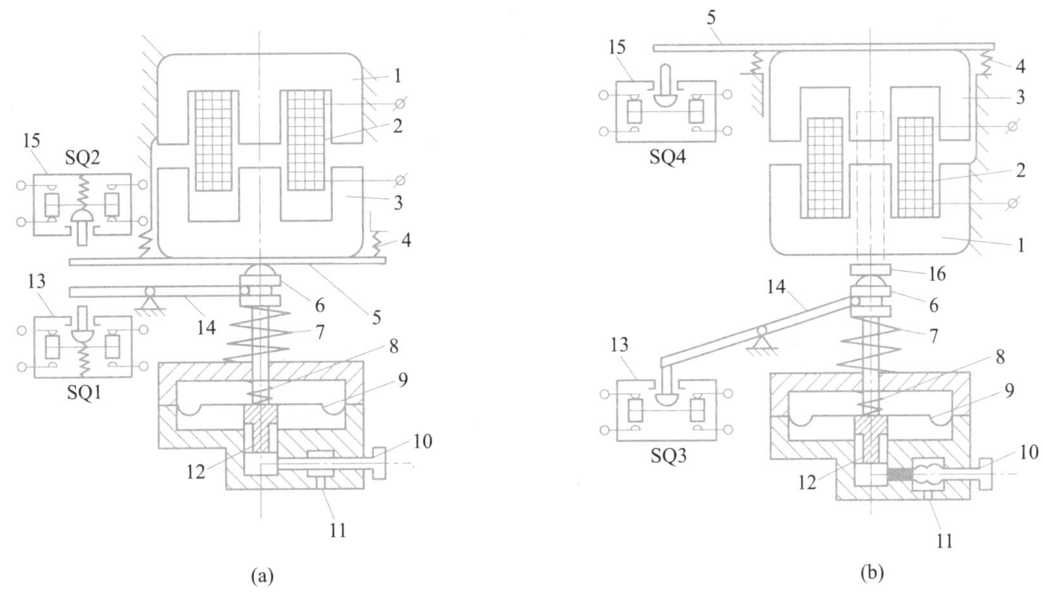

1—铁心;2—线圈;3—衔铁;4—反力弹簧;5—推板;6—活塞杆;7—宝塔形弹簧;8—弱弹簧;9—橡皮膜;10—调节螺钉;11—进气孔;12—活塞;13、15—微动开关;14—杠杆

图 4-19-7　JS7 系列时间继电器的工作原理

断开,动合触点瞬时闭合。同时活塞杆 6 在宝塔形弹簧 7 的作用下向上移动,带动与活塞 12 相连的橡皮膜 9 向上运动,运动的速度受进气孔 11 进气速度的限制。这时橡皮膜下面形成空气较稀薄的空间,与橡皮膜上面的空气形成压力差,对活塞的移动产生阻尼作用。活塞杆带动杠杆 14 只能缓慢移动。经过一段时间,活塞才完成全部行程而压动微动开关 SQ1,使其动断触点断开,动合触点闭合。由于从线圈通电到触点动作需延时一段时间,因此 SQ1 的两对触点分别被称为延时闭合瞬时断开的动合触点和延时断开瞬时闭合的动断触点。这种时间继电器延时时间的长短取决于进气的快慢,旋动调节螺钉 10 可调节进气孔的大小,即可达到调节延时时间长短的目的。JS7 系列时间继电器的延时范围有 0.4~60 s 和 0.4~180 s 两种。

当线圈 2 断电时,衔铁 3 在反力弹簧 4 的作用下,通过活塞杆 6 将活塞 13 推向下端,这时橡皮膜 9 下方腔内的空气通过橡皮膜 9、弱弹簧 8 和活塞 12 局部所形成的单向阀迅速从橡皮膜上方的气室缝隙中排出,使微动开关 SQ1、SQ2 的各对触点均瞬时复位。

② 断电延时型时间继电器　JS7 系列断电延时型和通电延时型时间继电器的组成元件是通用的。如果将通电延时型时间继电器的电磁机构翻转 180°安装即成为断电延时型时间继电器。其工作原理读者可自行分析。

空气阻尼式时间继电器的优点是:延时范围较大(0.4~180 s),且不受电压和频率波动的影响;可以做成通电和断电两种延时形式;结构简单、寿命长、价格低。其缺点是:延时误差大,难以精确地控制延时值,且延时易受周围环境温度、尘埃等的影响。因此,对延时精度要求较高的场合不宜采用。

时间继电器的符号如图 4-19-8 所示。

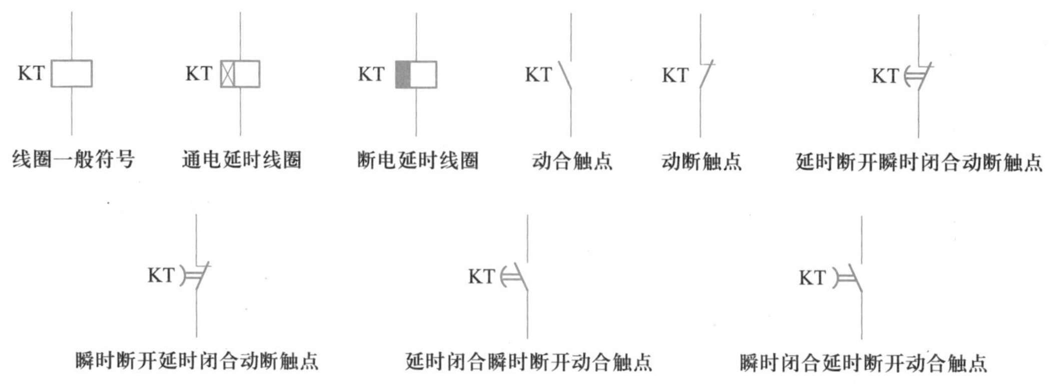

图 4-19-8 时间继电器的符号

(4) 选用

① 根据系统的延时范围和精度选择时间继电器的类型和系列。在延时精度要求不高的场合,一般可选用价格较低的空气阻尼式时间继电器,反之,在精度要求较高的场合,可选用晶体管式时间继电器。

② 根据控制线路的要求选择时间继电器的延时方式(通电延时或断电延时)。同时还必须考虑线路对瞬时动作触头的要求。

③ 根据控制线路电压选择时间继电器吸引线圈的电压。

JS7 系列时间继电器的技术参数见表 4-19-3。

表 4-19-3 JS7 系列时间继电器的技术参数

型号	瞬时动作触点对数		有延时的触点对数				触点额定电压/V	触点额定电流/A	线圈电压/V	延时范围/s	额定操作频率/(次/h)
			通电延时		断电延时						
	动合	动断	动合	动断	动合	动断					
JS7-1A	—	—	1	1	—	—	380	5	24、36	0.4~60及0.4~180	600
JS7-2A	1	1	1	1	—	—			110、127		
JS7-3A	—	—	—	—	1	1			220、127		
JS7-4A	1	1	—	—	1	1			420		

(5) 安装和使用

① 时间继电器应按说明书规定的方向安装。无论是通电延时型还是断电延时型,都必须使时间继电器在断电后,释放时衔铁的运动方向垂直向下,其倾斜度不得超过 5°。

② 时间继电器的整定值,应预先在不通电时整定好,并在试运行时校正。

③ 时间继电器金属底板上的接地螺钉必须与接地线可靠连接。

④ 通电延时型和断电延时型可在整定时间内自行调换。

⑤ 使用时,应经常清除灰尘及油污,否则延时误差将更大。

知识链接二　定子绕组串接电阻降压起动控制线路

定子绕组串接电阻降压起动是指在电动机起动时,把电阻串接在电动机定子绕组与电源之间,通过电阻的分压作用来降低定子绕组上的起动电压。待电动机起动后,再将电阻短接,使电动机在额定电压下正常运行。这种降压起动控制线路有手动控制、按钮与接触器控制、时间继电器自动控制以及手动自动混合控制等四种形式。

1. 手动控制线路

手动控制线路如图 4-19-9(a)所示。其工作原理如下:先合上电源开关 QF1,电源电压通过串联电阻 R 分压后加到电动机的定子绕组上进行降压起动;当电动机的转速升高到一定值时,再合上 QF2,这时电阻 R 被 QF2 的触点短接,电源电压直接加到定子绕组上,电动机便在额定电压下正常运转。

2. 按钮与接触器控制线路

按钮与接触器控制线路如图 4-19-9(b)所示。其工作原理如下:先合上电源开关 QF。

降压起动全压运行:

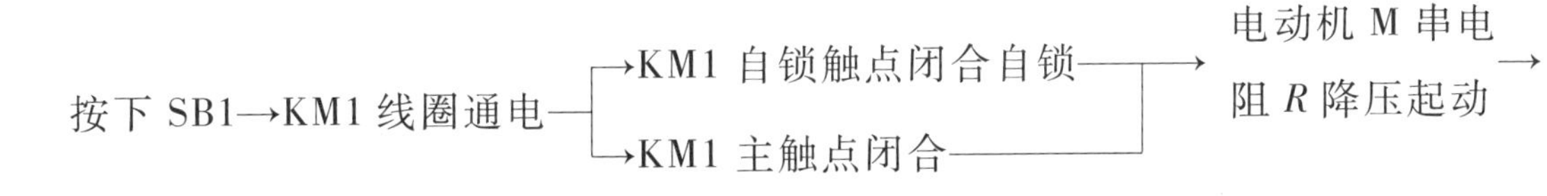

至转速上升到一定值→按下升压按钮 SB2→KM2 线圈通电→KM2 自锁触点闭合自锁
→KM2 主触点闭合→

R 被短接→电动机 M 全压运行

停止时,只需按下 SB3,控制电路断电,电动机 M 断电停转。

如图 4-19-9(a)和(b)所示线路,电动机从降压起动到全压运行是由操作人员操作 QF2 或 SB2 来实现的,工作既不方便也不可靠。因此,实际的控制线路常采用时间继电器来自动完成短接电阻的动作,以实现自动控制。

3. 时间继电器自动控制线路

时间继电器自动控制线路如图 4-19-9(c)所示。在这个线路中用时间继电器 KT 代替了

图 4-19-9(a)和(b)线路中的 SB2,从而实现了电动机从降压起动到全压运行的自动控制。只要调整好时间继电器 KT 触点的动作时间,电动机由起动过程切换成运行过程就能准确可靠地完成。

线路的工作原理如下:

合上电源开关 QF。

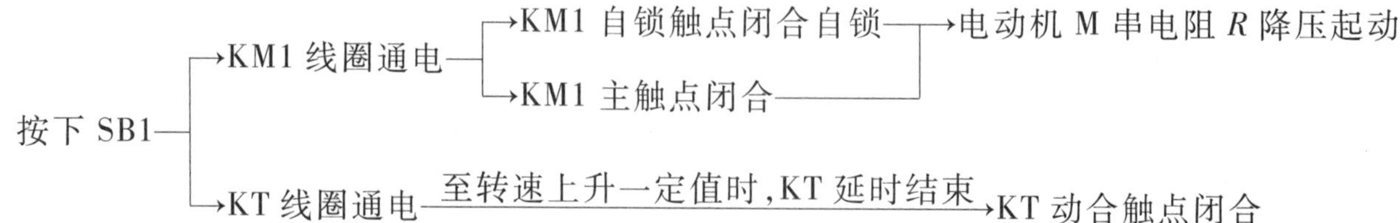

——→KM2 线圈通电——→KM2 主触点闭合——→R 被短接——→电动机 M 全压运行

停止时,按下 SB2 即可实现。

由以上分析可见,当电动机 M 全压正常运行时,接触器 KM1 和 KM2、时间继电器 KT 的线圈均需长时间通电,从而使能耗增加,电气寿命缩短。为此,设计了图 4-19-9(d)所示线路,该线路的主电路中,KM2 的 3 对主触点不是直接并接在起动电阻 R 两端,而是把接触器 KM1 的主触点也并接了进去,这样接触器 KM1 和时间继电器 KT 只起短时间的降压起动作用,待电动机全压运行后就全部从线路中切除,从而延长了接触器 KM1 和时间继电器 KT 的使用寿命,节省了电能,提高了电路的可靠性。

4. 手动自动混合控制线路

手动自动混合控制线路如图 4-19-9(e)所示。与图 4-19-9(d)比较可见,该线路在控制电路中增接了一个操作开关 SA 和一个升压按钮 SB2,线路工作原理如下:

先合上电源开关 QF。

(1) 手动控制

把操作开关 SA 的手柄 置于图 4-19-9(e)中的"1"位置(见黑点表示)。

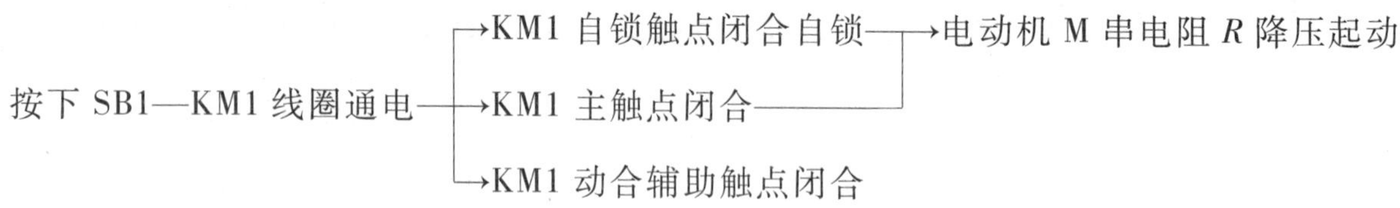

(由于 SA 是断开的,KT 线圈不通电)

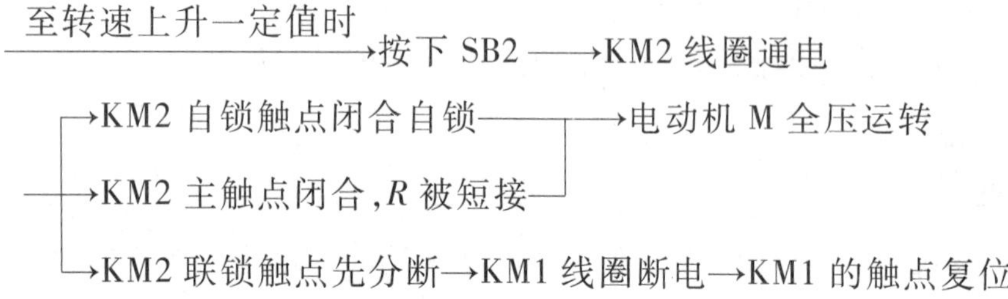

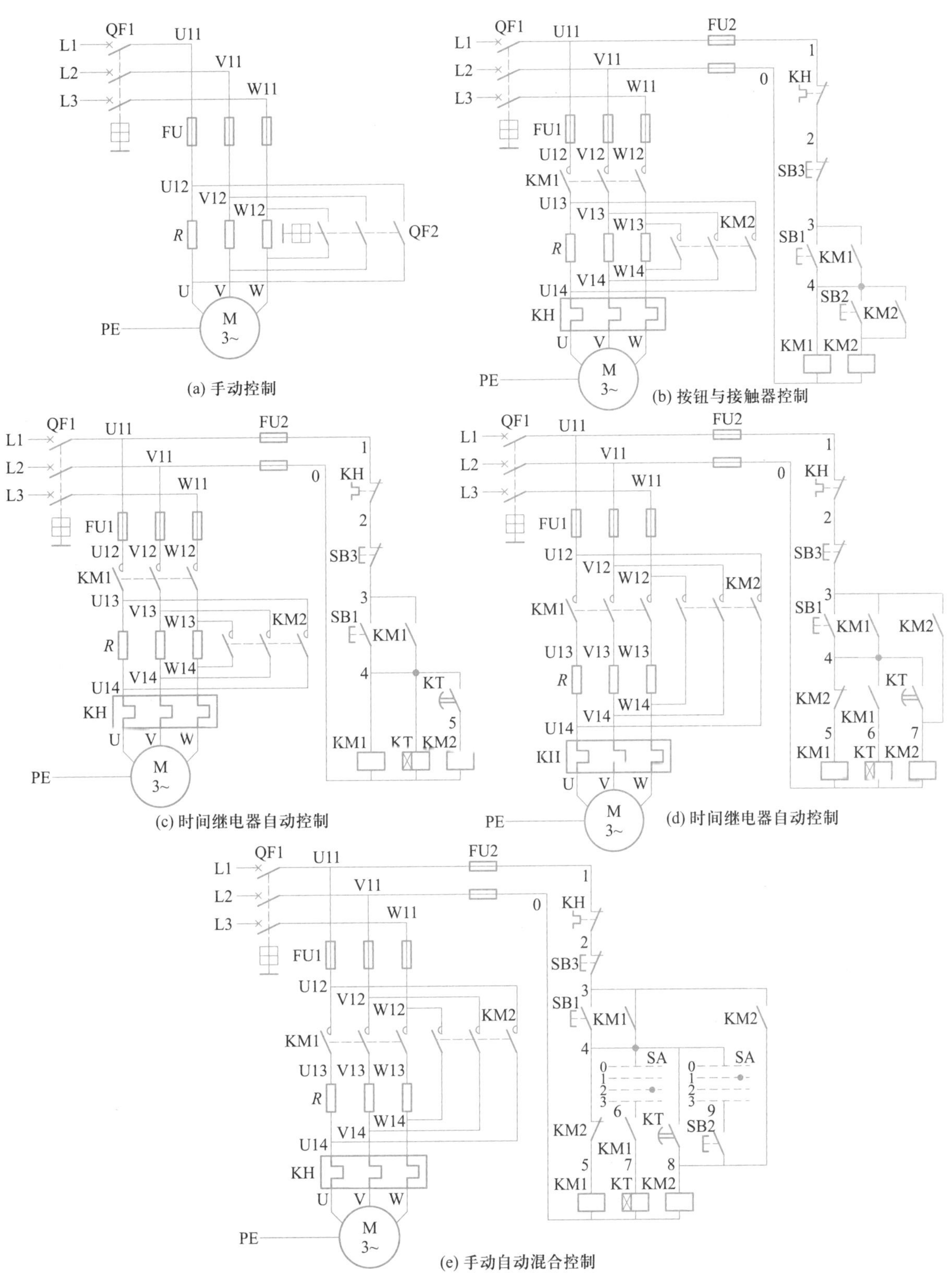

图 4-19-9　串联电阻降压起动控制电路

（2）自动控制

把操作开关 SA 的手柄置于图 4-19-9(e)中的“2”位置(见黑点表示)。

按下 SB1→KM1 线圈通电→
- →KM1 自锁触点闭合自锁 →电动机 M 串电阻 R 降压起动
- →KM1 主触点闭合
- →KM1 动合触点闭合→KT 线圈通电→

$\xrightarrow{\text{至转速上升一定值时}}$ KT 动合触点延时闭合→KM2 线圈通电

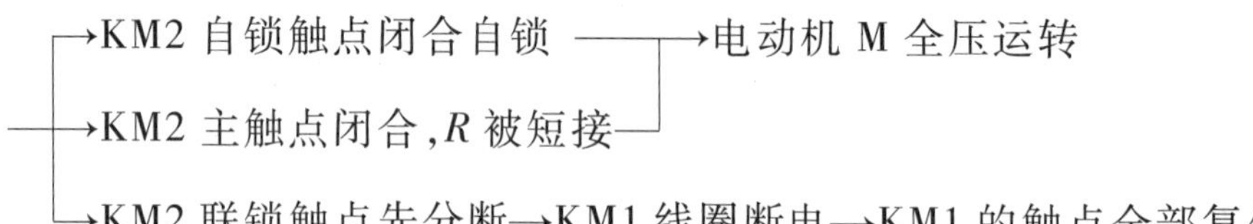

→KT 线圈断电→KT 动合触点瞬时分断

停止时，按下 SB3 即可实现。

起动电阻 R 一般采用 ZX1、ZX2 系列铸铁电阻。铸铁电阻能够通过较大电流，功率大。起动电阻阻值 R 可按下列近似公式确定

$$R=190\times\frac{I_{st}-I'_{st}}{I_{st}I'_{st}}$$

式中，I_{st}——未串电阻前的起动电流，A，一般 $I_{st}=(4\sim7)I_N$；

I'_{st}——串联电阻后的起动电流，A，一般 $I'_{st}=(2\sim3)I_N$；

I_N——电动机的额定电流，A；

R——电动机每相应串接的起动电阻阻值，Ω。

电阻功率可用公式 $P=I_N^2R$ 计算。由于起动电阻 R 仅在起动过程中接入，且起动时间很短，所以实际选用的电阻功率可比计算值 $P=I_N{}^2R$ 减小 3～4 倍。

［例］ 一台三相笼型异步电动机，功率为 20 kW，额定电流为 38.4 A，电压为 380 V。问各相应串联多大的起动电阻进行降压起动？

解：选取 $I_{st}=6I_N=6\times38.4\ \text{A}=230.4\ \text{A}$

$I'_{st}=2I_N=2\times38.4\ \text{A}=76.8\ \text{A}$

起动电阻阻值

$$R=190\times\frac{I_{st}-I'_{st}}{I_{st}I'_{st}}=190\times\frac{230.4-76.8}{230.4\times76.8}\ \Omega\approx1.65\ \Omega$$

起动电阻功率

$$P_{实}=\frac{1}{3}I_N{}^2R=\frac{1}{3}\times38.4^2\times1.65\ \text{W}\approx811\ \text{W}$$

串电阻降压起动的缺点是减小了电动机的起动转矩，同时起动时在电阻上功率消耗也较大。如果起动频繁，则电阻的温度很高，对于精密的机床会产生一定的影响，故目前这种降压起动的方法在生产实际中的应用正在逐步减少。

复习与思考题

1. 什么是全压起动和降压起动？三相异步电动机在什么情况下需采用降压起动？降压起动有什么好处？

2. 三相笼型异步电动机的起动电流一般为额定电流的多少倍？

3. 时间继电器有什么功能？如何根据实际需要合理选择时间继电器？

4. 简述三相笼型异步星形-三角形降压起动控制线路的工作过程。

5. 说一说定子绕组串接电阻降压起动的工作过程。

第五单元

常见动力设备电气故障的分析与检修

职业综合素养提升目标

熟悉电阻测量法、电压测量法和逐步短路法等检修的步骤和方法。解释 CA6140 型卧式车床、Z37 型摇臂钻床、M7120 型平面磨床等主电路和控制电路的工作过程。

学会用电阻测量法、电压测量法和逐步短路法对常见动力设备的电气故障进行检测与维修。学会 CA6140 型卧式车床、Z37 型摇臂钻床、M7120 型平面磨床等常见故障的分析与检修。

项目二十

故障分析与检修的一般步骤和方法

项目目标　学习本项目后,应能:

- 描述故障检修的一般步骤和方法。
- 叙述电阻测量法、电压测量法和逐步短路法。

尽管对电气设备采取一定的日常维护工作,这在一定程度上降低了电气故障的发生率,但绝不可能杜绝电气故障。因此,电工不但要掌握电气设备的日常维护保养,同时还要学会正确的检修方法。本项目通过对电气故障发生后的一般分析与检修方法的学习,初步掌握机床电路故障分析的一般步骤,同时学会电阻测量检修法、电压测量检修法及逐步短接法等常用检修方法。

任务一　明确检修步骤和方法

故障检修一般按照图 5-20-1 所示的步骤进行。

1. 观察故障现象

当机床发生故障后,切忌盲目、随意动手检修,在检修前,通过问、看、听、闻、摸来了解故障发生前后的操作情况和故障发生后出现的异常现象,以便根据故障现象判断出故障发生的部位,进而准确地排除故障。

① 问:通过询问操作者故障发生前后机床的运行状况,如机床是否有异常的响声、冒烟、火花等。故障发生前有无切削力过大和频繁地起动、停止、制动等情况;有无经过保养检修或改变线路等。

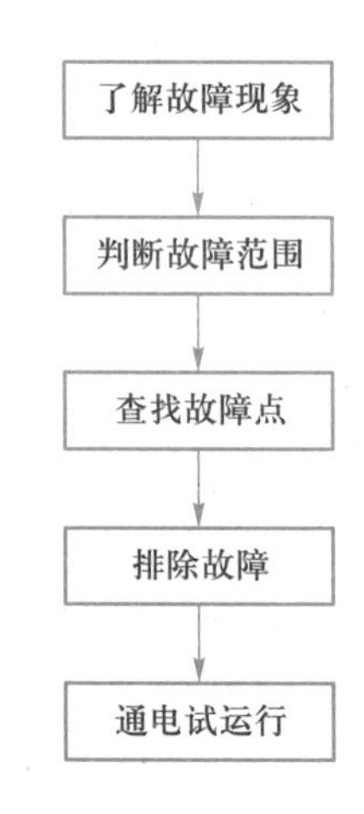

图 5-20-1　故障检修步骤

② 看:观察故障发生后是否有明显的外观征兆,如各种信号显

示状况;有指示装置的熔断器的情况;保护电器脱扣动作;接线脱落;触点烧蚀或熔焊;线圈过热烧毁等。

③ 听:在线路还能运行和不扩大故障范围、不损坏机床的前提下通电试运行,听电动机、接触器和继电器等电器的声音是否正常。

④ 闻:走近有故障的机床旁,有时能闻到电动机、变压器等因过热直至烧毁所发出的异味、焦味。

⑤ 摸:在切断电源后,尽快触摸检查电动机、变压器、电磁线圈及熔断器等,看是否有过热现象。

2. 判断故障范围

检修简单的电气控制线路时,若采取每个电气元件、每根连接导线逐一检查,也够找到故障点。但遇到复杂线路时,仍采用逐一检查的方法,不仅需耗费大量的时间而且也容易漏查。在这种情况下,根据电器的工作原理和故障现象,采用逻辑分析法确定故障可能发生的范围,提高检修的针对性,达到既准又快的效果。

3. 查找故障点

在确定故障范围后,通过选择合适的检修方法查找故障点。常用的检修方法有直观法、电阻测量法、电压测量法、短接法、试灯法等。查找故障必须在确定的故障范围内,顺着检修思路逐点检查,直到找出故障点。

4. 排除故障

找到故障点后,就要进行故障排除,如更换元件、修补紧固线头等。对更换的新元件要注意尽量使用相同规格、型号,并进行性能检测,确认性能完好后方可替换。特别是熔体要更换相同的规格型号,不得随意加大规格。在故障排除中还要注意保护周围的元件和导线等,不可再扩大故障。

5. 通电试运行

故障排除后,应重新通电试运行检查机床的各项操作,必须符合技术要求。上述的五个步骤中,重点是判断故障范围和查找故障点这两步。

任务二　电阻测量法检修

电阻测量法可分为电阻分段测量法和电阻分阶段测量法。现以“按下起动按钮 SB1,接触器 KM 不能吸合”为例,来说明故障判断与检修方法。

1. 电阻分段测量法

检查时,首先切断控制电路电源,将万用表置于适当的电阻挡,然后按图 5-20-2 所示方法进行测量，检修的操作步骤如下：

① 用万用表电阻挡逐一测量 1—2、2—3 间的阻值，若阻值为零，表示线路正常；若阻值为无穷大，表示对应两点间的连线与电气元件可能接触不良或电气元件本身接触不良。

② 按下起动按钮 SB1，测量 3—4 间的电阻。若阻值为零，说明线路正常；若阻值为无穷大，表示连线与电气元件接触不良或线路开路。

③ 按下起动按钮 SB1，测量“3—0”间的电阻，若正常，阻值应为线圈的直流电阻阻值，为几千欧；若阻值超过线圈的直流电阻阻值很多，表示线圈断路。

2. 电阻分阶段测量法

电阻分阶段测量方法如图 5-20-3 所示，首先切断控制电路电源，然后一人按住 SB1 不放，另一人用万用表依次测量 0—1、0—2、0—3、0—4 各两点之间的阻值，根据测量结果可找出故障点，见表 5-20-1。

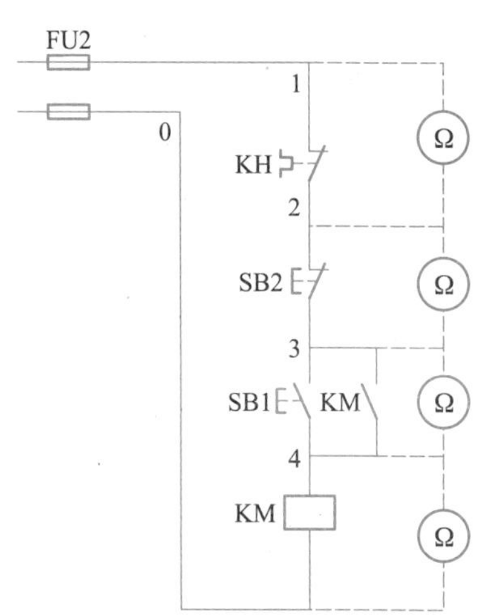

图 5-20-2 电阻分段测量法

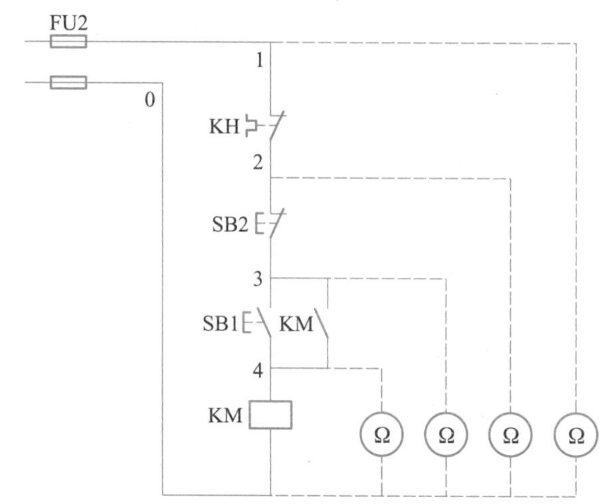

图 5-20-3 电阻分阶段测量法

表 5-20-1 电阻分阶段测量法查找故障点

故障现象	测试状态	0—1	0—2	0—3	0—4	故障点
按下 SB1 时，KM 不吸合	按住 SB1 不放	∞	R	R	R	KH 动断触点接触不良
		∞	∞	R	R	SB2 接触不良
		∞	∞	∞	R	SB1 接触不良
		∞	∞	∞	∞	KM 线圈断路

注：R 为 KM 线圈直流电阻阻值。

用电阻测量法检查和判断故障时，应注意以下事项：

① 检测前要切断电源，不能带电操作，否则会损坏万用表。

② 测量电路不能与其他电路或负载并联，否则测量结果不准确。

③ 测量时要正确选择万用表的挡位。

任务三 电压测量法检修

电压测量法就是使用万用表测量线路的工作电压，将测量结果和正常值做比较，电压测量法又分为电压分阶段测量法和电压分段测量法。现以“按下起动按钮 SB1，接触器 KM 不能吸合”为例，来说明故障判断与检修方法。

1. 电压分阶段测量法

测量检查时，首先将万用表置于交流电压 500 V 的挡位上，然后按图 5-20-4 所示的方法进行测量。

断开主电路，接通控制电路的电源。检测时，需要两人配合进行。一人先用万用表测量 0—1 两点之间的电压，若电压值为 380 V，则说明控制电路的电源电压正常。然后由另一人按住 SB1 不放，一人把黑表笔接到 0 点上，红表笔依次接到 2、3、4 各点上，分别测出 0—2、0—3、0—4 两点之间的电压值。根据测量结果即可找出故障点，见表 5-20-2。

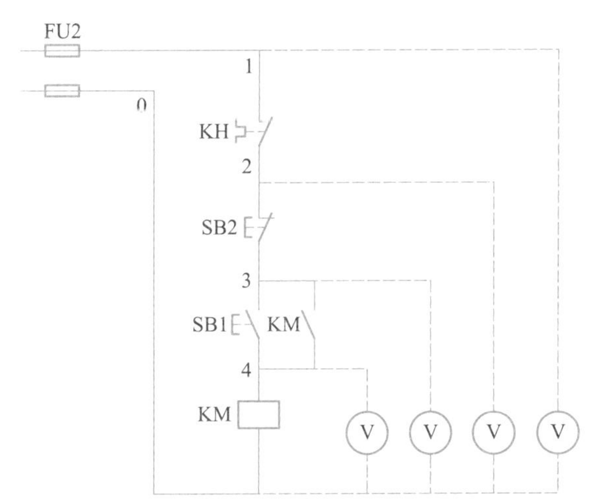

图 5-20-4 电压分阶段测量法

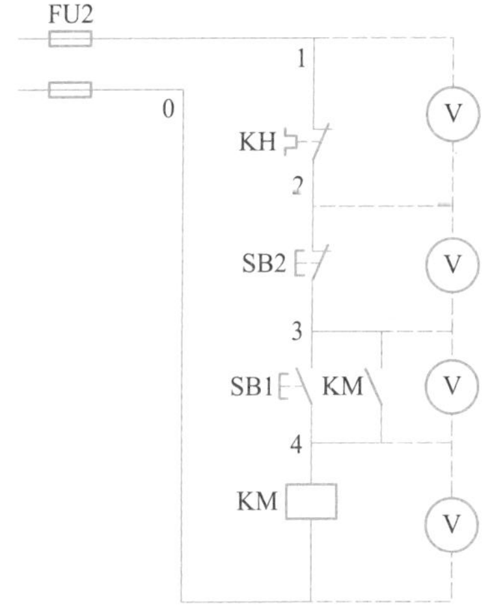

图 5-20-5 电压分段测量法

表 5-20-2 电压分阶段测量法查找故障点

故障现象	测试状态	0—2	0—3	0—4	故障点
按下 SB1 时，KM 不吸合	按住 SB1 不放	0	0	0	KH 动断触点接触不良
		380 V	0	0	SB2 接触不良
		380 V	380 V	0	SB1 接触不良
		380 V	380 V	380 V	KM 线圈断路

2. **电压分段测量法**

电压分段测量法如图 5-20-5 所示。将万用表置于交流 500 V 挡位，先用万用表测量 0—1 两点之间的电压，值为 380 V，说明电压正常。按住 SB1 不放，然后逐段测量相邻两点 1—2、2—3、3—4、4—0 之间的电压值，如线路正常，除 4—0 两点间的电压 380V 外，其余相邻两点的电压值均为零。

任务四　逐步短接法检修

逐步短接法是用一根绝缘良好的导线，把所怀疑的断路部位短接。如短接过程中线路被接通，就说明该处有断路。逐步短接法又分为局部短接法和长短线短接法两种。还以“按下起动按钮 SB1，接触器 KM 不能吸合”为例，来说明故障判断与检修方法。

1. **局部短接法**

局步短接法如图 5-20-6 所示。检修时，先用万用表的交流电压 500 V 挡测 0—1 两点间的电压值。若电压正常，可按住 SB1 不放，用一根绝缘良好的导线分别短接 1—2、2—3、3—4。当短接到某两点时，接触器 KM 通电吸合，说明断路故障点就在这两点之间。

2. **长短线短接法**

如果线路中同时有 2 个或 2 个以上故障点，用局部短接法难以检查，可采用长短线短接法检查。

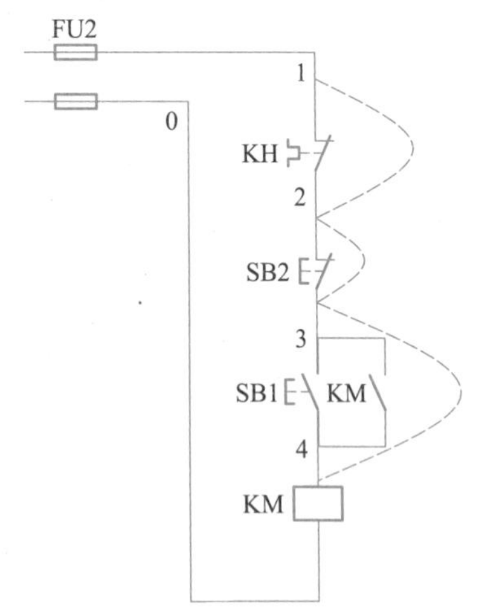

图 5-20-6　局部短接法

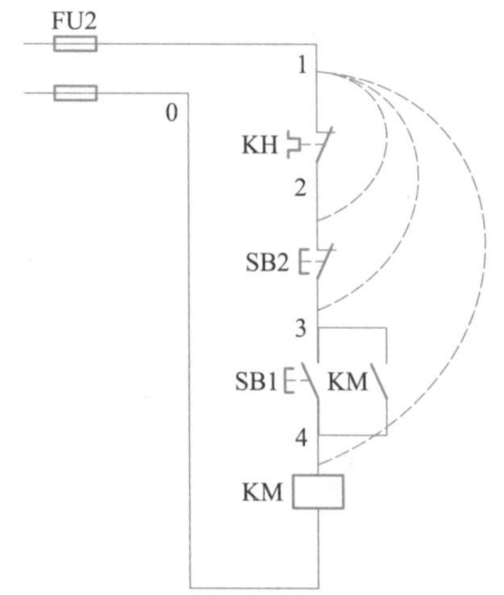

图 5-20-7　长短线短接法

长短线短接法如图 5-20-7 所示。检修时，先短接 1—4 之间，若 KM 通电吸合则表示 1—4 间线路断路。再缩小范围，短接 1—3 之间，按下 SB1，若 KM 通电吸合则表示故障在 1—3 之间。如果 KM 仍不能通电吸合，就表示故障在 SB1 的 3—4 之间。大致判断出故障范围后，可采用局部短接法进一步缩小故障范围。

采用逐步短接法检查和判断故障时，应注意安全，避免触电。此外，逐步短接法一般用于控制电路中检查导线与电气元件接触不良的故障，不能在主电路中使用。且绝对不能短接负载，如接触器 KM 线圈的两端，否则将发生短路故障。

项目实训评价

故障分析与检修的一般步骤和方法项目实训评价见表 5-20-3。

表 5-20-3 项目实训评价表

<table>
<tr><td>班级</td><td colspan="2"></td><td>姓名</td><td></td><td>学号</td><td></td><td>成绩</td><td></td></tr>
<tr><td>项目</td><td colspan="2">考核内容</td><td>配分</td><td colspan="4">评分标准</td><td>得分</td></tr>
<tr><td>电阻测量法</td><td colspan="2">方法正确，分析到位</td><td>30 分</td><td colspan="4">1. 万用表使用不当，扣 5 分
2. 测量方法不正确，扣 10~20 分
3. 故障分析不正确，扣 10~20 分
4. 故障排除思路不正确，扣 10~20 分</td><td></td></tr>
<tr><td>电压测量法</td><td colspan="2">方法正确，分析到位</td><td>30 分</td><td colspan="4">1. 万用表使用不当，扣 5 分
2. 测量方法不正确，扣 10~20 分
3. 故障分析不正确，扣 10~20 分
4. 故障排除思路不正确，扣 10~20 分</td><td></td></tr>
<tr><td>逐步短接法</td><td colspan="2">方法正确，分析到位</td><td>30 分</td><td colspan="4">1. 万用表使用不当，扣 5 分
2. 测量方法不正确，扣 10~20 分
3. 故障分析不正确，扣 10~20 分
4. 故障排除思路不正确，扣 10~20 分</td><td></td></tr>
<tr><td>安全操作，
无事故发生</td><td colspan="2">安全文明，
符合操作规程</td><td>10 分</td><td colspan="4">违反安全文明生产规程扣 10 分</td><td></td></tr>
<tr><td colspan="8">合计</td><td></td></tr>
<tr><td colspan="9">教师签名：</td></tr>
</table>

复习与思考题

1. 说一说故障检修的一般方法和步骤。
2. 简述用电阻检修法进行检修的方法与步骤。
3. 写出用电压检修法进行检修的方法与步骤。
4. 用逐步短接法进行检修时应注意哪些问题?

项目二十一

CA6140 型卧式车床电气线路常见故障的分析与检修

项目目标　学习本项目后，应能：

- 描述 CA6140 型卧式车床的主要结构和运行形式。
- 阅读 CA6140 型卧式车床电气控制线路。
- 叙述 CA6140 型卧式车床电气控制线路常见故障分析与检修。

车床是一种应用极为广泛的金属切削机床。它能完成内圆、外圆、端面、螺纹、钻孔、倒角、割槽及切断等加工工序。广泛用于机械制造业的单件、小批量生产车间，各行业的工具制造部门，机器设备修理部门以及试验室等。车床可分为卧式和立式等不同的种类。本项目以 CA6140 型卧式车床为例学习车床电气线路的维修技能。

任务一　认识车床主要结构

CA6140 型卧式车床的外形如图 5-21-1 所示，主要由床身、主轴箱、溜板箱、进给箱、刀架、丝杠、光杠、尾座等部分组成。

车床的切削运动包括工件旋转的主运动和刀具的直线进给运动。

1. 主运动

车床的主轴电动机带动被固定在卡盘上的工件的旋转运动。主轴变速是主轴电动机经 V 带传递到主轴变速箱实现的。CA6140 型卧式车床的主轴正转速度有 24 种（10~1 400 r/min），反转速度有 12 种（14~1 580 r/min）。

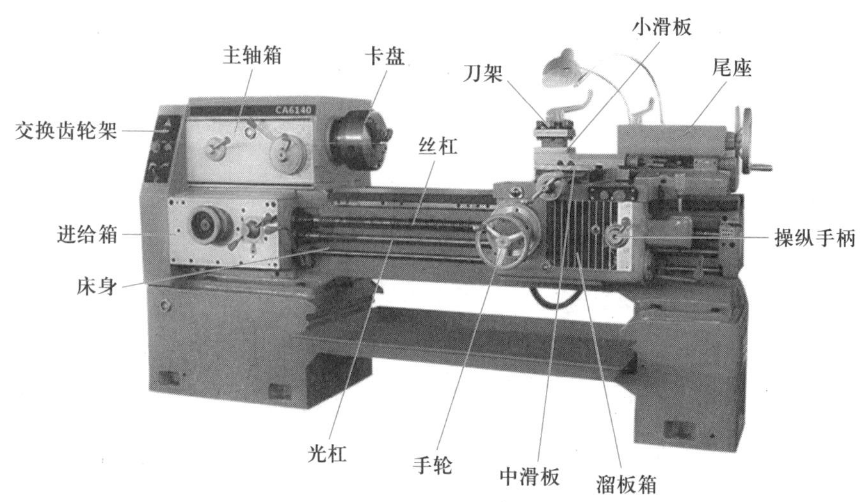

图 5-21-1　CA6140 型卧式车床的外形

2. **进给运动**

车床的刀架带动刀具做直线运动。溜板箱把丝杠或光杠的转动传递给刀架,经刀架使车刀做沿着床身的纵向运动或垂直于床身的横向进给。

3. **辅助运动**

除切削运动以外的必需运动称为辅助运动,如尾架的纵向移动,工件的夹紧与放松等。

任务二　识读车床电气原理图

1. **车床电气原理图的基本知识**

电气原理图一般由电源电路、主电路、控制电路和辅助电路四部分组成,如图 5-21-2 所示。

电源电路:由电源保护电器和电源开关组成,按规定画成水平线。

主电路:用于被控对象的电路,如电动机、电磁铁及其保护电器的电路,直接输出功率,并且通过较大电流。主电路垂直于电源电路在图的左侧。

控制电路:由其实现对被控对象运转的控制,具有逻辑判断、记忆、顺序动作等功能。控制电路垂直于电源电路,在主电路的右侧。继电器、接触器和电磁铁的线圈,照明灯等元件连在接地的水平电源线上,继电器、接触器的触点连接上方水平电源线与线圈等耗能元件之间。

辅助电路:由变压器、整流电源、照明灯和信号灯等低压电路组成。

车床电气原理图所包含的电气元件和电气设备的符号较多,要正确识读车床电气原理图,需明确以下几点:

① 电气原理图按功能可划分成若干个图区,通常是一条回路或一条支路划为一个图区,

并从左向右依次用阿拉伯数字编号,标注在图形下部的图区栏中,如图 5-21-2 所示。

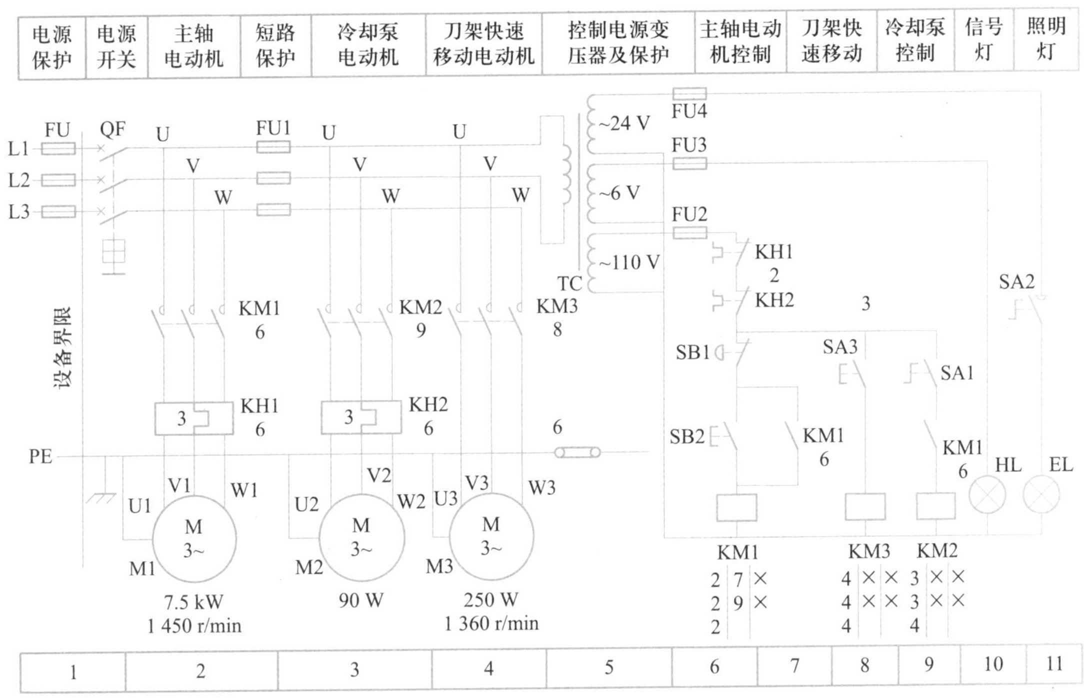

图 5-21-2　CA6140 型卧式车床电气原理图

② 电气原理图中每个电路在车床电气操作中的用途,必须用文字标注在电气原理图上部的用途栏内,如图 5-21-2 所示。

③ 在电气原理图中每个接触器线圈的文字符号 KM1、KM2、KM3 的下面画有两条竖线,分成左、中、右三栏,左栏为主触点所处的图区号,中栏为辅助动合触点所处的图区号,右栏为辅助动断触点所处的图区号。而未用的触点,在相应的栏中用记号"×"标出或不标出任何符号。接触器线圈符号下的数字标记见表 5-21-1。

表 5-21-1　接触器线圈符号下的数字标记

栏目	左栏	中栏	右栏
触点类型	主触点所处的图区号	辅助动合触点所处的图区号	辅助动断触点所处的图区号
举例 KM 2 | 8 | × 2 | 10 | × 2 | |	表示 3 对主触点均在图区 2	表示一对辅助动合触点在图区 8,另一对动合触点的图区 10	表示 2 对辅助动断触点未用

④ 在电气原理图中每个继电器线圈符号下面都画有一条竖直线,分成左、右两栏,左栏为动合触点所处的图区号,右栏为动断触点所处的图区号。同样,未用的触点在相应的栏中用记

号"×"标出或不标出任何符号。继电器线圈符号下的数字标记见表 5-21-2。

表 5-21-2 继电器线圈符号下的数字标记

栏目	左栏	右栏
触头类型	动合触点所处的图区号	动断触点所处的图区号
举例 KH3 4 | 4 | 4 |	表示 3 对动合触点均在图区 4	表示动断触点未用

⑤ 电路图中触点文字符号下面的数字表示该电器线圈所处的图区号。图 5-21-2 所示在图区 4 标有 KM3,表示接触器 KM3 的线圈在图区 8。

2. 主电路分析

主电路共有三台电动机:M1 为主轴电动机,带动主轴旋转和刀架作进给运动;M2 为冷却泵电动机,用以输送冷却液;M3 为刀架快速移动电动机。

车床电源采用三相 380 V 交流电源——由电源开关 QF(低压断路器)引入,总电源短路保护为 FU。主轴电动机 M1 的短路保护由低压断路器 QF 的电磁脱扣器来实现,而冷却泵电动机 M2、刀架快速移动电动机 M3 的短路保护由 FU1 来实现,M1 和 M2 过载保护是由各自的热继电器 FR1 和 FR2 来实现的,三台电动机分别采用接触器控制。

3. 控制电路分析

控制电路的电源由控制变压器 TC 二次侧输出 110 V 电压提供,熔断器 FU2 做短路保护。

(1) 主轴电动机 M1 的控制

M1 起动:按下 SB2,KM1 线圈通电,KM1 主触点、自锁触点闭合,主轴电动机 M1 起动运行。另外,KM1 动合辅助触点(9 区)闭合,为 KM2 通电做准备。

M1 停止:按下 SB1 即可。

主轴的正反转是采用多片摩擦离合器实现的。

(2) 冷却泵电动机 M2 的控制

由于主轴电动机 M1 和冷却泵电动机 M2 在控制电路中采用顺序控制,所以只有当主轴电动机 M1 起动后,即 KM1 动合触点(9 区)闭合,合上旋钮开关 SA1,冷却泵电动机 M2 才可能起动。当 M1 停止运行时,M2 自行停止。

(3) 刀架快速移动电动机 M3 的控制

刀架快速移动电动机 M3 的起动是由安装在进给操作手柄顶端的按钮 SB3 控制,它与接触器 KM3 组成点动控制线路。刀架移动方向(前、后、左、右)的改变,是由进给操作手柄配合机械装置实现的。如需要快速移动，按下 SB3 即可。

(4) 照明灯、信号灯电路分析

控制变压器 TC 的二次侧分别输出 24 V 和 6 V 电压，作为车床低压照明灯和信号灯的电源。EL 作为车床的低压照明灯，由开关 SA2 控制；HL 为电源信号灯。它们分别由 FU4 和 FU3 作为短路保护。

4. 主要电气元件

CA6140 型卧式车床的电气元件明细表见表 5-21-3。

表 5-21-3　CA6140 型卧式车床的电气元件明细表

符号	名称	型号及规格	数量	用途
M1	主轴电动机	Y132M-4-B、37.5 kW、1 450 r/min	1	主传动用
M2	冷却泵电动机	AOB-25、90 W、3 000 r/min	1	输送冷却液用
M3	快速移动电动机	AOS5634、250 W、1 360 r/min	1	溜板快速移动用
KH1	热继电器	JR16-20/3D、15.4 A	1	M1 的过载保护
KH2	热继电器	JR16-20/3D、0.32 A	1	M2 的过载保护
KM1	交流接触器	CJ0-20B、线圈电压 110 V	1	控制 M1
KM2	交流接触器	CJ0-20B、线圈电压 110 V	1	控制 M2
KM3	交流接触器	CJ0-20B、线圈电压 110 V	1	控制 M3
SB1	按钮	LAY3-01ZS/1	1	停止 M1
SB2	按钮	LAY3-10/3.11	1	起动 M1
SB3	按钮	LA9	1	起动 M3
SA1	旋钮开关	LAY3-10X/2	1	控制 M2
HL	信号灯	AM2-40、20 A	1	刻度照明
QF	低压断路器	JBK2-100	1	
TC	控制变压器	380 V/110 V/24 V/6 V	1	电源引入
EL	机床照明灯	JC11	1	工作照明
FU1	熔断器	BZ001　熔体 6 A	3	
FU2	熔断器	BZ001　熔体 1 A	1	110 V 控制电路短路保护
FU3	熔断器	BZ001　熔体 1 A	1	信号灯电路短路保护
FU4	熔断器	BZ001　熔体 2 A	1	照明电路短路保护

任务三　车床电路常见故障分析与检修

车床电路的常见故障有：合上开关 QF，电源指示灯或照明灯不亮；主轴电动机不能起动；按下起动按钮电动机虽能起动，但松开起动按钮电动机就自行停下来；电动机工作时，按下停止按钮主轴电动不能停止；冷却泵电动机不能起动工作和照明灯不亮等。

1. 合上电源开关 QF，电源指示灯 HL 不亮

合上照明开关 SA2，看照明灯亮不亮。

（1）如果照明灯亮，则说明控制变压器 TC 之前的电路没有问题。可检查熔断器 FU3 是否熔断；指示灯是否烧坏；照明灯与灯座之间接触是否良好。如果都没有问题，则需要检查有无 6 V 电压。

（2）如果照明灯不亮，则故障很可能发生在控制变压器之前。当然，也不能排除电源指示灯和照明灯电路同时出问题的可能性。但发生这种情况的概率较小，一般应先从控制变压器前查起。

首先检查熔断器 FU1 是否熔断，如果没有问题，可用万用表的交流 500 V 挡测量电源开关 QF 输出端 U、V 之间电压是否正常。如果不正常，再检查电源开关输出电源出线端，从而可判断出故障是电源进线无电压，还是电源开关接触不良或损坏；如果 U、V 之间电压正常，可再检查控制变压器 TC 输入接线端电压是否正常。如果不正常，应检查电源开关输出到控制变压器输入之间的电路，例如，连线是否有问题、熔断器接触是否良好等。如果变压器输入电压正常，可再测量变压器 6 V 绕组输出端的电压是否正常。如果不正常，则说明控制变压器有问题；如果正常，则说明电源指示灯和照明灯电路同时出现问题，可按前面的步骤进行检查，直到查出故障点。

2. 合上电源开关 QF，电源指示灯 HL 亮，合上照明灯开关 SA2，照明灯不亮

首先检查照明灯是否烧坏；熔断器 FU4 对公共端有无电压。

① 如果熔断器一端有电压另一端无电压，则说明熔断器熔体与熔断器座之间接触不良。

② 如果熔断器两端都无电压，应检查控制变压器 TC 的 24 V 绕组输出端。如果有电压，则是变压器输出到熔断器之间的连线有问题；如果无电压，则是控制变压器 24 V 绕组有问题。

③ 如果熔断器两端都有电压，再检查照明灯两端有无电压。如果有电压，说明照明灯泡灯座之间接触不好；如果无电压，可继续检查照明灯开关两端的电压，从而判断是连线问题还是开关问题。

3. 启动主轴，电动机 M1 不转

在电源指示灯亮的情况下，首先检查接触器 KM1 是否能吸合。

① 如果 KM1 不吸合,可检查热继电器触点 KH1、KH2 是否动作后未复位;熔断器 FU2 是否熔断。如果没有问题,可用万用表交流 250 V 挡逐级检查接触器 KM1 线圈回路的 110 V 电压是否正常,从而判断出是控制变压器 110 V 绕组的问题,还是接触器 KM1 线圈烧坏,还是熔断器插座或某个点接触不良,或是回路中的连线有问题。

② 如果 KM1 吸合,电动机 M1 还不转,则应用万用表交流 500 V 挡检查接触器 KM1 主触点的输出端有无电压。如果无电压,可再测量 KM1 主触点的输入端,如果还没有电压,则只能是 U、V、W 到接触器 KM1 输入端的连线有问题;如果 KM1 输入端有电压,则是由于 KM1 的主触点接触不好;如果接触器 KM1 的输出端有电压 ,则应检查电动机 M1 有无进线电压,如果无电压,说明接触器 KM1 输出端到电动机 M1 进线端之间有问题(包括热继电器 KH1 和相应的连线);如果电动机 M1 进线电压正常,则可能是电动机本身的问题。

另外,如果电动机 M1 断相,或者因为负载过重,也可引起电动机不转,应进一步检查判断。

4. 主轴电动机能起动,但不能自锁,或在工作中突然停转

首先应检查接触器 KM1 的自锁触点接触是否良好,自锁回路连线是否接好。如果不好的话,按下主轴起动按钮 SB2 后,接触器 KM1 吸合,主轴电动机转动,但起动按钮 SB2 一松开,由于 KM1 的自锁回路有问题而不能自锁,KM1 马上释放,主轴电动机停转。也可能主轴电动机起动时,KM1 的自锁回路起作用,KM1 能够自锁,但由于自锁回路接触不良,在工作中瞬间断开一下,就会使 KM1 释放而使主轴停转。

另外,当接触器 KM1 控制回路(起动按钮 SB2 除外)的任何地方接触不良的现象时,都可能出现主轴电动机工作中突然停转的现象。

5. 按停止按钮 SB1,主轴不停转

断开电源开关 QF,看接触器 KM1 是否能释放。如果能释放,说明 KM1 的控制回路有短路现象,应进一步排查;如果 KM1 仍然不释放,说明接触器内部有机械卡死现象,或接触器主触点因“熔焊”而粘死,需拆开修理。

6. 合上冷却泵开关,冷却泵电动机 M2 不转

冷却泵必须在主轴运转时才能运转,首先起动主轴电动机,在主轴正常运转的情况下,检查接触器 KM2 是否吸合。

① 如果 KM2 不吸合,应进一步检查接触器 KM2 线圈两端有无电压。如果有电压,说明接触器 KM2 的线圈损坏;如果无电压,应检查 KM1 的辅助触点、冷却泵开关 SA1 接触是否良好,相关连线是否接好。

② 如果 KM2 吸合,应检查电动机 M2 的进线电压有无断相,电压是否正常。如果正常说明冷却泵电动机或冷却泵有问题;如果电压不正常,应进一步检查热继电器 KH2 是否烧坏、接触器 KM2 的主触点是否接触不良、熔断器 FU1 是否熔断,以及相关的连线是否连接好。

按下刀架快速移动按钮，刀架不移动。起动主轴和冷却泵电动机，如果都运转正常，首先检查接触器 KM3 是否吸合。如果 KM3 吸合，应进一步检查 KM3 的主触点是否接触不良、相关连线是否连接好、刀架快移电动机 M3 是否有问题、机械负载是否有卡死现象；如果 KM3 不吸合，则应进一步检查 KM3 的线圈是否烧坏、刀架快移按钮是否接触不好，以及相关连线是否连接好。

注意事项：

① 熟悉 CA6140 型卧式车床电气控制线路的基本环节及控制要求，认真观摩教师示范检修。

② 检查所用工具、仪表应符合使用要求。

③ 排除故障时，必须修复故障点，但不得采用元件代换法。

④ 检修时，严禁扩大故障范围或产生新的故障。

⑤ 带电检修时，必须有指导教师监护，以确保安全。

项目实训评价

CA6140 型卧式车床电气线路常见故障的分析与检修项目实训评价见表 5-21-4。

表 5-21-4　项目实训评价表

班级		姓名		学号		成绩	
项目	考核内容	配分	评分标准				得分
故障现象	方法正确，分析到位	15 分	错看、漏看故障现象，每个故障扣 10 分				
故障范围	方法正确，分析到位	15 分	1. 错判故障范围，每个故障扣 5 分 2. 未缩小到最小故障范围，扣 5 分				
检修方法及过程	方法正确，分析到位	40 分	1. 仪表和工具使用不正确，每次扣 5 分 2. 检修步骤不正确，每处扣 5 分 3. 不能查出故障点，每个故障点扣 20 分				
排除故障		20 分	1. 不能排除故障，每个扣 10 分 2. 能排除故障但损坏电气元件，扣 20 分				
安全操作，无事故发生	安全文明，符合操作规程	10 分	违反安全文明生产规程，扣 10 分				
合计							
教师签名：							

技能训练

1. 训练任务

CA6140 型卧式车床主轴电动机电气故障的检修或 CA6140 型卧式车床线路智能实训考核台训练。

2. 工具、仪器仪表及材料

工具：低压验电器、电工刀、剥线钳、尖嘴钳、斜口钳、螺丝刀等。

仪表：数字万用表、兆欧表、钳形电流表。

设备：CA6140 型卧式车床或 CA6140 型卧式车床线路实训考核台。

复习与思考题

1. 说一说 CA6140 型卧式车床的主要结构及运动形式。
2. 简述 CA6140 型卧式车床主电路和控制电路各部分工作原理。
3. CA6140 型卧式车床的电气控制线路常见故障有哪些？应如何进行检修？

项目二十二

Z37型摇臂钻床电气线路常见故障的分析与检修

项目目标　学习本项目后，应能：

- 描述Z37型摇臂钻床的主要结构和运动形式。
- 阅读Z37型摇臂钻床电气控制线路。
- 叙述Z37型摇臂钻床电气控制线路常见故障分析与检修。

钻床是一种用途广泛的孔加工机床，主要用钻头钻削精度要求不太高的孔，另外还可以用来扩孔、铰孔、镗孔以及攻螺纹等。

钻床的结构形式很多，有立式钻床、卧式钻床、台式钻床、深孔钻床及多轴钻床。摇臂钻床是一种立式钻床，它适用于单件或批量生产中带有多孔的大型零件的孔加工。本项目以Z37型摇臂钻床为例学习钻床电气线路的维修技能。

任务一　认识钻床主要结构

Z37型摇臂钻床的外形图如图5-22-1所示。Z37型摇臂钻床主要由底座、内立柱、外立柱、摇臂、主轴箱和工作台等部分组成。

内立柱固定在底座上，在它外面套着空心的外立柱，外立柱可绕着不动的内立柱回转360°。摇臂一端的套筒部分与外立柱滑动配合，借助于丝杠，摇臂可沿着外立柱上下移动，但两者不能作相对转动，因此摇臂与外立柱一起相对内立柱回转。主轴箱是一个复合的部件，它包括主轴及主轴旋转和进给运动（轴向前移动）的全部传动变速和操作机构。主轴箱安装于摇臂的水平导轨上，可通过手轮操作使它沿着摇臂上的水平导轨径向移动。当需要钻削加工时，可利用夹紧机构将主轴箱紧固在摇臂导轨上，摇臂紧固在外立柱上，外立柱紧固在内立柱上，以保证加工时主轴不会移动，刀具也不会振动。

工件不很大时，可压紧在工作台上加工。若工件较大，则可直接装在底座上加工。根据工作高度的不同，摇臂借助丝杠可带动主轴箱沿外立柱升降。但在升降之前，摇臂应自动松开；当达到升降所需位置时，摇臂应自动夹紧在立柱上。摇臂连同外立柱绕内立柱的回转运动依靠人力推动进行，但回转前必须将外立柱松开。主轴箱沿摇臂上导轨的水平移动也是手动的，移动前也必须先将主轴箱松开。

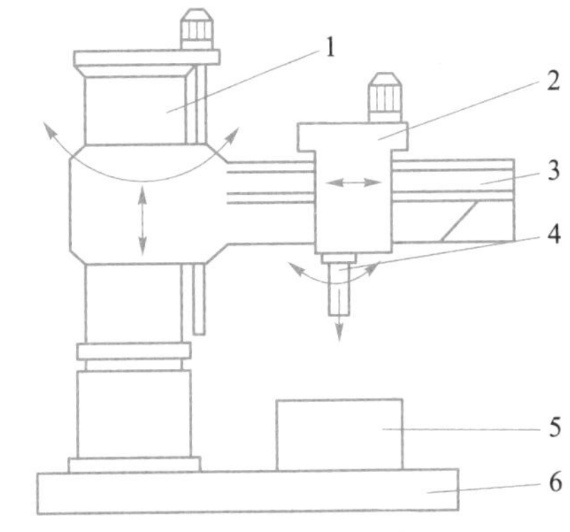

1—内、外立柱；2—主轴箱；3—摇臂；4—主轴；5—工作台；6—底座

图 5-22-1　Z37 型摇臂钻床的外形图

摇臂钻床的主运动是主轴带动钻头的旋转运动；进给运动是钻头的上下运动；辅助运动是指主轴箱沿摇臂水平移动、摇臂沿外立柱上下移动以及摇臂连同外立柱一起相对于内立柱的回转运动。

任务二　识读钻床电气原理图

Z37 型摇臂钻床电气原理图如图 5-22-2 所示。

1. 主电路分析

Z37 型摇臂钻床共有四台三相异步电动机，其中主轴电动机 M2 由接触器 KM1 控制，热继电器 KH 作过载保护，主轴的正、反向控制是由双向片式摩擦离合器来实现的。摇臂升降电动机 M3 由接触器 KM2、KM3 控制，FU2 用于短路保护。立柱松紧电动机 M4 由接触器 KM4 和 KM5 控制，FU3 用于短路保护。冷却泵电动机 M1 是由组合开关 QS2 控制的，FU1 用于短路保护。摇臂上的电气设备电源是通过转换开关 QS1 及汇流环 YG 引入。

2. 控制电路分析

合上电源开关 QS1，控制电路的电源由控制变压器 TC 提供。Z37 型摇臂钻床控制电路采用十字开关 SA 操作，它有集中控制和操作方便等优点。十字开关由十字手柄和 4 个微动开关组成，根据工作需要，可将操作手柄分别扳在孔槽内 5 个不同位置上，即左、右、上、下和中间位置。手柄处在各个工作位置时的工作情况见表 5-22-1。为防止突然停电又恢复供电而造成危险，电路设有零电压保护环节。零电压保护由中间继电器 KA 和十字开关 SA 来实现。

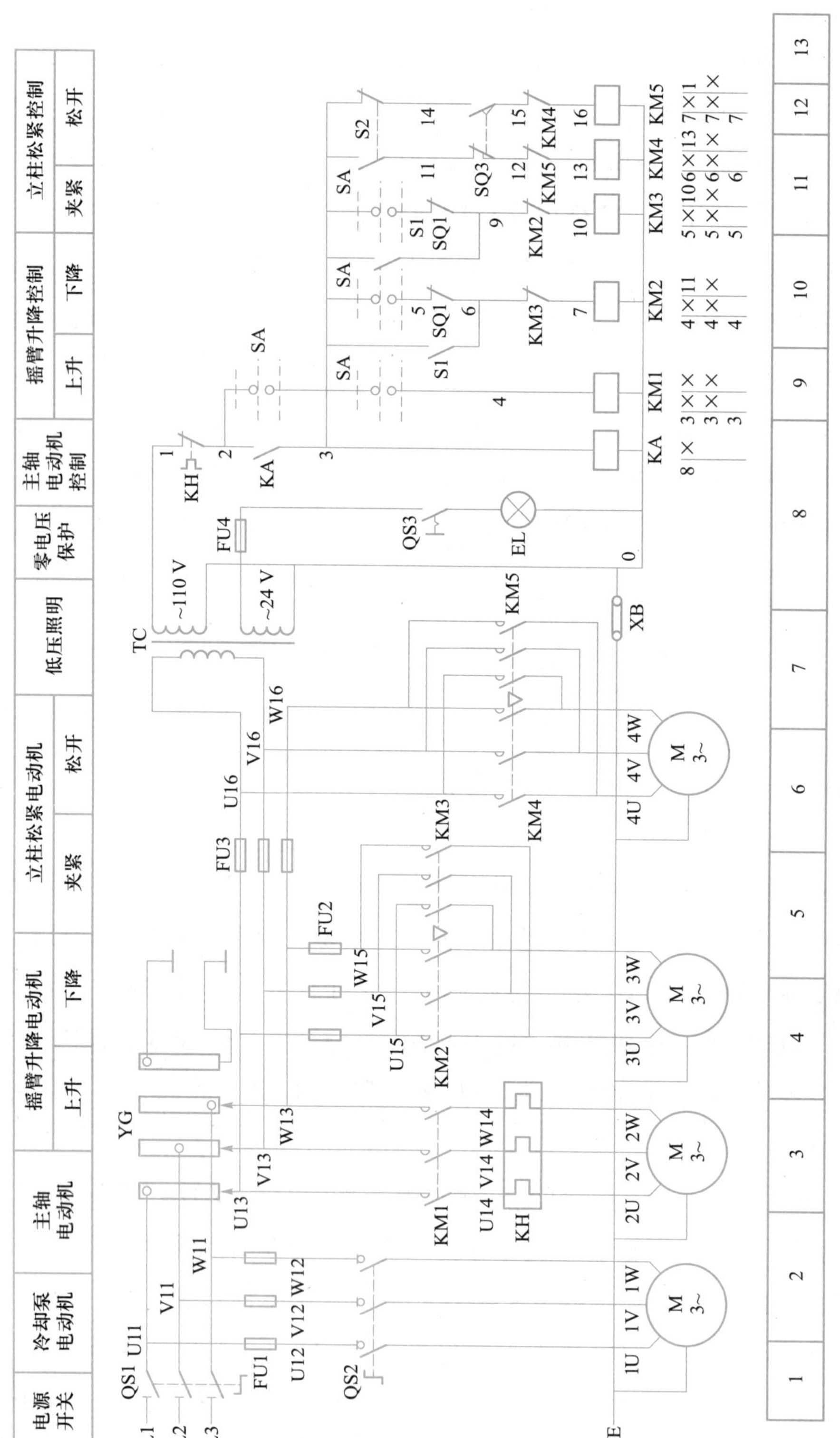

图 5-22-2　Z37 型摇臂钻床电气原理图

表 5-22-1　十字开关手柄工作位置说明

手柄位置	接通微动开关的触点	工作情况
中	均不通	控制电路断电
左	SA(2—3)	KA 获电并自锁
右	SA(3—4)	KM1 获电,主轴旋转
上	SA(3—5)	KM2 吸合,摇臂上升
下	SA(3—8)	KM3 吸合,摇臂下降

(1) 主轴电动机 M2 的控制

主轴电动机 M2 的旋转是通过接触器 KM1 和十字开关 SA 控制的。首先将十字开关 SA 扳在左边位置,SA 的触点(2—3)闭合,中间继电器 KA 通电吸合并自锁,为其他控制电路接通做好准备。再将十字开关 SA 扳在右边位置,这时 SA 的触点(2—3)分断后,SA 的触点(3—4)闭合,接触器 KM1 线圈通电吸合,主轴电动机 M2 通电旋转。主轴的正反转则由摩擦离合器手柄控制。将十字开关扳回中间位置,接触器 KM1 线圈断电释放,主轴电动机 M2 停转。

(2) 摇臂升降的控制

摇臂的放松、升降及夹紧的半自动工作顺序是通过十字开关 SA、接触器 KM2 和 KM3、位置开关 SQ1 和 SQ2 及鼓形组合开关 S1,控制电动机 M3 来实现的。

当工件与钻头的相对高度不合适时,可将摇臂升高或降低来调整。要使摇臂上升,将十字开关 SA 的手柄从中间位置扳到向上的位置,SA 的触点(3—5)接通,接触器 KM2 通电吸合,电动机 M3 起动正转。由于摇臂在升降前被夹紧在立柱上,所以 M3 刚起动时,摇臂不会上升,而是通过传动装置先把摇臂松开,这时鼓形组合开关 S1 的动合触点(3—9)闭合,为摇臂上升后的夹紧做好准备,随后摇臂才开始上升。当上升到所需位置时,将十字开关 SA 扳到中间位置,接触器 KM2 线圈断电释放,电动机 M3 停转。由于摇臂松开时,鼓形组合开关动合触点 S1(3—9)已闭合,所以当接触器 KM2 线圈断电释放,其联锁触点(9—10)恢复闭合后,接触器 KM3 通电吸合,电动机 M3 起动反转,带动机械夹紧机构将摇臂夹紧,夹紧后鼓形开关 S1 的动合触点(3—9)断开,接触器 KM3 线圈断电释放,电动机 M3 停转。

要使摇臂下降,可将十字开关 SA 扳到向下位置,于是十字开关 SA 的触点(3—8)闭合,接触器 KM3 线圈通电吸合,其余动作情况与上升相似,不再细述。由以上分析可知摇臂的升降是由机械、电气联合控制实现的,能够自动完成摇臂松开→摇臂上升幅度(或下降)→摇臂夹紧的过程。

为使摇臂上升或下降不致超出允许的极限位置,在摇臂上升和下降的控制电路中分别串入行程开关 SQ1 和 SQ2 作限位保护。

(3) 立柱的夹紧与松开的控制

钻床正常工作时，外立柱夹紧在内立柱上。要使摇臂和外立柱绕内立柱转动，应首先扳动手柄放松外立柱。立柱的松开与夹紧是靠电动机 M4 的正反转拖动液压装置来完成的。电动机 M4 的正反转由组合开关 S2 和位置开关 SQ3、接触器 KM4 和 KM5 来实现。位置开关 SQ3 是由主轴箱与摇臂夹紧的机械手柄操作的。拨动手柄使 SQ3 的动合触点(14—15)闭合，接触器 KM5 线圈通电吸合，电动机 M4 拖动液压泵工作，使立柱夹紧装置放松。当夹紧装置完全放松时，组合开关 S2 的动断触点(3—14)断开，使接触器 KM5 线圈断电释放，电动机 M4 停转，同时 S2 的动合触点(3—11)闭合，为夹紧做好准备。当摇臂转动到所需位置时，只需扳动手柄使位置开关 SQ3 复位，其动合触点(14—15)断开，而动断触点(11—12)闭合，使接触器 KM4 线圈通电吸合，电动机 M4 带动液压泵反向运转，就可以完成立柱的夹紧动作。当完全夹紧后，组合开关 S2 复位，其动合触点(3—11)分断，动断触点(3—14)闭合，使接触器 KM4 的线圈断电，电动机 M4 停转。

Z37 型摇臂钻床的主轴箱在摇臂上的松开与夹紧和立柱的松开与夹紧是由同一台电动机 M4 拖动液压机构完成的。

3. 照明电路分析

照明电路的电源也是由变压器 TC 将 380 V 的交流电压降为 24 V 安全电压来提供。照明灯 EL 由开关 QS3 控制，由熔断器 FU4 用于短路保护。

4. 主要电气元件

Z37 型摇臂钻床的电气元件明细表见表 5-22-2。

表 5-22-2 Z37 型摇臂钻床的电气元件明细表

符号	名称	型号	规格	数量
M1	冷却泵电动机	JCB-22-2	0.125 kW、2 790 r/min	1
M2	主轴电动机	Y132M-4	7.5 kW、1 440 r/min	1
M3	摇臂升降电动机	Y100L2-4	3 kW 、1 440 r/min	1
M4	立柱夹紧、松开电动	Y802-4	0.75 kW 、1 390 r/min	1
KM1	交流接触器	CJ0-20	20 A、线圈电压 110 V	1
KM2～KM5	交流接触器	CJ0-10	10 A、线圈电压 110 V	4
FU1、FU4	熔断器	RL1-15/2	15 A、熔体 2 A	4
FU2	熔断器	RL1-15/15	15 A、熔体 15 A	3
FU3	熔断器	RL1-15/5	15 A、熔体 5 A	3
QS1	组合开关	HZ2-25/3	25 A	1
QS2	组合开关	HZ2-10/3	10 A	1
SA	十字开关	定制		1

续表

符号	名称	型号	规格	数量
KA	中间继电器	JZ7-44	线圈电压 110 V	1
KH	热继电器	JR16-20/3D	整定电流 14.1 A	1
SQ1、SQ2	行程开关	LX5-11		2
SQ3	行程开关	LX5-11		1
S1	鼓形组合开关	HZ4-22		1
S2	组合开关	HZ4-21	150 V · A、380 V/110 V、24 V	1
TC	变压器	BK-150	24 V、40 W	1
EL	照明灯	KZ 型带开关、灯架、灯泡		
YG	汇流环			

任务三　钻床电路常见故障分析与检修

钻床电路的常见故障有：主轴电动机不能起动；主轴电动机不能停止；摇臂升降、松紧线路故障；主轴箱和立柱的松紧故障等。

1. 主轴电动机 M2 不能起动

首先检查电源开关 QS1、汇流环 YG 是否正常。其次，检查十字开关 SA 的触点、接触器 KM1 和中间继电器 KA 的触点接触是否良好。若中间继电器 KA 的自锁触点接触不良，则将十字开关 SA 扳到左边位置时，中间继电器 KA 吸合，然后再扳到右面位置时，KA 线圈将断电释放；若十字开关 SA 的触点（3—4）接触不良，当将十字开关 SA 手柄扳到左边位置时，中间继电器 KA 吸合，然后再扳到右边位置时，继电器 KA 仍吸合，但接触器 KM1 不动作；若十字开关 SA 触点接触良好，而接触器 KM1 的主触点接触不良时，当扳动十字开关手柄后，接触器 KM1 线圈通电吸合，但主轴电动机 M2 仍然不能起动。此外，连接各电气元件的导线开路或脱落，也会使主轴电动机 M2 不能起动。

2. 主轴电动机 M2 不能停转

当把十字开关 SA 的手柄扳到中间位置时，主轴电动机 M2 仍不能停止运行，其故障原因是接触器 KM1 主触点熔焊或十字开关 SA 的右边位置开关失控。出现这种情况，应立即切断电源开关 QS1，电动机才能停转。若触点熔焊需更换同规格触点或接触器时，必须先查明触点熔焊的原因并排除故障后进行；若十字开关 SA 的触点（3—4）失控，应重新调整或更换开关，同时查明故障原因。

3. 摇臂升降、松紧线路的故障

Z37 型摇臂钻床的升降和松紧装置由电气和机械机构相互配合，实现放松→上升（下降）→夹紧的半自动工作顺序控制。在维修时不但要检查电气部分，还必须检查机械部分是否正常。常见电气方面的故障有下列几种：

① 摇臂上升或下降后不能完全夹紧。故障原因是鼓形组合开关 S1 未按要求闭合。正常情况下，当摇臂上升到所需位置，将十字开关 SA 扳到中间位置时，S1（3—9）应早已接通，使接触器 KM3 线圈通电吸合，摇臂会自动夹紧。若因触点位置偏移，使 S1（3—9）未按要求闭合，接触器 KM3 不动作，电动机 M3 也就不能起动反转进行夹紧，故摇臂仍处于放松状态。若摇臂上升完毕没有夹紧作用，而下降完毕有夹紧作用，则说明 S1 的触点（3—9）有故障；反之则是 S1 的触点（3—6）有故障。另外鼓形组合开关 S1 的动、静触点弯曲、磨损、接触不良等，也会使摇臂不能夹紧。

② 摇臂升降后不能按需要停止。原因是鼓形组合开关 S1 的动合触点（3—6）或（3—9）闭合的顺序颠倒。例如，将十字开关 SA 扳到向下位置时，接触器 KM3 线圈通电吸合，电动机 M3 反转，通过传动装置将摇臂放松，摇臂下降；此时鼓形组合开关 S1（3—6）应该闭合，为摇臂下降后的重新夹紧做好准备。但如果鼓形组合开关调整不当，使鼓形开关 S1 动合触点（3—9）闭合，结果，将十字开关 SA 扳到中间位置时，不能切断接触器 KM3 的线圈电路，下降运行不能停止，甚至到了极限位置也不能使 KM3 断电释放，由此可能引起很危险的机械事故。若出现这种情况，应立即切断电源总开关 QS1，使摇臂停止运动。

4. 主轴箱和立柱的松紧故障

由于主轴箱和立柱的夹紧与放松是通过电动机 M4 配合液压装置来完成的，所以当电动机 M4 不能起动或不能停止时，应检查接触器 KM4 和 KM5、行程开关 SQ3 和组合开关 QS2 的接线是否可靠，有无接触不良或脱落等现象，触点接触是否良好，有无移位或熔焊现象。同时还要配合机械液压协调处理。

另外，检修中应注意三相电源相序与电动机转动方向的关系，否则会发生上升和下降方向颠倒，电动机开停失控、位置开关不起作用等故障，造成机械事故。

注意事项：

① 熟悉 Z37 型摇臂钻床电气控制线路的基本环节及控制要求；弄清电气与执行部件如何配合实现某种运动方式；认真观摩教师示范检修。

② 检查所用工具、仪表应符合使用要求。

③ 不能随意改变升降电动机原来的电源相序。

④ 排除故障时，必须修复故障点，但不得采用元件代换法。

⑤ 检修时，严禁扩大故障范围或产生新的故障。

⑥ 带电检修时，必须有指导教师监护，以确保安全。

项目实训评价

Z37 型摇臂钻床电气线路常见故障的分析与检修项目实训评价见表 5-22-3。

表 5-22-3　项目实训评价表

班级		姓名		学号		成绩	
项目	考核内容	配分	评分标准				得分
故障现象	方法正确，分析到位	15 分	错看、漏看故障现象，每个故障扣 10 分				
故障范围	方法正确，分析到位	15 分	1. 错判故障范围，每个故障扣 5 分 2. 未缩小到最小故障范围，扣 5 分				
检修方法及过程	方法正确，分析到位	40 分	1. 仪表和工具使用不正确，每次扣 5 分 2. 检修步骤不正确，每处扣 5 分 3. 不能查出故障点，每个故障扣 20 分				
排除故障		20 分	1. 不能排除故障，每个故障点扣 10 分 2. 能排除故障但损坏电气元件，扣 20 分				
安全操作，无事故发生	安全文明，符合操作规程	10 分	违反安全文明生产规程，扣 10 分				
合计							
教师签名：							

技能训练

1. 训练任务

Z37 型摇臂钻床电气故障的检修或 Z37 型摇臂钻床电气线路智能实训考核台训练。

2. 工具、仪器仪表及材料

工具：低压验电器、电工刀、剥线钳、尖嘴钳、斜口钳、螺丝刀等。

仪表：数字万用表。

设备：Z37 型摇臂钻床或 Z37 型摇臂钻床电气线路实训考核台。

复习与思考题

1. 说一说 Z37 型摇臂钻床的主要结构及运动形式。
2. 简述 Z37 型摇臂钻床主电路和控制电路各部分的工作原理。
3. Z37 型摇臂钻床的电气控制线路常见故障有哪些？应如何进行检修？

项目二十三

M7120 型平面磨床电气线路常见故障的分析与检修

项目目标　学习本项目后，应能：

- 描述 M7120 型平面磨床的主要结构和运动形式。
- 阅读 M7120 型平面磨床电气控制线路。
- 叙述 M7120 型平面磨床电气控制线路常见故障分析与检修。

平面磨床是利用砂轮对工件表面进行磨削加工的设备。磨床的种类很多，根据用途不同可分为平面磨床、内圆磨床、外圆磨床、无心磨床以及螺纹磨床、球面磨床、齿轮磨床、导轨磨床等。本项目以 M7120 型平面磨床为例学习磨床电气线路的维修技能。

任务一　认识磨床主要结构

M7120 型平面磨床的外形如图 5-23-1 所示，主要由床身、工作台、磨头、立柱、拖板、行程挡块、砂轮修正器、驱动工作台手轮、垂直进给手轮、横向进给手轮等部分组成。

M7120 型平面磨床共有 4 台电动机。砂轮电动机直接带动砂轮旋转，对工件进行磨削加工是平面磨床的主运动。砂轮升降电动机使拖板在立柱导轨上进行垂直运动，要求能双向起动。液压泵电动机进行液压传动用来带动工作台和砂轮的往复运动，由于液压传动较平稳，换向时惯性小、平稳、无振动，所以能实现无级平稳调速，从而保证加工精度。冷却泵电动机供给砂轮和工件加工时所需的冷却液。

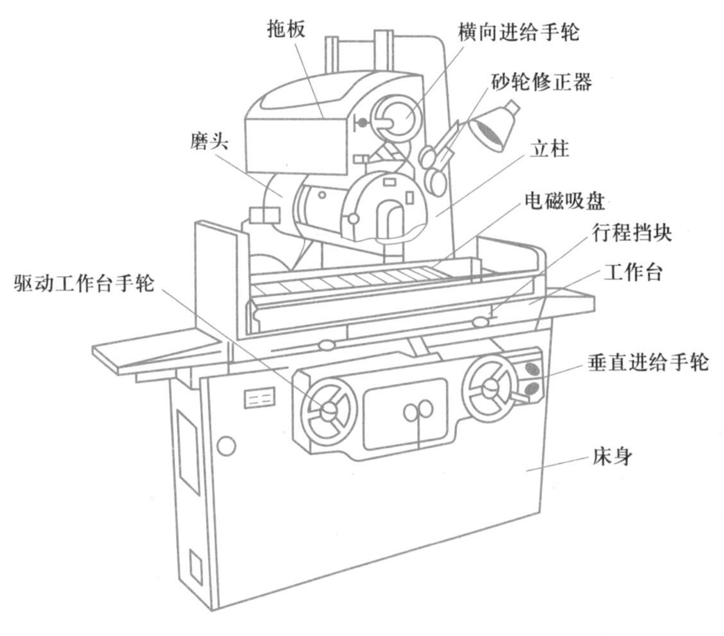

图 5-23-1　M7120 型平面磨床的外形

任务二　识读磨床电气原理图

M7120 型平面磨床电气原理图如图 5-23-2 所示，由主电路、控制电路、电磁吸盘工作台电路及照明及指示电路 4 部分组成。

1. 主电路分析

M1 是油泵电动机，M2 是砂轮电动机，M3 是冷却泵电动机，只要求单向旋转，它们分别由接触器 KM1、KM2 控制。M4 是砂轮升降电动机，要求可以正反向旋转，由接触器 KM3、KM4 控制。

M1、M2 和 M3 是连续工作的，都装有热继电器用于过载保护。M4 是断续工作的，一般不需要过载保护。4 台电动机共用熔断器 FU1 用于短路保护。

2. 控制电路分析

控制电路分别控制 4 台电动机。

(1) 油泵电动机的控制

合上电源开关 QS，整流变压器 TC 供给 135 V 交流电压，经整流器 VC 全波整流输出直流电压，欠电压继电器 KV 吸合，动合触点闭合，为 KM1 和 KM2 线圈通电做好准备。此时按下起动按钮 SB3，接触器 KM1 线圈通电，动合触点闭合自锁，主触点闭合，油泵电动机 M1 起动，为磨削加工做好准备。热继电器 KH1 的动断触点串接在电路中，为 M1 做过载保护。若要停止油泵电动机 M1，可按下停止按钮 SB2，则 KM1 线圈断电，主触点断开，电动机停转。

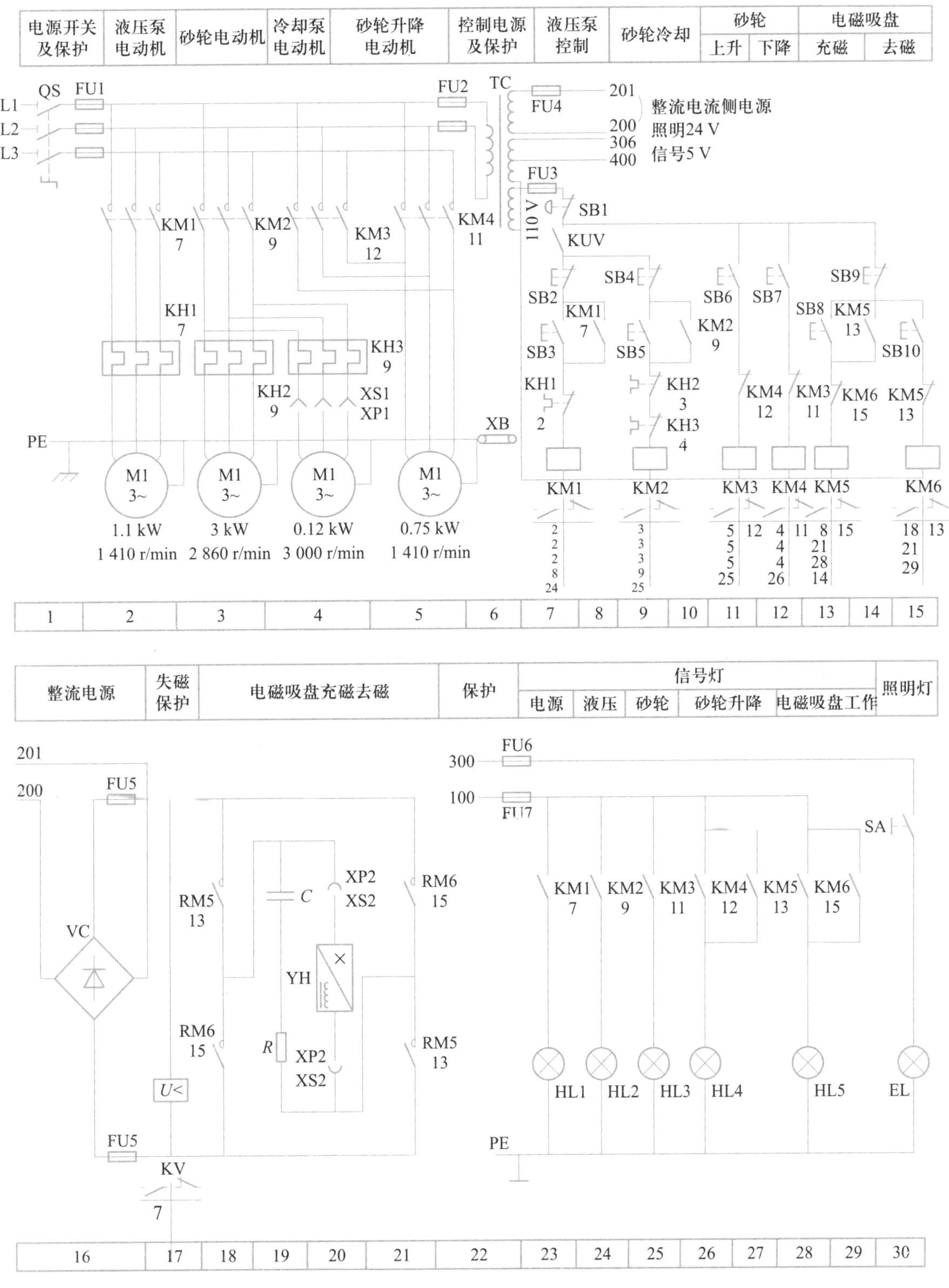

图 5-23-2　M7120 型平面磨床电气原理图

（2）砂轮电动机和冷却电动机的控制

当油泵电动机 M1 起动后，按下砂轮电动机 M2 的起动按钮 SB5，接触器 KM2 线圈通电，动合触点闭合自锁，主触点闭合，砂轮电动机 M2 和冷却泵电动机 M3 同时起动。若不需要冷却,可将接插件 XP1 拉出(也可以采用旋转开关)。停车时,按下停止按钮 SB4,KM2 线圈断电,主触点断电,砂轮电动机和冷却泵电动机停转。热继电器 KH2 和 KH3 的动断触点都串联在 KM2 的电路中,只要其中一台电动机过载,就会使 KM2 线圈断电。

(3) 砂轮升降电动机的控制

砂轮升降电动机为点动控制。按下 SB6 按钮,接触器 KM3 线圈通电,主触点闭合,电动机 M4 正转,使砂轮上移。待移到所需位置时,松开 SB6,KM3 线圈断电,主触点断电,电动机停转。同理,按下按钮 SB7 时,砂轮下降,降到合适位置时松开 SB7,电动机便停转。接触器 KM3 和 KM4 的动断触点相互联锁。因为砂轮升降电动机只在调整加工位置时使用,工作时间较短,所以不用过载保护。

3. 电磁吸盘工作台电路分析

电磁吸盘工作台是用来固定加工零件,以便进行平面磨削,其电路由整流装置、控制装置和保护装置组成。

① 整流装置由变压器变压后,经全波整流输出 110 V 直流电压,供给电磁吸盘 YH。

② 控制装置由接触器 KM5、KM6 和按钮 SB8、SB9、SB10 组成。当需要固定加工件时,按下按钮 SB8,接触器 KM5 线圈通电,动合触点闭合自锁,动断触点联锁 KM6,主触点闭合,电磁吸盘线圈通电,产生磁场吸住工件。要取下工件时,先按下 SB9,KM5 线圈断电,主触点断电,电磁吸盘线圈断电,再按下 SB10,接触器 KM6 线圈通电,主触点闭合,电磁吸盘线圈反向通电进行去磁,然后便可取下工件。去磁控制是点动控制,但目前已有专门的电子去磁控制,其效果更好。

③ 保护装置由放电电阻 R、电容 C 以及欠电压继电器 KV 组成。当电磁吸盘线圈断电时,电阻 R 和电容 C 组成放电回路及时将线圈两端产生的高自感电动势吸收掉,避免损坏线圈及其他电气元件。欠电压继电器用于欠压保护,当电源电压不足时,欠电压继电器 KV 动作。动合触点断开,油泵电动机和砂轮电动机的控制电路断电,使 KM1 和 KM2 线圈断电,主触点断开,油泵电动机和砂轮电动机停转。

4. 照明及指示灯电路分析

EL 为照明灯,由开关 SA 控制,HL1 为电源指示灯,HL2 为液压泵工作指示灯,HL3 为砂轮工作指示灯,HL4 为砂轮升降指示灯, HL5 为电磁吸盘工作指示灯。

5. 主要电气设备

M7120 型平面磨床的电气元件明细表见表 5-23-1。

表 5-23-1 M7120 型平面磨床的电气元件明细表

符号	名称	型号	规格	数量
QS	电源开关	HZ1-25/3	25 A	1
M1	液压泵电动机	J02-21-4	1.1 kW、1 410r /min	1

续表

符号	名称	型号	规格	数量
M2	砂轮电动机	J02-31-2	3 kW、2 860 r/min	1
M3	冷却泵电动机	PB-25A	0.12 kW、3 000 r/min	1
M4	砂轮升降电动机	J02-301-4	0.75 kW、1 410 r/min	1
KM1~KM6	交流接触器	CJ0-10A	线圈电压 110 V	6
KH1	热继电器	JR10-10	整定电流 2.7 A	1
KH2	热继电器	JR10-10	整定电流 6.18 A	1
KH3	热继电器	JR10-10	整定电流 0.47 A	1
FU1	熔断器	RL1-60/25		3
FU2~FU7	熔断器	RL1-15/2		6
TC	控制变压器	BK-200	380 V/135 V、110 V、24 V、6 V	1
SB1~SB10	按钮	LA2		10
YH	电磁吸盘	HD×P	110 V、1.45 A	1
VC	整流器	2CZ11C		4
KV	欠电压继电器			1
C	电容	5 μF、300 V		1
R	电阻	GF	500 Ω、50 W	1
HL1~HL5	指示灯	XD1、6 V		5
SA	照明灯开关			1
EL	照明灯	K-1	24 V、40 W	1
XS1、XP1	接插件	CY0-36、三级		1
XS2、XP2	接插件	CY0-36、二级		1
XB	接零牌			1

任务三　磨床电路常见故障分析与检修

M7120 型平面磨床电路的常见故障有：砂轮电动机不能起动、冷却泵电动机不能起动、液压泵电动机不能起动、所有电动机都不能起动；电磁吸盘没有吸力、电磁吸盘吸力不足；电磁吸盘去磁后工件取不下来等。

1. 砂轮电动机不能起动

① 砂轮电动机前轴瓦磨损,使电动机堵转,应更换轴瓦。

② 砂轮磨削量太大,使电动机堵转,应减少削量。

③ 热断电器 KH2 规格不对或未调整好,应根据砂轮电动机的额定电流选择并调整热继电器。

2. 冷却泵电动机不能起动

① 接插件 XP1 损坏,修复或更换接插件。

② 冷却泵电动机损坏,更换或修复电动机。

3. 液压泵电动机不能起动

① 按钮 SB2 或 SB3 触点接触不良,修复或更换触点。

② 接触器 KM1 线圈烧毁,修复或更换接触器。

③ 液压泵电动机烧坏,修复或更换液压泵电动机。

4. 所有电动机都不能起动

① 检查熔断器 FU1 熔体是否熔断,接头是否松动或烧毁等。若有,则应排除故障点,拧(压)紧松动的接点,更换熔断的熔体。

② 检查电源开关 QS 触点接触是否良好,接线是否松动脱落,触点上是否沾染油垢等。若有,应重新拧(压)紧松动线头,调节好电源开关触点,使触点间接触良好。

5. 电磁吸盘没有吸力

① 熔断器 FU1 或 FU4 熔体熔断,更换熔断的熔体。

② 接插件 XP2 损坏,修复或更换接插件。

③ 整流二极管击穿,更换新件。

6. 电磁吸盘吸力不足

① 电磁吸盘线圈局部短路,空载时整流电压较高而接电磁吸盘时电压下降很多(低于 110 V),应修复或更换电磁吸盘。

② 整流元件损坏,更换新件。

7. 电磁吸盘去磁后工件取不下来

① 去磁电路开路,应检查 SB9 触点接触是否良好。

② 接触器 KM6 线圈损坏,修复或更换接触器线圈。

③ 去磁时间太短,应掌握好去磁时间。

注意事项:

① 要掌握好电气控制原理,熟悉磨床的操作方法。

② 检修整流电路时,不可将二极管的极性接错,若接错一只二极管,将会发生整流器和电源变压器的短路事故。

③ 检修中需衡量测量方法时，要考虑控制变压器 TC 二次绕组对测量结果的影响，防止产生错误判断。

④ 要做到安全操作和确保检修安全。

项目实训评价

M7120 型平面磨床电气线路常见故障的分析与检修项目实训评价见表 5-23-2。

表 5-23-2 项目实训评价表

班级		姓名		学号		成绩	
项目	考核内容	配分	评分标准				得分
故障现象	方法正确，分析到位	15 分	错看、漏看故障现象，每个故障扣 10 分				
故障范围	方法正确，分析到位	15 分	1. 错判故障范围，每个故障扣 5 分 2. 未缩小到最小故障范围，扣 5 分				
检修方法及过程	方法正确，分析到位	40 分	1. 仪表和工具使用不正确，每次扣 5 分 2. 检修步骤不正确，每处扣 5 分 3. 不能查出故障点，每个故障扣 20 分				
排除故障		20 分	1. 不能排除故障，每个扣 10 分 2. 能排除故障但损坏电气元件，扣 20 分				
安全操作，无事故发生	安全文明，符合操作规程	10 分	违反安全文明生产规程，扣 10 分				
合计							
教师签名：							

技能训练

1. 训练任务

M7120 型平面磨床电气故障的检修或 M7120 型平面磨床电气线路智能实训考核台训练。

2. 工具、仪器仪表及材料

工具：低压验电器、电工刀、剥线钳、尖嘴钳、斜口钳、螺丝刀等。

仪表：数字万用表。

设备:M7120 型平面磨床或 M7120 型平面磨床电气线路实训考核台。

复习与思考题

1. 说一说 M7120 型平面磨床的主要结构及运行形式。
2. 简述 M7120 型平面磨床主电路和控制电路各部分的工作原理。
3. M7120 型平面磨床的电气控制线路常见故障有哪些?应如何进行检修?

参考文献

[1] 赵仁良.电力拖动控制线路与技能训练.5版.北京:中国劳动社会保障出版社,2014.

[2] 王建.维修电工知识与技能.北京:中国劳动社会保障出版社,2006.

[3] 孙巍.电工基本技能(上册).上海:上海科学技术出版社,2007.

[4] 魏连荣.电工技能训练.北京:化学工业出版社,2007.

[5] 朱照红,张帆.电工技能训练.北京:中国劳动社会保障出版社,2007.

[6] 金国砥.电工实训.2版.北京:电子工业出版社,2011.

[7] 赵淑芝.电力拖动与自动控制线路技能训练.3版.北京:高等教育出版社,2018.

[8] 杜德昌.电工电子技术及应用技能训练.3版. 北京:高等教育出版社,2018.

[9] 张中洲.电工技能训练.2版.北京:高等教育出版社,2008.

[10] 曾祥富,邓朝平 电工技能与实训.3版.北京:高等教育出版社,2011.

郑重声明

读者意见反馈

为收集对教材的意见建议，进一步完善教材编写并做好服务工作，读者可将对本教材的意见建议通过如下渠道反馈至我社。

咨询电话　400-810-0598

反馈邮箱　zz_dzyj@pub.hep.cn

通信地址　北京市朝阳区惠新东街4号富盛大厦1座
　　　　　高等教育出版社总编辑办公室

邮政编码　100029

防伪查询说明

用户购书后刮开封底防伪涂层，使用手机微信等软件扫描二维码，会跳转至防伪查询网页，获得所购图书详细信息。

防伪客服电话

（010）58582300

学习卡账号使用说明

一、注册/登录

访问http://abook.hep.com.cn/sve，点击“注册”，在注册页面输入用户名、密码及常用的邮箱进行注册。已注册的用户直接输入用户名和密码登录即可进入“我的课程”页面。

二、课程绑定

点击“我的课程”页面右上方“绑定课程”，在“明码”框中正确输入教材封底防伪标签上的20位数字，点击“确定”完成课程绑定。

三、访问课程

在“正在学习”列表中选择已绑定的课程，点击“进入课程”即可浏览或下载与本书配套的课程资源。刚绑定的课程请在“申请学习”列表中选择相应课程并点击“进入课程”。

如有账号问题，请发邮件至：4a_admin_zz@pub.hep.cn。